高等院校环境科学与工程系列规划教材

环境与安全工程概论

主　编　张文启　　饶品华　　潘健民

编　委　（按编写顺序排列）

张文启　　李英杰　　饶品华

徐美燕　　潘健民　　黄中子

赵　桃

 南京大学出版社

图书在版编目(CIP)数据

环境与安全工程概论 / 张文启,饶品华,潘健民主
编. 一南京:南京大学出版社,2012.12(2024.1重印)
ISBN 978 - 7 - 305 - 10834 - 1

高等院校环境科学与工程系列规划教材

Ⅰ. ①环… Ⅱ. ①张… ②饶… ③潘… Ⅲ. ①环境工
程—教材 ②安全工程—教材 Ⅳ. ①X5 ②X93

中国版本图书馆 CIP 数据核字(2012)第 284940 号

出版发行　南京大学出版社
社　　址　南京市汉口路 22 号　　邮　　编　210093

丛 书 名　高等院校环境科学与工程系列规划教材
书　　名　环境与安全工程概论
　　　　　HUANJING YU ANQUAN GONGCHENG GAILUN
主　　编　张文启　饶品华　潘健民
责任编辑　陈济平　蔡文彬　　　　编辑热线 025 - 83592146

照　　排　南京开卷文化传媒有限公司
印　　刷　南京百花彩色印刷广告制作有限责任公司
开　　本　787 mm×1092 mm　1/16　印张 15　字数 374 千
版　　次　2024 年 1 月第 1 版第 5 次印刷
ISBN　978 - 7 - 305 - 10834 - 1
定　　价　39.00 元

网　　址:http://www.njupco.com
官方微博:http://weibo.com/njupco
微信服务号:njuyuexue
销售咨询热线:(025)83594756

前　言

随着人类文明的不断发展以及全球经济一体化的形成,环境、安全和健康(ESH)问题已经引起了世界各国的广泛关注。当今社会,环境问题引起的社会及民众安全危机、健康损害已屡见不鲜。环境、安全和健康之间已经变得你中有我、我中有你,难以分割,单纯意义上的环境问题早已不存在,因此环境、安全和健康的复合内容正变成所有理工科人才必须掌握的知识,也成为艺术、管理及人文类人才应该了解的通识。

教材编写的目的是:通过对本课程的学习,培养适应时代发展的多元人才。一方面可以培养有环境工程专业背景,也有安全工程知识及一定的健康知识的应用人才;另一方面可为非环境工程专业背景的人员了解和掌握环境、安全和健康方面的知识。从更高的目标来讲,在非常强调环境保护、城市安全及健康保护的今天,通过本课程的传授可为我国经济转型及建设环境友好型社会提供复合技术人才。

教材共分八章,各章的编写老师为:第一章和第三章:张文启;第二章:李英杰;第四章:饶品华;第五章:徐美燕;第六章:潘健民;第七章:黄中子;第八章:赵桃。

本教材的系统性、针对性和实用性强,可作为环境工程专业本科生及非环境工程专业学生学习环境、安全和健康知识的课本,也可为从事环境、安全和健康工作的人员作为学习的参考资料。

教材在编写和出版过程中得到了上海工程技术大学及南京大学出版社的大力支持,在此表示诚挚的感谢!

由于编写人员水平有限,缺点和错误在所难免,真诚希望读者提出宝贵意见。

编　者

2012 年 9 月

目　录

第一章 绪 论

第一节 环境问题

随着世界人口的快速增长和经济迅猛发展,资源消耗与污染物排放也不断增加,全球范围人与自然的矛盾日趋尖锐,该矛盾的发展反馈于人类就是赖以生存的生态环境的显著恶化,各类灾害性的环境问题不断升级,如温室气体排放与全球气候变化、水资源污染与紧缺、水土流失、土地荒漠化和土壤污染等,这些都威胁着人类的生存和发展。

据国家环保部《2010 年中国环境状况公报》,大气环境方面,全国城市空气质量总体比以前有所好转,但部分城市污染仍较重,其中由于近年来我国机动车发展迅猛,其引起的大气污染也日益严重,尾气排放已成为我国大中城市空气污染的主要来源之一,其排放的一氧化碳和碳氢化合物超过总量的 70%,氮氧化物和颗粒物超过 90%;2010 年全国二氧化硫排放量为 2 185.1 万吨,酸性气体是雨水 pH 下降的重要原因,全国酸雨污染仍较重,监测的 494 个市(县)中,有 50.4% 出现酸雨,主要集中在长江沿线以及南-青藏高原以东地区;全年烟尘排放量为 829.1 万吨,工业粉尘排放量为 448.7 万吨。

水环境方面,近年来虽有改善,但总体污染状况仍然很严重,而且有不断恶化的趋势。2010 年全国废水排放总量为 617.3 亿吨;化学需氧量排放量为 1 238.1 万吨;氨氮排放量为 120.3 万吨。我国七大水系中 204 条河流 409 个地表水国控监测断面监测表明:Ⅰ~Ⅲ类水质的断面比例不足 60%,其余为 Ⅳ~Ⅴ类和劣 Ⅴ类水质。主要污染指标为高锰酸盐指数、五日生化需氧量和氨氮;26 个国控重点湖泊(水库)中,Ⅳ~Ⅴ类的 10 个,占 38.5%,劣 Ⅴ类的 10 个,占 38.5%,主要污染指标是总氮和总磷;国控重点湖泊(水库)中,富营养的有 14 个,占 53.8%;全国地下水质量状况也不容乐观,占全部监测点 57.2% 的监测点的水质为较差-极差级。水体水质的污染对饮用水源影响较大,2010 年全国 113 个环保重点城市共监测 395 个集中式饮用水源地,结果表明重点城市年取水总量为 220.3 亿吨,达标的占 76.5%;不达标的占 23.5%。

目前我国土壤污染比较严重,特别是重金属、农药、石油等污染突出,部分地区土壤因此丧失了农用价值。水土流失严重,现有水土流失面积 356.92 万平方千米,占国土总面积的 37.2%。其中水力侵蚀面积 161.22 万平方千米,占国土总面积的 16.8%;风力侵蚀面积 195.70 万平方千米,占国土总面积的 20.4%。土地利用/植被覆盖变化是人类活动作用于自然环境的具体表现形式,是全球环境变化的重要组成部分和主要原因。

固体废弃物方面,2010 年全国工业固体废物产生量为 240 943.5 万吨,排放量为 498.2 万吨;危险废物产生量为 1 586.8 万吨。多数固体废弃物都进行了综合利用、贮存和处置,但也有偷排现象,另外也有贮存不当,引起环境安全事件。

物理性污染目前仅就城市噪音指标进行了系统的监测,结果表明,全国城市各类功能区噪声昼间达标率为 88.4%，夜间达标率为 72.8%。

上述这些环境问题已严重威胁到人类的生存和发展，带来了一系列的安全健康问题。

第二节　引发的安全健康问题

从 20 世纪 80 年代以来，不少专家认为影响人类生存发展的环境威胁开始在全球范围内出现。

对水源、肥沃土地、石油和矿藏的争夺以及环境难民的出现等都增加了民族和国家的不安全性。其中，土地退化、气候变暖导致海平面上升而造成的土地减少是使环境难民增加的一个重要原因。据推测，在未来的几十年内，地球上的环境难民人数将由 2 500 万增加到 5 000 万；与之相比，受政治、种族或宗教迫害的难民只有 2 200 万。

在生态方面，环境问题已威胁到地球系统结构与功能的完整性，最终将危及人类生存。主要表现为所有层次的生物多样性的丧失、外来物种入侵、资源的锐减等。全球一半以上的淡水资源已被人类所利用；渔业资源正在过度开发，相应的海洋生态环境的破坏，使得该资源趋于耗尽，目前 44% 的渔业资源已达到开发极限；目前物种灭绝的速度已超过人类支配地球前的 100～1 000 倍，其中鸟类的 1/4 由于人类的活动已濒临灭绝。地球表面近一半已被人类活动所改造，大气中的二氧化碳含量自工业革命以来增加了 30%；人为制造的氮气在大气中的含量已超过所有陆地制造源的总和；地球变化的速度、规模和类型已完全不同于历史上任何一个时期；我们改变地球的速度要比我们认知它的速度快得多。

环境的恶化对人类健康安全的影响也在不断增加。环境安全最初反映在劳动环境等生产技术领域。生产劳动场所的粉尘污染、废气污染、有毒有害气体污染和噪声污染往往严重影响职工的身心健康，甚至致人职业病和伤残；随着人类生产规模和消费规模的日益扩大，环境安全进一步扩大到人类的生活环境和生态环境领域，废气、废水、废渣、废热、噪声和有毒化学品排入环境后往往形成环境污染和破坏，造成生态失衡、资源紧缺和人体疾病。

第三节　环境安全问题的治理

环境问题带来的安全健康问题已严重到刻不容缓的地步，处理不好将会严重阻碍人类社会的发展。因此，我国政府在 20 世纪 90 年代就提出可持续发展的道路，建造人与自然的和谐社会，并为此出台、完善相关的法律、法规和标准，加大环境治理与环境执法的力度，同时提高全民环保意识，建立民众监督机制。

首先，在国家战略层面上，环境安全工作的历史地位和社会地位不断提高。2008 年我国由原国家环保局提升组建了环境保护部，体现了党中央、国务院对生态安全和环保工作的高度重视，标志着环保地位的提升和发展战略决策的调整；成功发射了"环境一号"A 星、B 星，从技术上提高和加强了生态环境保护工作的主动性，为完善环境监测、预警、评估、应急救助指挥体系提供了重要平台。

第二，完善了环境安全相关的法律、法规。改革开放以来，我国先后制定了 9 部环境保护法律、15 部自然资源法律、50 多项环保行政法规。这些法律、法规的出台，逐渐形成了适应市场经济体系的环境法律和标准体系。之后，我国又制定颁布了《国家酸雨和二氧化硫污染防治"十一五"规划》、《全国土壤污染状况评价技术规定》、《循环经济促进法》等一系列法律法规,并修订了《中华人民共和国水污染防治法》。这些法律的出台为我国环境保护与治理提供了法律依据和保证。

可以看出,随着国家战略的重视及相关法规政策、技术资金的支持,环境安全问题得到了一定的缓解,但由于我国的可持续发展观尚在建设过程中,普遍的观念仍然是重眼前经济利益、轻长远生态效益,环境安全意识、环境责任意识仍然普遍淡薄,地方保护严重,导致环保执法、监管惩治力度偏软偏弱,彻底解决环境安全问题仍然是任重道远。

第四节 环境安全工程的主要研究内容

环境安全工程的主要研究内容包括:由污染物的排放引发的环境问题,随之产生的安全和健康问题及相关的毒理学分析,针对环境安全问题出台、修订的法律法规及标准,相应的环境问题治理技术及安全事件的应急处理处置等。

一、环境问题及其危害

环境问题可以由自然和人为因素引起,本书所指的主要是伴随着社会经济的发展,由于污染物的排放而引起的环境问题,即由生产和生活过程中废气、废水、固体废弃物的排放和物理性污染源产生的,另外还包括危险化学品的储存、运输、使用过程中的泄漏等。引起的环境问题主要包括大气环境、水体环境和土壤的污染;环境问题的危害主要通过分析目前的环境状况及污染物的毒理,确定其对社会可持续发展和人类的安全健康的危害,由此明确目前我国环境问题的严重性及国家可持续发展战略的重大意义。

二、环境安全法律及污染物排放标准

法律是维护环境安全的重要保障,只有通过法律,才能有效地防治环境污染,建设安全的生活环境和生态环境。

1979年我国第一部环保法律《环境保护法(试行)》及1989年环境保护领域的基本法《环境保护法》均对环境污染控制做了原则规定。

为了加强对环境安全问题的法律控制,我国迄今已经制定诸如《水污染防治法》(1984年,1996年,2008年)、《大气污染防治法》(1987年,1995年,2000年)、《工厂安全卫生规程》(1956年)、《农药登记规定》(1982年)、《农药安全使用规定》(1982年)、《锅炉压力容器安全监察暂行条例》(1982年)、《民用核设施安全监督管理条例》(1986年)、《化学危险物品安全管理条例》(1987年)、《矿山安全法》(1992年)、《核电厂核事故应急管理条例》(1993年)、《国务院关于加强安全生产工作的通知》(1993年)、《农药管理条例》(1997年)等有关技术性环境安全的政策文件和法律法规。《刑法》、《治安管理处罚条例》等法律已经将某些严重污染破坏环境和资源的行为纳入社会治安管理的范畴。

我国一向重视环境标准制定工作,截至2010年11月23日,我国已累计颁布各类国家级环境标准1397项,其中含现行国家环境标准1286项及废止的各类标准111项。本书中主要介绍与空气质量、水体环境、安全饮用水水质、固体废弃物、土壤质量及引发物理性污染的相关标准。

三、环境治理技术及环境安全事件的应急处理

环境治理技术主要包括大气污染控制技术,水污染控制技术,固体废弃物处理与处置技术,物理性污染控制技术及人体防护技术,有毒有害化学品的安全控制技术,包括防火、防爆及防毒措施等。

环境安全事件主要包括水污染事件、大气污染事件及危险化学品泄漏的毒害事件等。与常规污染不同的是,它具有突发性、危害大和处理难度大的特点,需要进行特殊方式的处理。

第五节　环境安全工程的发展趋势

近年来,随着人类社会文明的不断发展以及全球经济一体化的形成,特别是随着环境污染问题的突出,及其引发的生态安全和人类健康危机,环境、安全和健康(ESH)问题已经引起了世界各国的广泛关注,并且由于三者内在规律的相似性,它们正打破许多传统界限,向一体化的专业领域发展。

环境、安全和健康是将环境保护、安全生产和职业健康一体化的新的专业领域,是环境保护发展的新趋势。目前包括石化、电子、农药、电镀等行业领域,都逐渐建立了各自行业体系的 ESH 机构。

时至今日,绝大多数跻身世界 500 强的化工企业都践行这一先进道德理念,一些国际知名企业更是在"责任关怀"理念的实施过程中赢得了良好声誉和企业竞争力。同时,他们在理念实施过程中有很多的地方值得国内企业学习和借鉴。国内的企业必将也会加大力度,通过与国际知名公司的交流、合作,接受对企业的 ESH 检查、考核和评价,引进先进的 ESH 理念和管理办法,并且根据专家们对企业的 ESH 的检查意见以及自我检查情况,持续改进,逐步提高企业的 ESH 管理水平。同时,通过培训、教育、考核,培养所有员工的 ESH 理念,调动其积极性,参与企业的 ESH 工作。

某些企业以"安全、健康、环保"为公司核心价值的重要组成部分,提出"零事故、零排放"的安全环保目标,并认真执行。责任关怀体系和安全健康环保(ESH)系统,创造了基本建设二百多万工时和投产至今无任何损工事件,无任何严重或一般工艺安全事故,无任何火灾和环境事故的骄人业绩,成为全球安全生产典范。

在目前的新形势下,各企业单位对 ESH 人才的需求急剧上升,但目前没有 ESH 本科专业,仅有个别院校建立了 ESH 学科方向,并开始招收研究生,研究的核心是如何鉴别、评价、削减当今社会经济发展和人类生活所依赖使用化学品的风险,包括杀虫剂、工业、商用化学品和基因工程生物,建立相应的各类环境标准,保障生态和健康安全。

参考文献

[1] 齐琳. 2008 年我国生态安全研究[J]. 中央社会主义学院学报,2009,159(3):100—103.

[2] 周旭. 我国生态安全评价研究综述[J]. 西华师范大学学报,2007,28(3):200—205.

[3] 崔胜辉,洪华生,黄云凤 等. 生态安全研究进展[J]. 生态学报,2005,25(4):861—868.

[4] 王智秋. 试论我国环境问题与环境法制[J]. 法制与经济,2012,1:167.

[5] 任翠池,张叶锋,赵春颖. 我的生态安全问题[J]. 广西轻工业,2010,7:85—86.

[6] 张晏,汪劲. 我国环境标准制度存在的问题及对策[J]. 中国环境科学,2012,32(1):187—192.

第二章 大气环境安全工程

第一节 大气污染概述

大气是指环绕地球的全部空气的总和;环境空气是指人类、植物、动物和建筑物暴露于其中的室外空气。可见,大气比空气包含的范围广,但是,大气(或空气)污染控制工程的研究内容和范围,基本上都是环境空气的污染与防治,主要侧重于和人类关系最密切的近地层大气。本书中无论使用"大气"或"空气",均指"环境空气"。

一、大气组成及其污染现状

(一)大气组成

大气是由干洁空气、水汽和杂质三部分组成。干洁空气的主要成分为氮(78.09%)、氧(20.94%)、氩(0.93%),这三种气体占总量的 99.96%,其他各项气体含量计不到 0.1%,这些微量气体包括氖、氦、氪、氙等稀有气体。在近地层大气中上述气体的含量几乎可认为是不变化的,称为恒定组分。在干洁空气中,易变的成分是二氧化碳(CO_2)、臭氧(O_3)等,这些气体受地区、季节、气象以及人类生活和生产活动的影响。正常情况下,二氧化碳含量在 20 km 以上明显减少。

(二)大气污染现状

大气中组分是不稳定的,无论是自然灾害,还是人为影响,会使大气中出现新的物质,或某种组分的含量过多地超出了自然状态下的平均值,或某种组分含量减少,都会影响生物的正常发育和生长,给人类造成危害。

1. 全球性大气污染问题

全球性大气污染是指某些超越国界,带来全球性影响的大气污染,主要包括温室效应、臭氧层破坏、酸雨和持久性有机污染物四大问题。

(1)温室效应

大气中的二氧化碳(CO_2)和其他微量气体如甲烷、六氟化硫(SF_6)、氧化亚氮(N_2O)、氯氟碳化合物(HFC)、全氟化碳(PFC)、臭氧(O_3)、水汽(H_2O)等,使太阳短波辐射到达地面,吸收地表向外辐射的长波,由此引起全球气温升高的现象,称为"温室效应",这些微量气体则被称为"温室气体"。CO_2 是人类排放最主要的温室气体。据监测,大气中 CO_2 浓度已从工业革命前的 250×10^{-6} 增加到如今的 385×10^{-6},达到了 210 万年来的最高值。近百年来全球地表平均温度上升了 0.74℃,地球上的冰川大部分后退,海平面上升了 14~25 cm。

（2）臭氧层破坏

臭氧层是指大气层的平流层中臭氧浓度相对较高的部分,其主要作用是吸收99%以上对人类有害的短波紫外线,从而保护地球上各种生命的存在、繁衍和发展。对于大气臭氧层破坏的原因,科学家有多种见解。但是大多数人认为,人类过多地使用氯氟烃类化学物质(用CFCs表示)是破坏臭氧层的主要原因。另外,哈龙类物质(用于灭火器)、氮氧化物也会造成臭氧层的损耗。美国宇航局检测数据表明,2008年9月,南极上空臭氧层"空洞"面积达到2720万平方千米,为有记录以来面积第五大的臭氧层空洞;2011年风云三号臭氧总量探测仪在北极的探测结果表明,北极首次出现了"臭氧洞",臭氧层的破坏将导致皮肤癌和角膜炎环状增加,地球上的生态系统被破坏等严重问题。

（3）酸雨

酸雨通常指pH低于5.6的降水,现在泛指酸性物质以湿沉降或干沉降的形式从大气转移到地面上。湿沉降是指酸性物质以雨、雪形式降落地面,当大气受到污染,空气中的SO_2与NO_x遇到水滴或潮湿空气,即转化成H_2SO_4或HNO_3溶解在雨中,使降雨的pH低于5.6,形成酸雨。干沉降是指酸性颗粒物以重力沉降、微粒碰撞和气体吸附等形式由大气转移到地面。酸雨的危害是损害生物和自然生态系统,腐蚀建筑材料和金属结构,直接威胁人类的健康等。中国酸雨的分布有明显的区域性,其特征总的趋势是以长江为界,长江以北降水pH偏高,多呈中性或碱性;长江以南呈酸性。

（4）持久性有机污染物(POPs)

持久性有机污染物是指具有长期残留性、生物蓄积性、半挥发和高毒性,并通过各种环境介质(大气、水、生物等)能长距离迁移并对人类健康和环境具有严重危害的天然或人工合成的有机污染物。

2. 我国城市大气污染概况

根据《2010年中国环境状况公报》,城市空气质量总体较2009年有所好转,部分城市污染依然严重,煤烟型污染占主要地位,部分大中城市逐步从煤烟型污染转变为汽车尾气型或复合型污染。全国酸雨分布区域保持稳定,但酸雨污染仍较重。

（1）城市空气

2010年,全国471个县级及以上城市开展了环境空气质量监测,监测项目为二氧化硫、二氧化氮和可吸入颗粒物。其中3.6%的城市达到一级标准,79.2%的城市达到二级标准,15.5%的城市达到三级标准,1.7%的城市劣于三级标准。全国县级城市的达标比例为85.5%,略高于地级及以上城市的达标比例。空气质量达到国家一级标准的城市占3.3%,二级标准的占78.4%,三级标准的占16.5%,劣于三级标准的占1.8%。

可吸入颗粒物年均浓度达到或优于二级标准的城市占85.0%,劣于三级标准的占1.2%。二氧化硫年均浓度达到或优于二级标准的城市占94.9%,无劣于三级标准的城市。所有地级及以上城市二氧化氮年均浓度均达到二级标准,86.2%的城市达到一级标准。113个环境保护重点城市空气质量有所提高,空气质量达到一级标准的城市占0.9%,达到二级标准的占72.6%,达到三级标准的占25.6%,劣于三级标准的占0.9%。与上年相比,达标城市比例上升了6.2个百分点。2010年,环境保护重点城市总体平均的二氧化氮和可吸入颗粒浓度与上年相比略有上升,二氧化硫浓度略有降低。

我国酸雨分布区域主要包括浙江、江西、湖南、福建的大部分地区,长江三角洲、安徽南部、湖北西部、重庆南部、四川东南部、贵州东北部、广西东北部及广东中部地区。监测的494个市(县)中,出现酸雨的市(县)249个,占50.4%;酸雨发生频率在25%以上的160个,占32.4%;酸雨发生频率在75%以上的54个,占11.0%。

(2) 废气中主要污染物排放量

2010年,二氧化硫排放量为2 185.1万吨,烟尘排放量为829.1万吨,工业粉尘排放量为448.7万吨,分别比上年下降1.3%、2.2%、14.3%。我国废气中主要污染物历年排放量见表2-1。

表2-1 我国废气中主要污染物排放量年际变化(单位:万吨)

项目 年度	SO₂排放量			烟尘排放量			工业粉尘 排放量
	合计	工业	生活	合计	工业	生活	
2006	2 588.8	2 234.8	354.0	1 088.8	864.5	224.3	808.4
2007	2 468.1	2 140.0	328.1	986.6	771.1	215.5	698.7
2008	2 321.2	1 991.3	329.9	901.6	670.7	230.9	584.9
2009	2 214.4	1 866.1	348.3	847.2	603.9	243.3	523.6
2010	2 185.1	1 864.4	320.7	829.1	603.2	225.9	448.7

二、大气污染物的组成及来源

(一)大气污染物的组成

大气污染物是由诸多污染物组成的复杂混合物。根据其存在状态,可分为气溶胶污染物和气态污染物两类,见表2-2。

表2-2 气溶胶污染物和气态污染物(单位:μm)

气溶胶污染物		气态污染物	
污染物种类	污染物颗粒大小	污染物种类	污染物举例
粉尘	1~200	含硫化合物	SO_2、SO_3、H_2S
烟	0.01~1	含氮化合物	NO、NO_2、NH_3
飞灰		碳的氧化物	CO、CO_2
黑烟		碳氢化合物	HC
雾		卤素化合物	HF、HCl

1. 气溶胶污染物

又称颗粒污染物,按空气动力学直径可分为:总悬浮颗粒物(TSP;粒径≤100 μm)、可吸入颗粒物(PM10;粒径≤10 μm)、细颗粒物(PM2.5;粒径≤2.5 μm)和超细颗粒物(PM0.1;粒径≤0.1 μm)。

2. 气态污染物

气态污染物总体上可以分为五类:以NO和NO_2为主的含氮化合物、以SO_2为主的含硫化合物、碳氧化物、有机化合物及卤素化合物等。对于气态污染物又可分为一次污染物和二次污染物。一次污染物是指直接从污染源排到大气中的原始物质,如 SO_2、NO_x、CO 等;二次污染物是指由一次污染物与大气中已有组分或几种一次污染物之间经过一系列化学或光化学反应而生成的与一次性污染性质不同的新污染物,如硫酸烟雾和光化学烟雾。

(二) 大气污染物的来源及危害

1. 颗粒污染物

颗粒物排放源种类复杂,一般根据生成机理将排放源分成两大类,即一次颗粒物排放源和二次颗粒物排放源。二次颗粒物排放源特指能将空气中的气态污染物转化成颗粒物质的源。按照颗粒物的来源可分为:粉尘,在固体物料的输送、粉碎、分级、研磨、装卸等机械过程中产生的颗粒物,或由于岩石、土壤的风化等自然过程中产生的悬浮于大气中的颗粒物;烟,由冶金过程形成的固体颗粒的气溶胶;飞灰,随燃料燃烧产生的烟气排出的分散的较细的灰分;黑烟,由燃料燃烧产生的能见气溶胶;雾,气体中液滴悬浮体的总称。二次颗粒物主要分为:SO_4^{2-} 前体物的排放源,NO_3^- 前体物的排放源,Cl^- 前体物的排放源,二次有机碳前体物的排放源和 NH_4^+ 前体物的排放源。不同二次颗粒物前体物的排放源详见表 2-3。

表 2-3 二次颗粒物前体物排放源

二次污染物	前体物	一次排放物	排放源
硫酸、硫酸盐	SO_3	SO_2	化工、电厂、炼油、炼焦、家用燃煤、集中供热电炉、硫酸厂等
硝酸、硝酸盐	HNO_3、HNO_2、N_2O_5	H_2O、NO_x	化工、电厂、集中供热电炉、机动车尾气、硝酸厂等
氯化物	Cl^-	Cl^-	海洋、化工、北方冬季融雪剂
铵盐	NH_3	H_2O、NH_3	化工、农田、海产养殖加工
二次有机碳	SOC	VOCs	电厂、植被、加油站、溶剂、涂料
光化学产物 (PAN 等)	NO_x、碳氢化合物、O_3	NO_x、碳氢化合物	交通、化工

2. 氮氧化物

氮氧化物主要指一氧化二氮(N_2O)、一氧化氮(NO)、二氧化氮(NO_2)、三氧化二氮(N_2O_3)、四氧化二氮(N_2O_4)、五氧化二氮(N_2O_5)等。其中对环境造成严重危害的主要是 NO 和 NO_2,一般通称为氮氧化物(NO_x)。人为活动排放的 NO_x 大部分来自含氮燃料的燃烧过程,如汽车、飞机、内燃机及工业窑炉的燃烧过程;高温燃烧(1 100℃以上)时,空气中的氮被氧化成一氧化氮,燃烧温度越高、氧气越充足、生成的一氧化氮越多;另外,还来自生产、使用硝酸的过程,如氮肥厂、有机中间体厂、有色及黑色金属冶炼厂等。

3. 硫氧化物

硫氧化物通常指二氧化硫(SO_2)、三氧化硫(SO_3)、三氧化二硫(S_2O_3)、一氧化硫(SO),其中 SO_2 是大气污染物中比较重要和影响范围较广的一种气态污染物,来源广泛,涉及各个行业。主要来自含硫燃料的燃烧过程,以及硫化矿物的焙烧、冶炼等热过程。

4. 碳氧化物

碳氧化物是指 CO 和 CO_2,是各种大气污染物中发生量最大的一类污染物,主要来自燃料燃烧和机动车排气。

5. 挥发性有机化合物（VOCs）

是指那些在室温下蒸汽压大于 70 Pa,常压下沸点小于 260℃的液体或固体有机化合物,它不完全相同于严格意义上的碳氢化合物,因为它除含有碳、氢原子外,还含有氧、氮和硫原子。VOCs 种类较多,主要来源于石油和化工行业生产过程中排放的废气,以及机动车和燃料燃烧排气。如,乙烯、苯和甲苯等化合物主要来自于汽车尾气的排放;异戊烷来自于汽油的挥发;石油液化气、涂料、石油化工分别对大气中的异丁烷、正己烷和 2,4 -二甲基戊烷贡献量最大;异戊二烯主要来自植物的排放;室内甲醛主要来自室内装修装饰材料的释放。

6. 卤素化合物

大气中以气态存在的卤素化合物大致可分为以下三种:卤代烃、其他含氯化合物、氟化物。其中卤代类主要有 CH_3Cl、CH_3Br 和 CH_3I,多是来自天然源,主要是来自海洋,它们在对流层中能发生大气化学反应。其他卤代烃如三氯甲烷（$CHCl_3$）、氯乙烷（CH_3CHCl_2）等都是人类活动产生的,是重要的化学溶剂,也是有机合成工业的重要原料和中间体,在生产和使用过程中排入大气。其他含氯化合物主要为氯气和氯化氢,它们主要是来自化工、塑料和自来水净化及盐酸制造、废物焚烧等过程。氟化物包括氟化氢（HF）、氟化硅（SiF_4）等,主要来源于萤石、冰晶石、磷矿石等的开采与使用。氟氯烃类化合物（CFCs）主要应用于冰箱制冷剂、喷雾器中的推进剂、溶剂和塑料起泡剂的制造等。与其他气体不同,CFCs 在大气层中不是自然存在的,而完全是由人为产生或工业生产出来的。

第二节　大气污染的危害

一、颗粒污染物的危害

颗粒物已成为大气污染的主要来源之一,它对改善我国环境空气质量有重要意义。颗粒物因含有硫酸盐、硝酸盐、碳元素、有机物和微生物等,对人体、动植物的健康都有影响。许多研究表明,大气中颗粒物与居民发病率和死亡率明显相关。美国癌症协会（ACS）对美国各大城市 50 万成人暴露于不同水平大气污染后的生存状况进行了分析,发现大气 PM10 每增加 0.01 mg/m^3,人群总死亡发生的危险增加 4.0%。颗粒物对植物的影响主要表现为在植物表面形成覆盖层,阻挡光线,影响植物的光合作用及生长发育;颗粒物中的可溶性化学成分直接破坏植物组织,造成叶片损伤,颗粒物水溶液呈现的酸或碱性能使叶片细胞受害,角质层解体或出现坏死斑点;颗粒污染物中的重金属及其他颗粒组分还会造成植物组织损伤。另外,颗粒物还将导致大气能见度降低,引发灰霾天气,影响航班的正常起飞、降落,导致交通事故频发。

二、NO$_x$ 和 SO$_2$ 的危害

NO$_x$ 和 SO$_2$ 对人体健康的直接危害是刺激人的眼、鼻、喉,吸入 NO$_x$ 后,可出现眩晕、无

力、多发神经炎等症状,吸入高浓度的 NO_x 可出现窒息现象;吸入 SO_2 后,可引起支气管反射性收缩和痉挛,导致咳嗽和呼吸道阻力增加,接着呼吸道的抵抗力减弱,诱发慢性呼吸道疾病,甚至引起肺水肿和肺心性疾病。如果大气中同时有颗粒物质存在,颗粒物质吸附了高浓度的 NO_x 和硫氧化物,可以进入肺的深部。因此当大气中同时存在硫氧化物和颗粒物质时其危害程度可增加 $3\sim4$ 倍。此外,NO_x 还参与臭氧层的破坏,氧化亚氮(N_2O)在高空同温层中会破坏臭氧层,使较多的紫外线辐射到地面,增加皮肤癌的发病率,还可能影响人的免疫系统。NO_x 除了本身会对生物体产生危害外,还会与碳氢化合物(HC)形成光化学烟雾,典型的事例为 1952 年美国洛杉矶光化学烟雾事件。NO_x 和 SO_2 是酸雨和酸雾的主要污染物,酸雨会破坏森林植被,造成土壤酸化、贫瘠、物种退化、农业减产,还会使水体造成污染,鱼类死亡,除此之外,还会腐蚀设备、建筑物和名胜古迹。

三、碳氧化物的危害

CO_2 是大气的正常组分,虽然没有直接危害,但目前全球大气 CO_2 浓度上升,形成温室效应,导致全球气候变暖,可能产生非常严重的后果。人体吸入 CO 后,CO 与血红蛋白结合使得血红蛋白无法再与氧结合,最后人因供氧不足窒息而死。当空气中 CO 浓度达 0.001% 时就会使人中毒,达 1% 时在 2 min 内即可致人死亡。

四、VOCs 的危害

当空气中的 VOCs 达到一定浓度时,也会引起头痛、恶心、呕吐、乏力等症状,严重时甚至引发抽搐、昏迷、伤害肝脏、肾脏、大脑和神经系统,造成记忆力减退等严重后果。挥发性有机化合物甚至会导致人体血液出问题,患上白血病等其他严重的疾病,如甲醛。VOCs 还会和大气中的 NO_x 在一定的光照条件下反应生成光化学烟雾。一些有机卤化物(臭氧层消耗物质 ODS)排放到大气中以后,会导致臭氧被消耗形成臭氧层空洞;某些用作阻燃剂的卤素化合物虽能增加产品的阻燃性能,但是在发生火灾或废弃焚烧处置时,释放出的卤化氢气体在与水蒸气结合时,会对人体及建筑物造成腐蚀。且当有机卤化物不完全燃烧时会产生剧毒物质二噁英和呋喃类化合物,对人体危害极大。

五、大气急性污染的危害

大气中的污染物浓度较低时,通常不会造成人体急性中毒,但在某些特殊条件下,如工厂在生产过程中出现特殊事故,大量有害气体泄露外排,外界气象条件突变等,便会引起人群的急性中毒。大气污染引发的急性中毒事件虽并不经常发生,但一旦发生,其危害往往极为严重。

1984 年 12 月 3 日夜至 4 日凌晨,印度博帕尔市联合农药厂渗漏出 45 t 甲基异氰酸盐毒气,毒气随着每小时 5 km 的风速向下风向扩散。4 h 内,毒气笼罩了约 40 km^2 的地区,波及 11 个居民区,50 万居民暴露,急性死亡 2 500 人,很多人留有后遗症。

1986 年 4 月 25 日凌晨 1 时许,前苏联切尔诺贝利核电站爆炸,造成自 1945 年日本广岛、长崎遭原子弹袭击以来世界上最为严重的核污染。反应堆放出的核裂变产物主要是 131I、103Ru、137Cs 和少量 60Co。周围环境中的放射剂量达 200 R/h,为人体允许剂量的 2 万倍。这些放射性污染物随着当时的东南风飘向北欧上空,污染北欧各国大气,继而扩散范围更广。3 年后发现,距核电站 80 km 的地区,皮肤癌、舌癌、口腔癌及其他癌症患者增多,儿童甲状腺病患者剧增,畸形家畜也增多。尤其在事故发生时的下风向,受害人群更多、更严重。

2011 年,日本发生 9.1 级地震,引发福岛第一核电站发生爆炸和放射物泄漏事故,大批居民被疏散,导致各国在核电站运营期限问题上做出重大政策转向。目前,核泄漏导致的后遗症还不清楚。

第三节　大气环境标准与法规

一、大气污染防治法

为防治大气污染,保护和改善生活环境和生态环境,保障人体健康,促进经济和社会的可持续发展,我国在 1987 年制定了《大气污染防治法》,并于 1995 年和 2000 年对这部法律做了修订。

本法共七章六十六条,对大气污染防治的监督管理,防治燃煤产生的大气污染,机动车船排放的污染,防治废气、尘和恶臭污染,以及主要的法律责任做了较为明确和具体的规定。

（一）监督管理

《大气污染防治法》规定,除了县级以上人民政府环境保护行政主管部门对大气污染防治实施统一监督管理外,各级公安、交通、铁道、渔业管理部门根据各自的职责,对机动车船污染大气实施监督管理;县级以上人民政府其他有关主管部门在各自职责范围内对大气污染防治实施监督管理;任何单位和个人都有保护大气环境的义务,并有权对污染大气环境的单位和个人进行检举和控告。

（二）标准制定

国务院环境保护行政主管部门制定国家大气环境质量标准。省、自治区、直辖市人民政府对国家大气环境质量标准中未作规定的项目,可以制定地方标准;已作规定的项目,可以制定严于国家的标准,但须报国务院环境保护行政主管部门备案。

（三）大气污染物排放总量控制和许可证制度

这是防治大气污染的一项重要制度,也是 2000 年修订《大气污染防治法》时新确立的法律规范。防治法规定国家采取措施,有计划地控制或者逐步削减各地方主要大气污染物的排放总量;地方各级人民政府对本辖区的大气环境质量负责,制定规划,采取措施,使本辖区的大气环境质量达到规定的标准;同时规定,国务院和省、自治区、直辖市人民政府对尚未达到规定的大气环境质量标准的区域和国务院批准划定的酸雨控制区、二氧化硫污染控制区,可以划定为主要大气污染物排放总量控制区。主要大气污染物排放总量控制的具体办法由国务院规定。

大气污染物总量控制区内有关地方人民政府依照国务院规定的条件和程序,按照公开、公平、公正的原则,核定企业事业单位的主要大气污染物排放总量,核发主要大气污染物排放许可证。对于有大气污染物总量控制任务的企业事业单位,《大气污染防治法》则要求,必须按照核定的主要大气污染物排放总量和许可证规定的条件排放污染物。

(四)防治污染措施

燃煤燃烧、机动车船排放的污染物,以及其他污染源排放的废气、尘和恶臭等污染物构成大气污染的主要组成。《大气污染防治法》中专门对这些排放源排放的污染做出了明确规定。主要内容为:

1. 防治燃煤产生的大气污染

控制煤的硫份和灰分、改进城市能源结构、推广清洁能源的生产与使用、发展城市集中供热、要求电厂脱硫除尘等;在人口集中地区存放煤炭、煤矸石、煤渣、煤灰等物料,必须采取防燃、防尘措施,防治污染大气。

2. 机动车船排放的污染

任何单位和个人不得制造、销售或者进口污染物排放超过规定标准的机动车船;在用机动车不符合制造当时的在用机动车污染物排放标准的,不得上路行驶;同时对机动车船的日常维修与保养、车船用燃料油、排气污染检测抽测等做出了原则规定。鼓励生成和消费实验清洁能源的机动车船。

3. 防治废气、尘和恶臭污染

废气、尘和恶臭是造成大气污染的主要污染物,必须采取一些特定的措施进行防治,以防止或者减轻对人类的危害。在《大气污染防治法》中规定的主要措施有:

在防治废气污染方面,要求回收利用可燃性气体、配备脱硫装置或者采取其他脱硫措施;在防治粉尘污染方面,要求采取除尘措施、严格限制排放含有毒物质的废气和粉尘;在防治城市扬尘污染方面,要求人民政府采取措施提高人均绿地面积,减少裸露地面和地面尘土,消除或者减少本地的空气污染源;在防治恶臭污染方面,规定特定区域禁止焚烧产生有毒有害烟尘和恶臭的物质以及秸秆等产生烟尘污染的物质。

4. 法律责任

该法规定,对拒报或者谎报国务院环境行政主管部门规定的有关污染物排放申报事项,拒绝环境主管或其他监督管理部门现场检查或者在被检查时弄虚作假;排污单位不正常使用大气污染物处理设施,未按规定采取防燃、防尘措施;超标排污;以及违反本法规定,造成大气污染事故的企事业单位,应限期治理,并被处一万元以上十万元以下的罚款,后果严重的,应依法追究刑事责任。

对于完全由于不可抗拒的自然灾害,并经及时采取合理措施,仍然不能避免造成大气污染损失的,免于承担责任。

5. 排污收费制度

国家实行按照向大气排放污染物的种类和数量征收排污费的制度,根据加强大气污染防治的要求和国家的经济、技术条件合理制定排污费的征收标准。征收排污费必须遵守国家规定的标准,具体办法和实施步骤由国务院规定。征收的排污费一律上缴财政,按照国务院的规定用于大气污染防治,不得挪作他用,并由审计机关依法实施审计监督。

二、大气环境质量控制标准

大气环境质量控制标准是贯彻《中华人民共和国环境保护法》和《大气污染防治法》,

实施环境空气质量治理和防治大气污染的依据和手段。按其用途可分为环境空气质量标准、大气污染物排放标准、大气污染控制技术标准和大气污染警报标准等。按其使用范围可分为国家标准、地方标准和行业标准，地方标准是对国家标准的补充和完善。针对国家标准中未做规定的项目，可以制定地方标准；或已规定的项目，制定严于国家标准的地方标准。

（一）综合标准

综合标准是以保护生态环境和人群健康的基本要求为目标而对各种污染物在环境空气中的允许浓度所做的限值规定，从某种意义上讲，是环境空气质量的目标标准。

1.《环境空气质量标准》(GB 3095—2012)

本标准首次发布于1982年，分别于1996年、2000年和2012年进行了修订，2012年修订后的标准将于2016年开始实施。修订后的标准将环境空气功能区分为两类：一类区为自然保护区、风景名胜区和其他需要特殊保护的区域；二类区为居住区、商业交通居民混合区、文化区、工业区和农村地区。环境空气质量标准分为二级，一类区适用一级浓度限值，二类区适用二级浓度限值。形成了10项污染物的空气质量标准，其中包括SO_2、TSP(总悬浮颗粒物)、PM 10、PM 2.5(新增)、NO_2、CO、O_3、Pb、B[a]P(苯并[a]芘)、F(氟化物)。修订后的新标准还调整PM 10、NO_2、Pb、B[a]P等污染物的浓度限值(见表2-4)及数据统计的有效性规定(见表2-5)。

表2-4　《环境空气质量标准》2012年修订后的污染物浓度限值(单位：$\mu g/m^3$)

序号	修订的污染物项目	平均时间	浓度限值	
			一级标准	二级标准
1	PM 10	年平均	40	70
		24 h平均	50	150
2	PM 2.5	年平均	15	35
		24 h平均	35	75
3	NO_2	年平均	50	50
		24 h平均	100	100
		1 h平均	250	250
4	Pb	年平均	0.5	0.5
		季平均	1	1
5	B[a]P	年平均	0.001	0.001
		24 h平均	0.002 5	0.002 5

表 2-5　污染物浓度数据有效性要求

污染项目	平均时间	数据有效性规定
二氧化硫（SO_2）、二氧化氮（NO_2）、颗粒物（粒径小于 10 μm）、颗粒物（粒径小于等于 2.5 μm）、氮氧化物（NO_x）	年平均	每年至少有 324 个日平均浓度值 每月至少有 27 个日平均浓度值（二月至少有 25 个日平均浓度值）
二氧化硫（SO_2）、二氧化氮（NO_2）、一氧化碳（CO）、颗粒物（粒径小于 10 μm）、颗粒物（粒径小于等于 2.5 μm）、氮氧化物（NO_x）	24 h 平均	每日至少有 29 个 h 平均浓度值或采用时间
臭氧（O_3）	8 h 平均	每 8 h 至少有 6 h 平均浓度值
二氧化硫（SO_2）、二氧化氮（NO_2）、一氧化碳（CO）、臭氧（O_3）、氮氧化物（NO_x）	1 h 平均	每小时至少有 45 min 的采样时间
总悬浮颗粒物（TSP）、苯并[a]芘（BaP）、铅（Pb）	年平均	每年至少有分布均匀的 60 个日平均浓度值 每月至少有分布均匀的 5 个日平均浓度值
铅（Pb）	季平均	每季至少有分布均匀的 15 个日平均浓度值 每月知道有分布均匀的个日平均浓度值
总悬浮颗粒物（TSP）、苯并[a]芘（BaP）、铅（Pb）	24 h 平均	每日应有 24 h 的采样时间

2.《大气污染物综合排放标准》（GB 16927—1996）

本标准是根据国家《环境空气质量标准》，以及适用的控制技术，并考虑经济承受能力，对排入环境的有害物质和产生污染的各种因素所做的限制性规定，是对污染源控制的标准。

本标准规定了 33 种大气污染物的排放限值，设置了 3 项指标：通过排气筒排放废气的最高允许浓度；通过排气筒排放的废气，按排气筒高度规定的最高允许排放速率，任何一个排气筒必须同时遵守上述两项指标，超过其中任何一项均为超标排放；以无组织方式排放的废气，规定无组织排放的监控点及相应的监控浓度限值。

（二）行业性排放标准

国家污染物排放标准跨行业综合性排放标准（大气污染物综合排放标准）和行业性排放标准。综合性排放标准与行业性排放标准实行不交叉执行的原则，即有行业性排放标准的执行行业排放标准，没有行业排放标准的执行综合排放标准。

1.《恶臭污染物排放标准》（GB 14554—1996）

标准规定了各功能区应执行的标准的级别、恶臭污染物厂界标准限值以及有关恶臭污染检测技术与方法等。表征规定了氨（NH_3）、三甲胺[$(CH_3)_3N$]、硫化氢（H_2S）、甲硫醇（CH_3SH）、甲硫醚[$(CH_3)_2S$]、二甲二硫醚、二硫化碳、苯乙烯、臭气浓度等恶臭污染物的一次最大排放限值，复合恶臭物质的臭气浓度限值及无组织排放源的厂界浓度限值。

2.《工业炉窑大气污染物排放标准》（GB 9078—1996）

标准规定了分时段的 10 类 19 种工业炉窑（粉）尘浓度、烟气黑度，6 种有害污染物的最高允许排放浓度(或排放限值)和无组织排放烟(粉)尘的最高允许浓度、各种工业炉窑的 SO_2、Pb、Hg、Be(铍)及其化合物、沥青油烟等有害污染物最高允许排放浓度以及有关烟囱高度和监测的规定等。

3.《锅炉大气污染物排放标准》(GB 13271—2001)

规定了分时段的锅炉烟尘最高允许排放浓度和烟气黑度限值、锅炉二氧化硫和氮氧化物最高允许排放浓度、燃煤锅炉烟尘初始排放浓度和烟气黑度限值以及有关烟囱高度和监测的规定等。

4. 加油站、储油库、汽油运输大气污染物控制标准

汽油的轻质组分挥发性较强,使汽油在装、卸和储运的过程中易挥发到大气中形成挥发性碳氢化合物(以非甲烷总烃计,NMCH),会引发环境污染、人体健康损害、油品质量降低、安全隐患、能源浪费等一系列问题。为此,我国于 2007 年颁布了《储油库大气污染物排放标准》(GB 20950—2007)、《汽油运输大气污染物排放标准》(GB 20951—2007)和《加油站大气污染物排放标准》(GB 20952—2007)三项标准。根据国际上针对汽油储、运、销过程中的油气排放采用系统控制的先进方法,同时考虑中国储油库、加油站和油罐汽车的实际情况,参考有关国家的污染物排放法规的相关技术内容,规定了油气排放限值、控制技术和检测方法。

第四节 大气污染防治

对于当前大气污染问题,必须结合中国的国情,从区域环境整体出发,利用源头控制和末端治理相结合的各种防治大气污染的技术、措施和对策,得出最优的控制技术方案和工程措施,并加以实施,以达到区域大气环境质量控制目标。

一、挥发性污染物污染防治

(一)源头控制防治措施

也就是利用清洁生产的理念控制 VOCs 的排放。是指将综合预防的环境保护策略持续应用于生产过程和产品中,减少或者消除它们对人类及环境的可能危害,同时充分满足人类需要,使社会经济效益最大化的一种生产模式。

1. 使用替代品

对 VOCs 进行控制的一个重要方法就是替代品的开发。如,氟氯昂是一种透明、无味、无毒、不易燃烧、爆炸和化学性稳定的物质,被当作制冷剂广泛用于不同领域。但氟氯昂在强烈紫外光线作用下分解释放的氯原子跟臭氧发生化合反应,破坏臭氧层。随着氟氯昂对臭氧层的破坏日益严重,1987 年多个国家在加拿大蒙特利尔签署《蒙特利尔议定书》,分阶段限制氟氯昂的使用,同时开发不含氯原子新冷媒。我国于 2004 年 11 月出台《中国 Halon/CFCs/CTC 生产加速淘汰计划》,并主动将自己的限定日期从原定的 2010 年提前到 2007 年。

机动车尾气是 VOCs 的另一个重要排放源,是由汽车发动机在工作过程中未燃烧汽油直接排出,或燃烧不完全的产物,增加燃料中的含氧量可以帮助发动机中烃类燃烧。如,乙醇汽油、二甲醚燃料,不仅缓解了能源紧张,还减少了机动车排放 VOCs 污染问题。

类似使用替代品的例子较多,如使用不易挥发或不挥发的溶剂替代更易挥发的溶剂、毒性小的溶剂替代毒性大的溶剂等。

2. 改进工艺

改进生产工艺主要针对生产过程中易排放 VOCs 的流程,采用先进技术或有效的控制措施,以降低 VOCs 的排放。如上海通用东岳基地主要针对整车区域涂装车间采取国际环保进步的水溶性漆生产线,较传统涂装工艺,其挥发性有机化合物排放比传统的汽车涂装工艺削减 80% 以上,废气排放浓度下降 500 倍。

(二)末端处理控制技术

根据 VOCs 的不同排放过程和 VOCs 的种类采用相应的控制方法。一般分为破坏和回收两种工艺,破坏或回收设施的选择取决于从废气物流中回收 VOCs 的经济效益。

1. VOCs 回收控制技术

(1)冷凝法

冷凝是利用 VOCs 在不同温度和压力下具有不同饱和蒸汽压这一性质,采用降低温度、提高系统压力或者既降低温度,又提高压力的方法,使处于蒸汽状态的 VOCs 从气相中分离出来的过程,具体工艺流程见图 2-1。

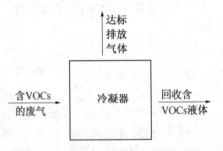

图 2-1 冷凝法回收 VOCs 示意图

冷凝法对高沸点 VOCs 的回收效果较好,沸点在 60℃ 以下的 VOCs 去除率一般在 80%~90%,对中等和高挥发性 VOCs 的回收效果不好。设备费用和操作费用高,且回收率不高,故很少单独使用,常与其他方法如吸附法、焚烧法和使用溶剂吸收法等联合使用,可以降低运行成本。

(2)吸收法

利用排气中 VOCs 在吸收剂中的溶解度不同,或者与吸收剂中的组分发生化学反应,将 VOCs 从气流中分离出来去除 VOCs 的一种方法。吸收法分物理吸收和化学吸收,吸收过程如无明显的化学反应为物理吸收,如用水吸收甲醛。吸收过程伴有明显化学反应时为化学吸收,如用汽油吸收挥发的油气,用乙醇吸收三氯乙烯等。由于化学吸收法具有吸收生成的产物不易分解,吸收效率高,处理后的气体容易达到国家或地方规定的排放标准等原因,使用化学吸收法较多。为了增大 VOCs 与溶剂的吸收率和接触面积,并保证一定的接触时间,吸收过程一般在装有填料的

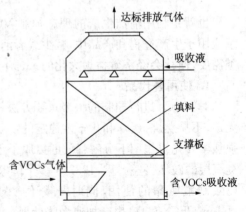

图 2-2 吸收法回收 VOCs 示意图

吸收塔内完成。吸收塔的种类很多,为提高吸收推动力,增加吸收效果,常采用逆流式吸收塔,如图 2-2 所示。吸收液由上部喷头喷入,被吸入的气体由下部送入,气液在中间填料层

中充分接触,净化后达标气体从顶部排出,吸收了 VOCs 的吸收液从底部排出。使用吸收法回收 VOCs 时,要求使用的吸收液对被去除的 VOCs 有较大的溶解性、蒸汽压低、易解吸、化学稳定性好、来源广泛、价格低廉、无毒无害。

（3）吸附法

吸附法是利用某些具有从气相混合物中有选择地吸附某些组分能力的多孔性固体（吸附剂）来去除 VOCs 的一种方法。常用的吸附剂应具备以下条件：① 有巨大的内表面积；② 选择性好,有利于混合气体的分离；③ 具有足够的机械强度,热稳定性和化学稳定性；④ 吸附容量大；⑤ 来源广泛,价格低廉；⑥ 易再生。活性炭因其具有巨大的比表面积、独特的吸附表面结构特征、较强的选择性吸附能力、良好的催化性能和表面化学性能,是一种用途较广的优良吸附剂,尤其在 VOCs 治理方面具有重要作用。

根据吸附剂在吸附设备中的流动状态可以分为固定床吸附器、移动床吸附器和流动床吸附器,但在废气治理工程中,一般采用固定和移动床吸附器。固定床吸附器有立式、卧式和环形三种型式。立式固定床吸附器如图 2-3 所示。气体混合物由中心进气管引入吸附器底部,然后自下而上地穿过固定的吸附剂床层,净气由排气管排出。当吸附剂达到吸附饱和时,关闭进气管和排气管阀门,同时开启蒸汽管和解吸气体排出管的阀门,通入蒸汽和排出解吸气体。固定吸附床的优点是设备结构简单,吸附剂磨损小。缺点是操作复杂,劳动强度高,设备体积也大。移动床吸附器是含吸附质气体与吸附剂在设备中连续逆流运动,相互接触而达到吸附的过程。一般情况是气体自下而上运动,吸附剂自上而下运动。吸附剂不断与高浓度废气接触,有利于提高吸附效率。吸附饱和后,可采用更换吸附剂等方法再生。移动床吸附器的优点是处理气量大,设备内吸附剂利用率高,不会出现漏吸的"死角",缺点是吸附剂磨损严重。

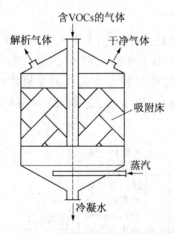

图 2-3　立式固定吸附器示意图

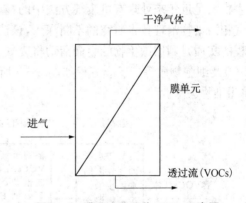

图 2-4　膜分离法回收 VOCs 示意图

（4）膜处理技术

VOCs 气体膜分离技术是 20 世纪末发展起来的一门新兴技术。它利用不同的有机气体如丙烯、丙烷、乙烷等与氮气、氧气等常规气体在高分子分离膜中透过速度的差异即选择透过性,从而达到将不同气体分离的目的（如图 2-4）。燃料油（汽油、煤油、柴油等）蒸汽中主要有机气体组分如丙烷、丁烷、戊烷、庚烷、辛烷、苯等在压差的驱动下在膜中的溶解、扩散,解溶速率即透过速率要比常规气体氮气、氧气快十倍至几十倍,所以在混合气体通过膜组时渗透侧形成有机气体高浓度渗透流,在高压透余侧形成常规气体富集的透余气流,从而完成气体分离。用其他方法难以回收的有机物,该法能有效解决。该法已迅速发展成为石油化工、制药、食品等行业回收 VOCs 的有效方法,同时也是保证排气达到环保要求的好方法,越来越受到各行业重视。膜分离法适合处理 VOCs 浓度较高($\geqslant 1\ 000 \times 10^{-6}\ \mathrm{mg/m^3}$)的物流,对大多数间歇过程,因温度、压力、流量和 VOCs 浓度会在一定范围内变化,所以要求回收设备有较强的适应性,膜系统正能满足这一要求。

2. VOCs 破坏控制技术

对于中等浓度或低浓度($< 1\ 000\ \mathrm{mg/m^3}$)或回收后经济效益较少的的 VOCs,一般采用降解、焚烧等破坏 VOCs,使其转化为 CO_2 和水,将其去除的方法。

(1) 燃烧法

焚烧技术是利用 VOCs 易燃烧性质进行处理的一种方法。VOCs 气体进入燃烧室后,在足够高温度、过量空气、湍流的条件下,进行完全燃烧,最终分解成 CO_2 和 H_2O。目前,在实际中使用的燃烧净化方法有直接燃烧、热力燃烧和催化燃烧。直接燃烧法虽然运行费用较低,但由于燃烧温度高,容易在燃烧过程中发生爆炸,并且浪费热能产生二次污染,因此目前较少采用;热力燃烧法通过热交换器回收了热能,降低了燃烧温度,但当 VOCs 浓度较低时,需加入辅助燃料,以维持正常的燃烧温度,从而增大了运行费用;催化燃烧法由于燃烧温度显著降低,从而降低了燃烧费用,但由于催化剂容易中毒,因此对进气成分要求极为严格,不得含有重金属、尘粒等易引起催化剂中毒的物质,同时催化剂成本高,使得该方法处理费用较高。燃烧法只适用成分复杂、可燃有害组分浓度较高的废气,或者是用于净化有害组分燃烧时热值较高的废气。但若废气含有 Cl、S、N 等元素,采用燃烧法会产生二噁英、SO_x、NO_x 等有害气体,造成二次污染。

(2) 生物降解技术

生物法是近年来处理有机废气方法中的"新秀",该法最早应用于脱臭。近年来随着对有机气相污染物治理技术研究的不断深入,该法逐步应用于有机气相污染物治理。生物降解过程的实质是利用微生物的生命活动将废气中的有害物质转变成简单的无机物(如 CO_2 和 H_2O)及细胞物质等。反应流程如图 2-5 所示,一般经历溶解、吸着和生物降解三个过程,将污染物去除。

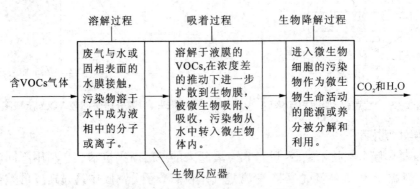

图 2-5　生物反应器降解 VOCs 示意图

生物降解法具有设备简单,运行维护费用低,无二次污染等优点,尤其在处理低浓度、生物可降解性好的气态污染物时更显其经济性。但适宜处理易溶于水的有机污染物,体积大和停留时间长是生物法的主要问题,同时该法对成分复杂的废气或难以降解的 VOCs 去除效果较差。

(3) 光催化降解技术

主要是利用催化剂(如 TiO_2)的光催化性,氧化吸附在催化剂表面的 VOCs,最终产生 CO_2 和 H_2O。目前常用于室内空气中有机污染物的去除。

(4) 紫外线氧化法

该方法利用短波长紫外线的照射分解空气中的氧分子产生游离氧,即活性氧,因游离氧所携带正负电子不平衡与氧分子结合,进而产生臭氧。臭氧具有较强的氧化能力,将 VOCs 转化成二氧化碳和水蒸气。

$$O_2 \xrightarrow{\text{紫外光照射}} O^- + O \cdot (\text{活性氧}) \qquad O_2 + O \cdot \longrightarrow O_3 (\text{臭氧})$$

二、颗粒物的污染防治

一次大气颗粒物的防治应该分为两部分内容:一部分是对于还没有产生的应该采取防范;另一部分是对于已经产生的要进行治理。

(一)污染预防

增强污染物防治的法制建设和政府监管力度,促使企业达标排放。加速研究大气污染的途径,大力支持除尘新技术的发展;加强城市生态环境建设,推进城市绿色生态化建设工程,对于那些污染严重的工厂区可以植树,既可以有效防止污染物扩散又可以加速颗粒物的沉降;加大力度处理好城市建筑垃圾和生活垃圾,防治在运输和转移过程中产生大量的扬尘。

(二)污染控制

从气体中去除或捕集固态或液态微粒的设备称为除尘装置,或除尘器。根据主要除尘机理,目前常用的除尘器可分为:机械除尘器、电除尘器、湿式除尘器等。

1. 机械式除尘器

(1) 重力沉降室

重力沉降室是一种最简单的除尘器,它是依靠重力的作用使尘粒从气流中分离出来。沉降室(见图2-6)实际上是一个断面较大的空室,含尘气体由断面较小的风管进入沉降室后,气流速度大大降低,尘粒便在重力作用下沉降下来。

重力沉降室的结构简单,可用砖砌,造价不高,施工容易,阻力较小(一般为 $50 \sim 130$ Pa),维护管理方便。

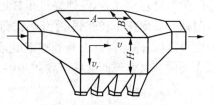

图2-6 重力沉降室示意图

特别是在没有引风机,单靠自然通风的条件下,是一种较好的除尘方法。缺点是占地面积大,除尘效率低。因此,一般只把沉降室作为第一级粗净化,在它后面串联效率较高的第二级除尘器。

（2）惯性除尘器

借助惯性力使尘粒和气流分离的一种除尘设备。通过在惯性除尘器内设置挡板，使含尘气流急剧改变方向，尘粒在惯性力的作用下脱离含尘气流流向，碰撞到障碍物或除尘器而被捕集。惯性除尘器分为碰撞式和回转式两类。在除尘器内设有多道挡板，气流穿过挡板，尘粒撞击在挡板上，靠重力将尘粒收下属碰撞式（图2-7(a)）；使气流急剧转弯绕过挡板，尘粒与气流分离的属回转式（图2-7(b)）。惯性除尘器结构简单、造价低、维护管理容易，但除尘效率低，适用于净化粗粒粉尘（20～50 μm以上），且不宜净化纤维尘，用作多级除尘中第一级。

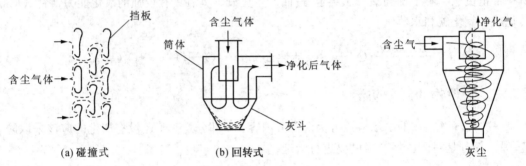

图2-7　惯性除尘器　　　　　图2-8　旋风除尘器示意图

（3）旋风除尘器

旋风除尘器的工作原理如图2-8所示，当含尘气流从入口由切线进口进入除尘器后，导入除尘器的外壳和排气管之间，气流在除尘器内作旋转运动，形成旋转向下的外旋流。气流中的尘粒在离心力作用下向外壁移动，到达壁面，并在气流和重力作用下沿壁落入灰斗由排尘孔排出，从而达到灰气分离的目的。净化后的气体形成内旋流，上升到出口并经过排气管排出。

2. 袋式除尘器

过滤式除尘器是使含尘气流通过滤材或滤层将粉尘分离和捕集的装置，是20世纪70年代出现的一种除尘装置，除尘效率一般可达99%以上，在高温烟气的除尘方面应用较广。

（1）工作原理

简单的袋式除尘器工作原理如图2-9所示，含尘气体从除尘器入口均匀地进入到布袋除尘器处理单元后，气体穿过布袋进入除尘的净烟气侧，而粉尘则被滤布和滤布上的粉尘层阻截并黏附在布袋外侧，净化后的气体由净气侧排出到大气中。当布袋上的粉尘层达到一定厚度时，除尘器就上升到整定值，此时喷冲电磁阀开启进行喷闪。布袋外侧的粉尘层由于布袋的膨胀变形而被抖落到灰斗中，粉尘由灰斗经排料阀排出。

（2）滤料

滤料是袋式除尘器的核心部件，它的性能对袋式除尘器的工作影响极大，选用滤料时必须考虑含尘气体的特性，如粉尘的性质、温度、粒径等。性能良好的滤料应容尘量大、吸湿性小、效率高、阻力低，使用寿命长，同时具备耐温、耐磨、耐腐蚀、机械强度高等优点。

袋式除尘器的滤料种类很多，按滤料的材质分，有天然纤维、无机纤维和合成纤维等。

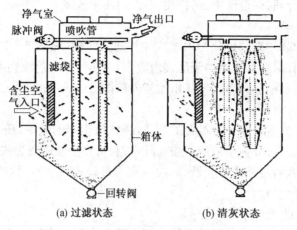

(a) 过滤状态　　　　　(b) 清灰状态

图 2 - 9　袋式除尘器示意图

近年来随着合成纤维工业的发展,不断出现一些价廉、耐用的新型滤料。就纤维而言,有长纤维和短纤维两种。长纤维织物的表面绒毛少,粉尘层压力损失高,但容易清灰;一般短纤维织物表面有绒毛,滤尘性能好,压力损失低,但清灰时稍为困难。按滤料的结构分,有滤布(素布和绒布)和毛毡两类。按滤布的织法分,有平纹布、斜纹布和缎纹布三种。其中斜纹布的综合性能较好,过滤效率和清灰效果都能满足要求,柔软性好,透气性比平纹布好,但强度比平纹布稍差。

（3）袋式除尘器的结构形式

袋式除尘器的结构形式多种多样。可以按其滤袋形状、进气口的位置、气流通过滤袋的方向、除尘器内的压力进行分类。

① 按滤袋的形状分类

可分为圆筒形和扁形。圆筒形滤袋应用最广,它受力均匀,连接简单,成批换袋容易。扁袋除尘器和圆袋除尘器相比,在同样体积内可多布置20%～40%过滤面积的布袋,占地面积较小,结构紧凑,但清灰维修困难,应用较少。

② 按进气方式分类

可分为上进气和下进气(见图 2 - 10)。含尘气体从除尘器上部进气时,粉尘沉降方向与气流方向相一致,粉尘在袋内迁移距离较下进气远,能在滤袋上形成均匀的粉尘层,过滤性能比较好。但为了使配气均匀,配气室需设在壳体上部(下进气可利用锥体部分,使除尘器高度增加),此外滤袋的安装也较复杂。采用下进气时,粗尘粒直接落入灰斗,一般只是小于 35 mm 的细粉尘接触滤袋,因此滤袋磨损小。但由于气流方向与粉尘沉降的方向相反,清灰

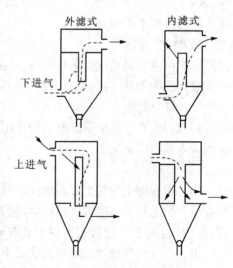

图 2 - 10　袋式除尘器的进气口
位置和过滤方式

后会使细粉尘重新附积在滤袋表面,从而降低了清灰效率,增加了阻力。然而,与上进气相

比,下进气方式设计合理、构造简单、造价便宜,因而使用较多。

③ 按过滤方式分类

含尘气流进入滤袋的方向可分为内滤式和外滤式两种(见图 2 - 10)。采用内滤式时,含尘气流进入滤袋内部,粉尘被阻挡于滤袋内表面,净化气体通过滤袋逸向袋外。采用外滤式时,粉尘阻留于滤袋外表面,净化气体由滤袋内部排出。

(4) 按清灰方式分类

清灰是袋式除尘器运行中十分重要的环节,袋式除尘器的效率、压损、滤速及滤袋寿命等均与清灰方式有关。可分为简易清灰袋式除尘器、机械振动清灰袋式除尘器、逆气流清灰袋式除尘器、气环反吹清灰袋式防尘器、脉冲喷吹清灰袋式除尘器、脉冲顺喷喷射袋式除尘器及联合清灰缓式除尘器。

(5) 按除尘器内的压力分类

可分为负压式和正压式。负压式指除尘器在风机的负压段运行,除尘器采取密封结构,风机在净化后的干净气体中运行。正压式指除尘器设在风机的正压段运行,除尘器不需要采取密封结构,净化后的气体可直接排至大气。

3. 电除尘器

电除尘器是含尘气体在通过高压电场进行电离的过程中,使尘粒荷电,并在电场力的作用下使尘粒沉积在集尘极上,将尘粒从含尘气体中分离出来的一种除尘设备(见图 2 - 11)。

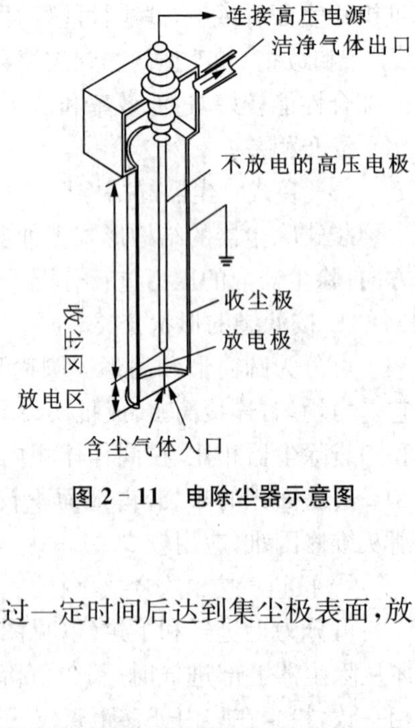

除尘过程一般分为四个阶段:

(1) 气体电离

气体电离在电晕极与集尘极之间施加直流高电压(40 kV～70 kV)使放电极发生电晕放电,气体电离,生成大量的自由电子和正离子。

(2) 粉尘荷电

粉尘荷电气流通过电场空间时,自由电子、负离子与粉尘碰撞并附着其上,便实现了粉尘的荷电。

图 2 - 11 电除尘器示意图

(3) 粉尘沉降

荷电粉尘在电场中受静电力的作用被驱往集尘极,经过一定时间后达到集尘极表面,放出所带电荷而沉集其上。

(4) 清灰

集尘极表面上的粉尘沉积到一定厚度后,用机械振打等方法将其清除掉,使之落入下部灰斗中。放电极也会附着少量粉尘,也需进行定时清灰。为保证静电除尘器在高效率下运行,必须使上述四个过程进行得十分有效。

电除尘器与其他类型除尘器的根本不同在于,实现气溶胶离子与气流分离所需的力是直接作用在荷电粒子上的库仑力;而在其他各种除尘器中,粒子与气流往往同时受到外力的作用,且多为机械力。因此,与其他除尘器相比,电除尘器具有高效、低阻等特点,被广泛用于各工业部门中。

4. 湿式除尘器

湿式除尘器俗称"水除尘器",它是使含尘气体与液体(一般为水)密切接触,利用水滴和颗粒的惯性碰撞及其他作用捕集颗粒或使颗粒增大的装置。湿式除尘器可以有效地将直径为 $0.1 \sim 20\ \mu m$ 的液态或固态粒子从气流中除去,同时,也能脱除部分气态污染物。它具有结构简单、占地面积小、操作及维修方便和净化效率高等优点,能够处理高温、高湿的气流,将着火、爆炸的可能减至最低。但采用湿式除尘器时要特别注意设备和管道腐蚀及污水和污泥的处理等问题。湿式除尘过程也不利于副产品的回收。如果设备安装在室内,还必须考虑设备在冬天可能冻结的问题。再则,要使去除微细颗粒的效率也较高,则需使液相更好地分散,但能耗增大。按湿式除尘器的净化机理,一般根据湿式除尘器的净化机理,可将其大致分成七类:重力喷雾洗涤器、旋风洗涤器、自激喷雾洗涤器、板式洗涤器、填料洗涤器、文丘里洗涤器、机械诱导喷雾洗涤器。本书将简单介绍常用的重力喷雾洗涤器、旋风洗涤器和文丘里洗涤器。

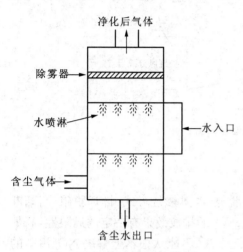

图 2-12　喷淋塔洗涤器

（1）重力喷雾洗涤器

喷雾洗涤器工作原理如图 2-12 所示,含尘气流向上运动,液滴由喷嘴喷出向下运动,粉尘颗粒与液滴之间通过惯性碰撞、接触阻留,粉尘因加湿而凝聚等作用使较大的尘粒被液滴捕集。当气体流速较小时,夹带了颗粒的液滴因重力作用而沉于塔底,净化后的气体通过脱水器去除夹带的细小液滴由顶部排出。

喷塔洗涤器的主要特点是结构简单、压力损失小,一般为 $250 \sim 500\ Pa$,操作方便,运行稳定。喷雾塔洗涤器适用于捕集粒径较大的颗粒,当气体需要除尘、降温或除尘兼去除其他有害气体时,往往与高效除尘器(如文丘里除尘器)串联使用。

（2）旋风洗涤器

这种除尘器捕集粒径小于 $5\ \mu m$ 的尘粒,适用于气量大、含尘浓度高的场合。常用的有旋风水膜除尘器、旋筒式水膜除尘器和中心喷雾旋风除尘器(见图 2-13)。旋风水膜除尘器是由除尘器筒体上部的喷嘴沿切线方向将水雾喷向器壁,使壁上形成一层薄的流动水膜,含尘气体由筒体下层以入口流速约 $15 \sim 22\ m/s$ 的速度切向进入,旋转上升,尘粒靠离心力作用甩向器壁,黏附于水膜,随水流排出。气流压力损失为 $50 \sim 75\ mm$ 水柱,除尘效率可达到 $90\% \sim 95\%$。

（3）文丘里洗涤器

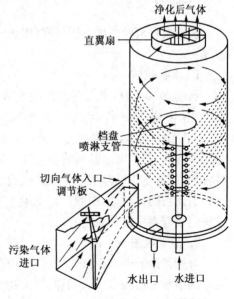

图 2-13　中心喷雾的旋风洗涤器

由文丘里管(有收缩管、喉管和扩大管三部分)和旋风分离器组成(见图2-14)。含灰尘的气体进入收缩管,流速沿管逐渐增大。水或其他液体由喉管处喷入,被高速气流所撞击而雾化。气体中的尘粒与液滴接触而被润滑。进入扩大管后,流速逐渐减小,尘粒互相黏合,使颗粒增大而易除去。最后进入旋风分离器,由于离心力的作用,水与润滑的尘粒被抛至分离器的内壁上并向下流出器外,净化后的气体则由分离器的中央管排出。其优点是结构简单,除尘效率高。缺点是阻力大,不能用于净化不容许与液体接触的气体。文丘里洗涤器除除尘外,还有降温作用,常用于烟道气的除尘。

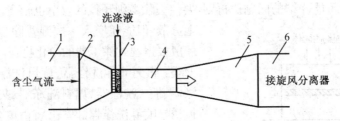

1. 进气管 2. 收缩管 3. 喷嘴 4. 喉管 5. 扩散管 6. 连接管

图 2 - 14 文丘里洗涤器示意图

三、NO$_x$的污染防治

在对固定源NO$_x$的污染控制中,通常采用燃料脱氮、改进燃烧方式、排烟脱硝、高烟囱扩散稀释等方法。燃料脱氮和改进燃烧方式对降低NO$_x$的排放效果有一定的局限性,高烟囱扩散稀释是污染物转移,减轻局部污染的一种消极方法,不能从根本上解决NO$_x$污染的问题。因此,排烟脱硝是控制NO$_x$污染常采用的方法。排烟脱硝一般采用液体吸收法、催化还原法、吸附法、生物处理等方法。

(一)吸收法

根据吸收液的性质不同,可将吸收法分为水吸收法、酸吸收法、碱吸收法、液相还原吸收法等。

1. 水吸收法

水吸收NO$_x$时,水与NO$_2$反应生成硝酸(HNO$_3$)和亚硝酸(HNO$_2$)。生成的HNO$_2$很不稳定,快速分解后会放出部分NO。常压时NO在水中的溶解度非常低,0℃时为7.34 mL/100 g水,沸腾时完全逸出,它也不与水发生反应。因此常压下该法效率很低,不适用于NO占总NO$_x$95%的燃烧废气脱硝。提高压力(约0.1 MPa)可以增加水对NO$_x$的吸收率,通常作为硝酸工厂多级废气脱硝的最后一道工序。且使用水作吸收剂,价格低廉,不必引入新的化学品,吸收产物变废为宝,因此水吸收法既减轻了污染,又创造了价值,但该方法前期需要一定的投资。

2. 酸吸收法

可用稀硝酸或浓硫酸作吸收剂,但其作用原理不同,前者主要利用NO在12%以上硝酸中的溶解度比在水中大的性质,为物理吸收;后者为化学吸收,采用浓硫酸为吸收剂,其反应生成物为亚硝基硫酸,此法更适用于硫酸生产和浓缩稀硝酸的联合工厂中。稀硝酸吸收法具有工艺流程简单,操作稳定,可以回收NO$_x$为硝酸,但气液比较小,酸循环量较大,能耗较高。由于我国硝酸生产吸收系统本身压力低,至今未用于硝酸尾气处理。

3. 碱吸收法

废气中的 NO_x 是酸性气体,可用碱性溶液中和吸收,反应后生成硝酸盐和亚硝酸盐。如纯碱(Na_2CO_3)、烧碱($NaOH$)、氨水($NH_3 \cdot H_2O$)、氢氧化镁等溶液都可用来吸收处理含 NO_x 的废气。考虑到价格、来源及操作复杂程度和吸收效率等原因,工业上以 $NaOH$ 和 Na_2CO_3 应用较多。需注意的是 NO 不易与碱液反应,但当 NO 与 NO_2 同时存在时,反应就能进行。因此,碱吸收法不适合于以含 NO 为主的废气净化,而比较适合于 NO_2 在 NO_x 中所占百分比(以物质的量计)较大的硝酸尾气及硝化废气的净化。

4. 液相还原法

采用液相还原剂将氮氧化物还原为氮(N_2)的方法,即湿式分解法。常用的还原剂有亚硫酸盐或尿素水溶液。其中硝酸-尿素吸收法(MASAR 法)已工业化。据称该法的能耗只有催化还原法的 10%(但生产过程需要冷冻设备),所得的废液为硝酸铵和尿素混合液,可用作肥料。

(二)催化还原法

在催化剂的作用下,利用 NH_3、CO、CH_4 等还原剂将 NO_x 还原为 N_2。该方法对 NO_x 去除效率较高,设备紧凑,运行稳定;缺点是运转费用和投资较高,要消耗 CH_4 和 NH_3。但由于对 NO_x 的排放要求越来越高,多采用此法。催化还原法又分为选择性催化还原和非选择性催化还原。

1. 非选择性催化还原

在一定的温度和催化剂的作用下,废气中的 NO_x 被 H_2、CO、CH_4 等还原剂还原为 N_2,同时还原剂与废气中的 O_2 作用生成水蒸气和 CO_2。以 CO 为例,其还原反应为:

$$CO + NO_2 \xrightarrow{\text{催化剂}} CO_2 + NO$$

$$CO + \frac{1}{2}O_2 \xrightarrow{\text{催化剂}} CO_2$$

$$CO + NO \xrightarrow{\text{催化剂}} CO_2 + \frac{1}{2}N_2$$

非选择性催化还原法燃料消耗大,需要贵金属作催化剂,需增设热回收设备,投资较大。

2. 选择性催化还原

选择性催化还原(SCR)技术是众多的脱硝技术中脱硝效率最高,最为成熟的脱硝技术,其 NO_x 的脱除率可达到 80% 以上。目前 SCR 技术已成为国内外电厂脱硝的主流技术。SCR 脱硝技术采用氨作为还原剂,喷入温度约 300℃~420℃ 的烟气中,在催化剂的作用下,选择性地将 NO_x 还原成 N_2 和 H_2O,而不是被 O_2 所氧化。主要反应如下:

$$4NO + 4NH_3 + O_2 \xrightarrow{\text{催化剂}} 4N_2 + 6H_2O$$

$$6NO + 4NH_3 \xrightarrow{\text{催化剂}} 5N_2 + 6H_2O$$

$$6NO_2 + 8NH_3 \xrightarrow{\text{催化剂}} 7N_2 + 12H_2O$$

$$2NO_2 + 4NH_3 + O_2 \xrightarrow{\text{催化剂}} 3N_2 + 6H_2O$$

3. 选择性非催化还原

选择性催化还原(SCR)脱除 NO_x 的运行成本主要受催化剂寿命的影响,一种不需要催化剂的选择性还原过程或许更加诱人,这就是选择性非催化还原技术(Selective Non-Catalytic Reduction,简称 SNCR)。该技术是用 NH_3、尿素等还原剂喷入炉内与 NO_x 进行选择性反应,不用催化剂,因此必须在高温区加入还原剂。还原剂喷入炉膛温度为 900 ℃ ~ 1 100℃的区域,该还原剂(尿素)迅速热分解成 NH_3 并与烟气中的 NO_x 进行 SNCR 反应生成 N_2,该方法是以炉膛为反应器。此法的脱硝效率约为 40%~60%,多用作低 NO_x 燃烧技术的补充处理手段。SNCR 技术目前的趋势是用尿素代替氨作为还原剂。值得注意的是,近年的研究表明,用尿素作为还原剂时,NO_x 会转化为 N_2O,N_2O 会破坏大气平流层中的臭氧,除此之外,N_2O 还被认为会产生温室效应,因此产生 N_2O 问题已引起人们的重视。

4. 吸附法

吸附法是利用吸附剂对 NO_x 的吸附量随温度或压力的变化而变化,通过周期性地改变操作温度或压力,控制 NO_x 的吸附和解吸,使 NO_x 从气源中分离出来,属于干法脱硝技术。根据再生方式的不同,吸附法可分为变温吸附法和变压吸附法。变温吸附法脱硝研究较早,已有一些工业装置。变压吸附法是最近研究开发的一种较新的脱硝技术。常用的吸附剂有杂多酸、分子筛、活性炭、硅胶及含 NH_3 的泥煤等。

吸附法净化 NO_x 废气的优点是:净化效率高,不消耗化学物质,设备简单,操作方便。缺点是:由于吸附剂吸附容量小,需要的吸附剂量大,设备庞大,需要再生处理;过程为间歇操作,投资费用较高,能耗较大。

5. 生物法处理

生物法处理的实质是利用微生物的生命活动将 NO_x 转化为无害的无机物及微生物的细胞质。由于该过程难以在气相中进行,所以气态的污染物先经过从气相转移到液相或固相表面的液膜中的传质过程,可生物降解的可溶性污染物从气相进入滤塔填料表面的生物膜中,并经扩散进入其中的微生物组织。然后,污染物作为微生物代谢所需的营养物,在液相或固相被微生物降解净化,当烟气在塔中的停留时间(EBRT)约为 1 min,NO 进口浓度为 335 mg/m³ 时,NO 的去除率可达到 99%。塔中细菌的最适温度为 30℃ ~ 45℃,pH 为6.5~8.5。

虽然微生物法处理烟气中 NO_x 的成本低,设备投入少,但要实现工业应用还有许多的问题需要克服:① 微生物的生长速度相对较慢,要处理大流量的烟气,还需要对菌种作进一步的筛选;② 微生物的生长需要适宜的环境,如何在工业应用中营造合适的培养条件将是必须克服的一个难题;③ 微生物的生长会造成塔内填料的堵塞。

四、SO₂的污染防治

国内外目前普遍采用的控制 SO_2 方法可分为燃烧前脱硫、燃烧中脱硫、燃烧后脱硫、高烟囱扩散稀释等。燃烧前脱硫,是采用洗煤等技术对煤进行洗选,将煤中大部分的可燃无机硫洗去,降低燃煤的含硫量,从而达到减少污染的目的。燃烧中脱硫(即炉内脱硫),是在煤粉燃烧的过程中同时投入一定量的脱硫剂,在燃烧时脱硫剂将 SO_2 脱除。烟道气体脱硫是在烟道处加装脱硫设备,对烟气进行脱硫的方法。与固定源排放 NO_x 的控制类似,采用燃烧前脱硫、燃烧中脱硫对 SO_2 的去除效果有一定的局限性,高烟囱扩散稀释只是污染物转移,只有烟气脱硫才能真正做到 SO_2 减排,同时 SO_2 以化肥原料、石膏、硫酸等形式回收,还能达到变废为宝的目的。常用的烟气脱硫方法有石灰法、喷雾干燥法、电子束法、氨法等。

（一）石灰法

石灰法是烟气脱硫最早使用的方法之一。由于石灰石分布广、成本低,在各种脱硫方法中,石灰法是投资和操作费用最低的方法。具体包括直接喷射法、湿式抛弃法、石灰-石膏法、石灰-亚硫酸钙法等。

1. 直接喷射法

将石灰石直接喷入锅炉炉膛内。在炉内,石灰石煅烧成氧化钙,氧化钙吸附烟气中的 SO_2 后反应生成亚硫酸钙,进一步氧化为硫酸钙。该法工艺简单,投资少,占地面积小,运行成本低,脱硫效率中等,一般用于小型火力发电厂,吸收剂一般为干粉状熟石灰。

2. 湿式抛弃法

用石灰或石灰石料在洗涤塔内吸收烟气中的 SO_2,将得到的固体物作为废物抛弃。此方法的缺点是产生二次污染,已基本不再使用。

3. 石灰-石膏法

石灰-石膏法的吸收作用与湿式抛弃法相同,不同的是在尾部增加了氧化塔,将生成的亚硫酸钙氧化为石膏。生成的石膏可替代天然石膏,广泛用于制作建筑材料,如用作水泥缓凝剂、石膏纸板、石膏多孔板等。石灰-石膏法在缺少石膏的地方很受重视。主要反应为:

$$SO_2 + H_2O \Longrightarrow H_2SO_3$$

$$CaCO_3 + H_2SO_3 \Longrightarrow CaSO_3 + CO_2 + H_2O$$

$$CaSO_3 + \frac{1}{2}O_2 \Longrightarrow CaSO_4$$

$$CaSO_3 + \frac{1}{2}H_2O \Longrightarrow CaSO_3 \cdot \frac{1}{2}H_2O$$

$$CaSO_4 + 2H_2O \Longrightarrow CaSO_4 \cdot 2H_2O$$

4. 石灰-亚硫酸钙法

这种方法的吸收作用与石灰-石膏法相同,只是控制反应副产品为半水亚硫酸钙。半水亚硫酸钙是一种新型的复合材料,优良的填料。主要反应为:

$$SO_2 + H_2O \Longrightarrow H_2SO_3$$

$$CaCO_3 + H_2SO_3 \Longrightarrow CaSO_3 + CO_2 + H_2O$$

$$CaSO_3 + \frac{1}{2}H_2O \Longrightarrow CaSO_3 \cdot \frac{1}{2}H_2O$$

（二）氨法

氨法脱硫工艺是根据氨与 SO_2、水反应成脱硫产物的基本机理而进行的。由于具有易得、价廉以及吸收液中的 NH_4^+ 是氮素肥料的主要原料,经适当处理即可制得氮肥,无需进行再生处理等优点,在工业上应用广泛。主要有简易氨法、湿式氨法、电子束氨法、脉冲电晕氨法等。

1. 简易氨法

简易氨法已商业化的有 TS、PS 氨法脱硫工艺等,主要利用气相条件下 H_2O、NH_3 与 SO_2 间的快速反应设计的简易反应装置,严格地讲简易氨法是一种不回收的氨法,其脱硫产物大部分是气溶胶状态的不稳定的亚铵盐,回收十分困难,氨法的经济性不能体现;且脱硫产物随烟气排空后又会有部分分解出 SO_2,形成二次污染。所以,该工艺只能用在环保要求低、有废氨水来源、不要求长期运行的装置上。

2. 湿式氨法

湿式氨法是目前较成熟的、已工业化的氨法脱硫工艺,并且湿式氨法既脱硫又脱氮。湿式氨法工艺过程一般分成三大步骤:脱硫吸收、中间产品处理、副产品制造。根据过程和副产物的不同,湿式氨法又可分为氨-硫铵肥法、氨-磷铵肥法、氨-酸法、氨-亚硫酸铵法等。

(1) 吸收过程

脱硫吸收过程是氨法烟气脱硫技术的核心,它以水溶液中的 SO_2 和 NH_3 的反应为基础:$SO_2 + H_2O + xNH_3 \longrightarrow (NH_4)_x H_2 - xSO_3$,得到亚硫酸铵中间产品,其中,$x = 1.2 \sim 1.4$。直接将亚铵制成产品即为亚硫酸铵法。

(2) 中间产品处理

中间产品的处理主要分为两大类:直接氧化和酸解。直接氧化,如在多功能脱硫塔中,鼓入空气将亚硫铵氧化成硫铵,称为氨-硫铵肥法;酸解,如用硫酸、磷酸、硝酸等酸将脱硫产物亚硫铵酸解,生成相应的铵盐和气体二氧化硫,称为氨酸法。

(3) 副产品制造

中间产品经处理后形成了铵盐及气体二氧化硫。铵盐送制肥装置制成成品氮肥或复合肥;气体二氧化硫既可制造液体二氧化硫又可送硫酸制酸装置生产硫酸。而生产所得的硫酸又可用于生产磷酸、磷肥等。

(4) 湿式氨法的脱氮作用

湿式氨法在脱硫的同时又有一定的脱氮作用。主要涉及的反应为:

$$2NO + O_2 = 2NO_2$$

$$2NO_2 + H_2O = HNO_3 + HNO_2$$

$$NH_3 + HNO_3 = NH_4NO_3 + H_2O$$

$$NH_3 + HNO_2 = NH_4NO_2 + H_2O$$

$$4(NH_4)_2SO_3 + 2NO_2 = N_2 + 4(NH_4)_2SO_4$$

(5) 电子束氨法和脉冲电晕氨法

电子束氨法与脉冲电晕氨法分别是用电子束和脉冲电晕照射喷入水和氨的、已降温至 70℃左右的烟气,在强电场作用下,部分烟气分子电离成为高能电子,高能电子激活、裂解、电离其他烟气分子,产生 OH、O、HO_2 等多种活性粒子和自由基。在反应器里,烟气中的 SO_2、NO 被活性粒子和自由基氧化为高阶氧化物 SO_3、NO_2 与烟气中的 H_2O 相遇后形成

H_2SO_4和HNO_3,在有NH_3或其他中和物注入情况下生成$(NH_4)_2SO_4/NH_4NO_3$的气溶胶,再由收尘器收集。脉冲电晕放电烟气脱硫脱硝反应器的电场本身同时具有除尘功能。

这两种氨法能耗和效率尚要改进,主要设备如大功率的电子束加速器和脉冲电晕发生装置还在研制阶段。

3. 吸附法

SO_2是一种易被吸附的气体,可被多种吸附剂吸附。活性炭、活性煤、活性氯化铝、沸石、硅胶等均可作吸附剂,用来吸附废气中的SO_2。其中由于活性炭吸附容量最大,故在工业中使用最广泛。吸附过程包括物理吸附和化学吸附两种过程。在物理吸附中,已被吸附的SO_2可通过加热或减压解吸出来。在化学吸附中,吸附剂同时起催化剂的作用,使SO_2被废气中的氧气氧化成SO_3,再与废气中的水蒸气作用生成硫酸。饱和后的活性炭可用水洗再生,得到的稀硫酸,经浸没燃烧后硫酸浓度可达70%。也可加热再生,使硫酸与活性炭产生还原反应,得到高浓度的SO_2。吸附法脱硫的主要优点是工艺简单、运转方便、副反应少、无污水排放。但也存在吸附剂需频繁再生、吸附器体积庞大、一次性投资较大等缺点。

五、机动车的污染物防治

汽车工业是衡量一个国家经济实力、科技水平和人民生活质量的重要标志。与此同时,汽车尾气污染也造成不容忽视的环境问题,据2011年《中国机动车污染防治年报》统计结果显示,机动车排放污染物已成为我国空气污染的重要来源。机动车根据其使用燃料不同,分为汽油车和柴油车,汽油车排放的污染物主要为CO、NO_x和HC(包括芳香烃、烯烃、烷烃和醛类等)以及少量的铅、硫、磷等;柴油车排放的污染物为NO_x、SO_2(含硫燃料)和碳烟颗粒。

(一)汽油发动机污染物的形成

1. 汽油发动机工作原理

汽车使用的发动机一般为火花塞点火的四冲程汽油机,如图2-6所示。汽油机工作时,曲轴旋转,通过曲轴柄、连杆推动活塞上下移动。活塞位于最上端时,曲轴角θ为$0°$,称这时活塞的位置为上止点;当活塞位于最下端时,曲轴角θ为$180°$,称活塞的位置为下止点。活塞通过往复运动,完成做功的过程。

(1)吸气冲程

进气门打开,排气门关闭,活塞由上端向下运动,汽油和组成的燃料混合物从进气门吸入气缸。

(2)压缩冲程

进气门和排气门关闭,活塞向上运动,燃料混合物被压缩,压强增大,温度升高。

(3)做功冲程

在压缩冲程末尾,火花塞产生电火花,使燃料猛烈燃烧产生高温高压燃气,燃气推动活塞向下运动,并通过连杆带动曲轴转动。

(4)排气冲程

进气门关闭,排气门打开,活塞向上运动,把废气排出气缸。

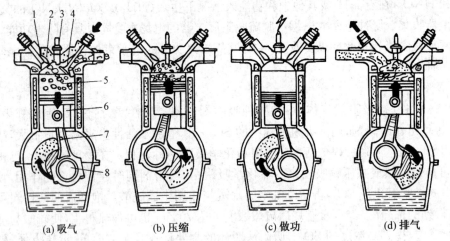

(a) 吸气　　　　(b) 压缩　　　　(c) 做功　　　　(d) 排气

1. 排气门　2. 气缸盖　3. 火花塞　4. 进气门　5. 气缸　6. 活塞　7. 连杆　8. 曲轴

图 2-15　四冲程汽油内燃机工作过程

2. 评价发动机性能主要指标

（1）压缩比（ε）

压缩比为气缸总容积（V_a）与燃烧室容积（V_c）之比。一般汽油机压缩比为 6～10,柴油机压缩比为 16～24。

（2）空气过量系数（a）

当燃料混合气所含实际空气量与所含燃料量相应的理论空气量之比称为空气过量系数,即实际空燃比与理论空燃比之比。

$a=1$ 时,混合气浓度符合理论空燃比;

$a>1$ 时,混合气中空气过量,为稀混合气;

$a<1$ 时,混合气中燃料过量,为浓混合气。

3. 污染物的形成机理

（1）CO 的形成

CO 是燃料中碳不完全燃烧的燃烧产物,影响 CO 排放量的主要因素是空燃比、空气和燃料的混合程度、内壁淬熄效应等。

CO 的生成机理比较复杂,若以 R 代表碳羰基,则燃料分子 RH 在燃烧过程中生成 CO 大致经历如下步骤:

$$RH \longrightarrow RO_2 \longrightarrow RCHC \longrightarrow RCO \longrightarrow CO$$

CO 的产生量主要受燃料和空气混合后浓度及混合程度的影响。在空气过量系数 $a<1$ 工况时,由于缺氧使燃料中的 C 不能完全氧化成 CO_2,CO 作为中间产物生成。在 $a>1$ 时,理论上不应有 CO 生成,实际上还是有少量 CO 生成,由于混合不均匀造成局部区域 $a<1$ 条件成立,故局部不完全燃烧产生 CO;或者已成为燃烧产物的 CO_2 和 H_2O 在高温时吸热,产生热离解反应,生成 CO;另外,在排气过程中,未燃 HC 的不完全氧化也会产生少量 CO。

（2）HC 的形成

在机动车排放的 HC 中,有完全未燃烧的燃料,但更多的是燃料不完全燃烧的产物。主要包括以下几方面：

① 燃料的不良挥发。汽油主要由轻质烃组成，具有良好的蒸发性，在油箱、化油器等元件密封不好的情况下，燃料蒸发将造成 HC 排放增加。

② 不完全燃烧。当发动机怠速及高负荷运转时，可燃混合气 $a<1$，因缺氧，造成不完全燃烧；可燃混合气 a 一般取 $1.1\sim1.2$ 之间，这时排放的 HC 最少，当 $a>1.2$ 时，因燃烧恶化，HC 的排放不断增加。另外，可燃混合气混合不均，也会造成燃料不完全燃烧排放 HC。

③ 壁面火焰淬熄。发动机燃烧室壁面温度比火焰低得多，对火焰迅速冷却（也称冷激效应，quenching）使火焰中产生的活性自由基复合，燃烧反应链中断，使反应变缓或停止，在壁面形成未燃烧或不完全燃烧的火焰淬熄层，产生大量 HC（见图 2-16）。特别是在冷起动、暖机和怠速等工况下，燃烧室壁面温度较低，形成淬熄层较厚。火焰淬熄是未燃 HC 的主要来源。

④ 狭隙效应。狭隙主要指活塞、活塞环和汽缸壁之间的狭小缝隙，火花塞中心电极的空隙，火花塞的螺纹、喷油器周围的间隙等。这些空隙的总容积只占燃烧室容积的百分之几，但具有较大的比表面积。压缩和燃烧过程期间气缸内压力升高，可燃混合气挤入各缝隙中，由于狭缝里气体温度较低以及壁面的淬熄作用，火焰很难进入狭缝烧掉这些气体。当狭缝中气体压力高于气缸压力

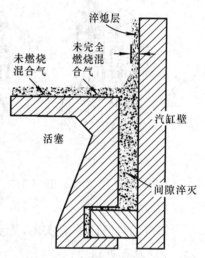

图 2-16　燃烧室壁面的淬熄层

时缝隙中的气体重新流回气缸，成为排气过程 HC 的主要来源之一。

⑤ 润滑油膜的吸附和解析。在进气期间，覆盖在气缸壁面和活塞顶面上的润滑剂油膜被在环境压力下来自燃油的碳氢化合物蒸汽所饱和，这种溶解吸收过程在压缩和燃烧过程期间较高压力下继续进行。当燃烧室燃气中的 HC 浓度由于燃烧几乎降到零时，油膜中的 HC 向已燃气解析的过程开始了，并继续到膨胀和排气过程。一部分解析的燃油蒸汽与高温的燃烧产物混合，然后被氧化；其余部分与温度较低的燃气混合，因而不氧化，成为 HC 排放源。

⑥ 燃烧室中沉积物的影响。发动机运行一段时间后，会在燃烧室壁面、活塞顶、进排气门上形成的沉积物，是未燃 HC 排放的又一原因。清除沉积物，会使 HC 排放出现短暂的下降。

（3）NO_x 的形成

在燃料燃烧过程中，NO_x 的生成有三种方式，根据产生机理不同分别称之为热力型 NO_x（Thermal NO_x）、瞬发型 NO_x（Prompt NO_x）和燃料型 NO_x（Fuel NO_x）。热力型 NO_x 主要是在高温燃烧过程中，由空气中的氮和氧进行反应生成的，当燃烧温度下降时，高温 NO_x 的生成反应会停止，即 NO_x 会被"冻结"。瞬发型 NO_x 是由于燃料挥发物中碳氢化合物高温分解生成的 CH 自由基和空气中氮气反应生成 HCN 和 N，再进一步与氧气作用以极快的速度生成的。燃料型 NO_x 是燃料中含氮化合物在燃烧中氧化形成的。

（二）柴油发动机污染物的形成

1. 柴油发动机工作原理

柴油机的工作原理与汽油机基本相同，也是四个冲程，通过活塞往复运动做功，如图 2-17 所示。

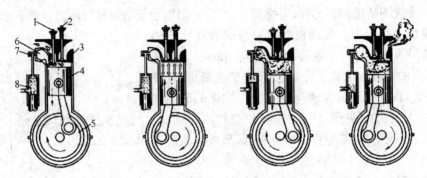

1. 进气门　2. 排气门　3. 汽缸盖　4. 活塞　5. 曲轴　6. 喷油泵　7. 喷油器　8. 燃烧室

图 2-17　四冲程柴油内燃机工作过程

（1）吸气冲程

进气门打开，排气门关闭，活塞由上端向下运动，空气吸入气缸。

（2）压缩冲程

进气门和排气门都关闭，活塞向上运动，把空气压缩得很小。空气的压强很大，温度极高。在压缩冲程末，缸内空气的温度已超过柴油的燃点，从喷油嘴喷出的雾状柴油，剧烈燃烧。

（3）做功冲程

柴油燃烧产生高温高压的燃气，推动活塞向下运动，通过连杆带动曲轴转动。

（4）排气冲程

进气门关闭，排气门打开，活塞向上运动，把废弃排出气缸。

2. 污染物的形成机理

（1）CO、HC 和 NO_x 的形成

由于柴油机的燃烧是扩散燃烧，绝大部分工况的空气过量系数 a 远大于汽油机，且混合气浓度极大，燃烧室内不同区域的 a 在 $0\sim\infty$ 之间，火焰外围区域的 a 趋向于 ∞，即几乎没有燃油（尤其是负荷小时），受淬熄效应、油膜及沉积物的影响较少，生成 CO 和 HC 的量比汽油机低。

NO_x 的生成规律与汽油相同，但生成量低于汽油机，这主要与柴油机的混合气浓度分布不均匀有关。

（2）碳烟颗粒物的形成

柴油机排放的颗粒物是由三部分组成的，即硫酸盐（质量分数 5%～10%）、可溶性有机物（SOF，质量分数 35%～45%）和干碳烟（DS，质量分数 40%～50%）。

颗粒物中的硫酸盐是燃料中含硫化合物在燃烧中氧化生成的，可溶性有机物是碳粒和未燃 HC 以及柴油解离产物的混合体，碳烟则是由烃类燃料在高温缺氧条件下裂解生成的，但其

详细的机理还不十分清楚。一般认为,当燃油喷射到高温的空气中时,轻质烃很快蒸发汽化,而重质烃会以液态暂时存在。液态的重质烃在高温缺氧条件下,直接脱氢碳化,成为焦炭状的液相析出型碳粒。而蒸发汽化了的轻质烃,经过一系列变化后形成气相析出型碳粒。

六、污染物的防治

对机动车排放污染物的治理分机内净化和机外尾气处理技术。机内净化是通过改善发动机性能和优化运行参数,在一定程度上降低机动车排放污染物。但是,随着机动车排放法规的不断严格,仅靠机内控制措施越来越难以满足排放要求,必须采用燃烧优化与废气后处理技术相结合的方法,以把尾气中的污染物排放降低到足够低的水平。

机外净化主要是基于在排气管加装废气催化转化器,使机动车排放污染物经催化剂的催化活性将其中未燃烧及燃烧不充分产生的有害物质转化为无害物质。

(一) 机内净化

1. 改进发动机

控制机动车污染物最直接的方法就是从污染物生成的机理出发,对空气燃料混合气的燃烧方式和过程进行改进,从而减少污染物的产生。

(1) 电控燃油喷射技术

发动机电控燃油喷射装置是根据各传感器测得的空气流量、进气温度、发动机转速及工作温度等参数,适时调整供油量,保证发动机始终在最佳工作状态,提高发动机的综合性能。分为单点喷射(SPI)、多点喷射(MPI)和缸内直接喷射三种形式。缸内直接喷射是当前电控燃油喷射中的前沿技术,其喷油器安装在气缸盖上,工作时直接将燃油喷入气缸内进行混合燃烧。汽、柴油发动机均可通过安装电控燃油喷射装置以降低污染物排放。

(2) 改进化油器

化油器是汽油发动机上一个十分重要的部件,其作用是准备混合气,汽油和空气按一定比例形成混合气后进行雾化,按发动机各种不同工况的需要进入气缸燃烧。改进化油器主要是通过改善化油器的功能以提高混合气的质量,即精确控制发动机在不同工作状态下混合气的空燃比。

(3) 延迟点火时间

延迟点火时间可以降低燃烧的最高温度和延长燃气的燃烧时间,使气缸内 N_2 和 O_2 不能顺利地在高温下形成 NO_x;同时,可以使燃烧过程较多地在膨胀过程中进行,排气温度升高,有利于 HC 和 CO 的进一步氧化燃烧。

2. 稀薄燃烧

主要适用于汽油发动机,采用稀混合气(空燃比≥18)时,因有过剩的氧气,燃料可以完全燃烧,排放物的有害成分减少,即使有未燃尽的 HC 和 CO 等成分产生,在膨胀和排气过程中也会进一步燃烧。同时由于混合燃气稀薄,燃烧的最高温度下降,可以限制 N_2 和 O_2 的结合,降低 NO_x 的排放量。

3. 排气再循环系统(EGR)

排气再循环系统是目前降低废气中 NO_x 排放的一种有效措施。即将一部分废气引入进气管与新气混合后进入气缸,通过降低最高燃烧温度和氧的浓度,从而减少燃烧过程中

NO 的生成量。

4. 增压和中冷技术

主要适用于柴油发动机,柴油机采用进气涡轮增压后,由于提高了进气压力,亦即提高了空气过量系数,并提高了整个循环的平均温度,因而降低了 CO 和 HC 的排放。只增压不带中冷器,因提高了最高燃烧温度,导致 NO_x 排放量增加。只有当增压并带中冷器时,进气空气冷却,才能使 NO_x 的排放浓度下降。

5. 燃油蒸发控制系统

主要适用于汽油发动机。油箱蒸发的汽油蒸汽直接散入大气将造成污染。燃油蒸发控制系统就是把燃油箱蒸发出来的汽油蒸气收集起来,再使它在发动机内燃烧。即利用活性炭吸附原理,在汽油蒸气散入大气之前,用活性炭加以吸附,然后在发动机工作时,根据各种运行工况,由进气管真空度控制碳管上的脱附阀的开启,来控制汽油蒸气的脱附,活性炭罐内的汽油蒸气再次分离出来,送入发动机内燃烧,减少挥发 HC 的排放。

6. 曲轴箱强制通风系统

曲轴箱强制通风系统是根据节气门位置信号、转速信号等控制强制通风阀,从而实现曲轴箱内气体与进气管之间的导通,将气缸中经活塞环间隙渗入曲轴箱内的气体再次循环进入进气管中,以减少该部分气体直接排向大气造成的污染。

(二)机外净化

1. 汽油车尾气处理技术

三元催化器(TWC)是安装在汽油车排气系统中最重要的机外净化装置,也是目前成熟应用的机动车尾气处理技术。当高温的汽车尾气通过净化装置时(如图 2-18),三元催化器中的催化剂将增强 CO、HC 和 NO_x 三种气体的活性,促使其进行一定的氧化-还原化学反应,其中 CO 在高温下氧化成为无色、无毒的 CO_2 气体;HC 化合物在高温下氧化成水和 CO_2;NO_x 还原成 N_2 和 O_2。需要注意的是:三元催化转化器只有在理论空燃比附近,才对 CO、HC 和 NO_x 有较好的去除效果,如图 2-19 所示,当 a 在 1 附近时,转化效率可达 80% 左右。

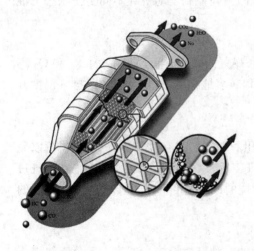

图 2-18 三元催化器

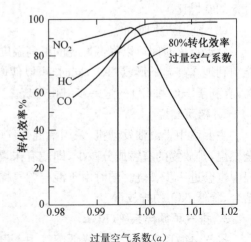

图2-19 过量空气系数对 TWC 的转化效率的影响

催化作用的核心是催化剂，关系到三元催化器的性能。目前，在三元催化器上使用的催化剂大多由铂(Pt)、钯(Pd)、铑(Rh)等贵金属制成。尾气中的铅、硫、磷、锰、硅等易使催化剂中毒，从而降低催化转化器的效能。

2. 柴油车尾气处理技术

多年来，国内外发展了许多后处理技术以降低柴油车碳烟颗粒物和NO_x对环境造成的污染，如颗粒氧化催化器(DOC)、微粒过滤器(DPF)、稀薄NO_x捕集技术(LNT)和NO_x选择性催化还原(SCR)以及碳颗粒和NO_x的催化同时去除技术。

（1）颗粒氧化催化器

车用柴油机加装的氧化型催化器结构与三元催化器类似，以铂(Pt)、钯(Pd)等贵金属作为催化剂，主要降低微粒排放中的可溶性有机成分(SOF)的含量从而降低PM的排放。同时可以有效减少排气中的HC、CO。氧化催化器可以除去90%的SOF，从而使PM排放减少$40\%\sim50\%$。其对HC和CO的处理效率可以分别达到88%、68%。

但该技术脱除碳颗粒物的效果比较差，并且催化剂又将排气中的SO_2催化转化为SO_3而生成硫酸盐颗粒的趋向，尤其是温度较高时硫酸盐生成速率增大，从而使颗粒物排放总量减少甚微。并且硫化物的存在还易使催化剂中毒劣化。所以柴油机颗粒催化氧化技术一般适用于含硫量较低的柴油燃料。DOC对PM的捕捉效果不如微粒过滤器，但是由于碳氢化合物的点火温度较低(在$170℃$下就可再生)，所以DOC不需昂贵的再生系统，投资费用较低。

需要注意的是催化剂的选择与柴油机排气温度密切相关，当温度低于$150℃$时，催化剂基本不起作用。随着温度的升高，排气微粒主要成分的转化效率逐渐增高。当温度高于$350℃$后由于硫酸盐大量产生，反而使微粒排放量增大，而且，硫酸盐还会覆盖在催化剂表面降低催化剂的活性和转化效率。此外，硫对大多数催化剂来讲都有毒性，可引起催化剂中毒。因此，在我国使用氧化催化剂必须提高燃油品质，还要设法降低氧化催化器的成本价格。

（2）微粒过滤器

微粒过滤器是一种安装在柴油发动机排放系统中的陶瓷过滤器，它可以在微粒排放物质进入大气之前将其捕捉。

颗粒捕捉器能够减少柴油发动机所产生的烟灰达90%以上。捕捉到的微粒排放物质随后在车辆运转过程中燃烧殆尽。它的工作基本原理如图$2-20$所示，柴油微粒过滤器喷涂上金属铂、铑、钯，柴油发动机排出的含有炭粒的黑烟，通过专门的管道进入发动机尾气微粒捕集器，经过其内部密集设置的袋式过滤器，将炭烟微粒吸附在金属纤维毡制成的过滤器上；当微粒的吸附量达到一定程度后，尾端的燃烧器自动点火燃烧，将吸附在上面的炭烟微粒烧掉，变成对人体无害的二氧化碳排出。为了做到这一点，捕捉器应用了先进的电控系统、催化涂层和燃料添加型催化剂(FBC)。这种燃料添加型催化剂包含诸如铈、铁和铂等金属。这些材料按比例加入到燃料中，在发动机控制系统的帮助下不仅控制微粒排放物质的数量，而且还控制碳氢化合物和污染气体等污染物

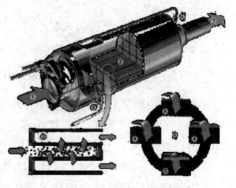

图 2 - 20　微粒过滤器

的排放量。捕捉器的再生或净化功能必须在可控的基础上完成,以保持捕捉器不被烟灰堵塞。在净化周期结束以后,任何残留灰尘或滤渣最终都将在日常维护中被人为地清除。

柴油颗粒捕捉器可以有效地减少微粒物的排放,它先捕集废气中的微粒物,然后再对捕集的微粒进行氧化,使颗粒捕捉器再生。

(3)稀薄 NO_x 捕集技术

是指通过捕集和还原两个工作阶段降低柴油机 NO_x 排放的技术。捕集阶段是 LNT 在稀燃条件下吸附尾气中的 NO_x,还原阶段是 LNT 在富燃条件下将所吸附的 NO_x 还原成无毒的 N_2。LNT 的组成结构和三元催化器相似,常用的 NO_x 吸附材料为碱土金属氧化物或碱金属氧化物。

① 捕集阶段:将吸附的 NO_x 以不同形式硝酸盐暂时存在载体上。

$$2NO+O_2 \xrightarrow{\text{吸附材料}} 2NO_2 \xrightarrow{\text{吸附材料}} \text{硝酸盐+亚硝酸盐}$$

② 还原阶段:将储存在载体上的硝酸盐还原成 N_2。为创造还原所需的富燃气氛,可采用缸内喷射燃油和尾气管中直接喷射还原剂两种方式,采用的还原剂主要为燃油和 H_2。

$$\text{硝酸盐} \xrightarrow{\text{还原剂、催化剂}} N_2 + \text{其他}$$

$$\text{亚硝酸盐} \xrightarrow{\text{还原剂、催化剂}} N_2 + \text{其他}$$

(4)选择性催化还原技术

通过选择尾气中的 NO_x 进行催化还原反应来达到降低 NO_x 排放的目的。根据使用的还原剂不同,SCR 有多种形式,如 NH_3-SCR、HC-SCR 和乙醇-SCR 等。其中 NH_3-SCR 应用最为普遍。

NH_3 具有很强的选择性,是良好的还原剂,但是纯 NH_3 具有毒性,且不易保存;而尿素水溶液无毒、无害、存储和运输都很方便,且没有刺激性味道。因此 NH_3-SCR 是采用在尾气中喷射雾状尿素水溶液的方法,将尾气中的 NO_x 选择性还原成氮气和水。

车用 NH_3-SCR 系统一般由预氧化装置、尿素热解、水解装置、SCR 反应装置和后氧化装置五部分组成。化学反应过程十分复杂,其具体反应方程式如下:

热解反应: $\qquad (NH_2)_2CO == NH_3 + HNCO$

水解反应: $\qquad HNCO + H_2O == NH_3 + CO_2$

还原反应: $\qquad 4NH_3 + 4NO + O_2 == 4N_2 + 6H_2O$

$\qquad\qquad\qquad 4NH_3 + 2NO + 2NO_2 == 4N_2 + 6H_2O$

尿素经历预氧化后,会在热解、水解装置中发生热解作用,生成异氰酸(HNCO)和一部分 NH_3;接着 HNCO 和水蒸气作用生成 NH_3 和 CO_2;然后在催化剂的催化作用下,将 NO、NO_2 等还原为 N_2。NH_3-SCR 常用的催化剂为 Fe、Cu、V、Ni 等。

(5)碳烟(soot)和 NO_x 同时去除技术

上述的柴油机尾气处置技术都仅针对其中的一种污染物。后来,国际上发展了碳颗粒和 NO_x 的独立净化技术相结合的联用技术。自 Yoshida 提出 PM 和 NO_x 互为氧化还原的以废治废的思想以来,国内外围绕这一方向开展了大量研究。

① 联用技术

碳颗粒和 NO_x 的独立净化技术联合使用,从而在同一装置中达到同时净化碳颗粒和 NO_x 的效果。通常在第一段催化转化器上,颗粒物先被捕集、燃烧;在第二段催化转化器上,NO_x 被 HC、NH_3 等还原或直接分解去除。

② NO_x 和碳烟互为氧化还原技术

用催化的方法同时去除 NO_x 和 PM 的主要成分碳烟:NO 在催化剂作用下被氧化为 NO_2,NO_2 具有较强的氧化能力,将尾气中的碳烟氧化为 CO_2,同时自身被还原为 N_2。

催化同时去除 NO_x 和碳烟与联用技术相比,是一种更合理和有应用前景的后处理技术。目前,这种方法还有很多技术上的难题需要解决(例如发展高效、热稳定性较高的捕集器,并能使反应物和催化剂在其表面接触良好),但当务之急是发展热稳定性好,并且在较低温度下能同时促进碳烟燃烧和 NO_x 还原为 N_2 的催化剂。

第五节　室内空气污染危害及防治

一、室内空气污染的危害

人的一生中大约有 70%~90% 的时间是在室内度过的,因此,室内空气质量的优劣直接影响人们的身体健康和生活、工作质量。由于现代科技和各种化工建材在建筑中大量使用,建筑密闭性增强等因素,造成了现代建筑中普遍存在空调过度、通风不良、空气污染等问题,使室内环境日趋恶化,对人类生命安全和健康构成潜在威胁,继而引发许多建筑相关疾病。根据《2002 年世界卫生组织(WHO)报告》统计,全球近一半的人处于室内空气污染中;室内环境污染已经引起 35.7% 的呼吸道疾病,22% 的慢性肺病,15% 的气管炎、支气管炎和肺癌;报告中特别提到,居室装饰装修使用含有害物质的材料会加剧室内环境的污染,这些污染对儿童和妇女的影响更大,其污染程度远远超出 WHO 的估计。

二、室内空气污染物的组成和健康效应

室内空气污染根据污染物的性质区分,包括化学性、物理性、放射性及生物性污染。主要来自室内和室外。

(一)化学性污染

化学性污染是室内环境的主要污染。据统计,至今已发现的室内化学污染物约有 500 多种,其中挥发性有机化合物(VOCs)达 300 多种。化学性污染物主要为气态污染物,常见的室内空气气态污染物可分为无机污染物和有机污染物。

1. 无机污染物

室内空气中的主要无机污染物包括:CO,来自室内燃料的不完全燃烧;CO_2,来自室内燃料燃烧及代谢活动如人的呼出气和生物的发酵等;NH_3,来源于代谢活动如人体分泌物及代谢物,建筑主体结构中加入的防冻剂、胶黏剂等;O_3,主要由室内使用紫外灯、负离子发生器、复印机、电视机等产生。

2. 有机污染物

室内空气的主要有机污染物包括甲醛（HCHO）、挥发性有机化合物（VOCs）和苯及苯系物。

（1）甲醛

室内装饰中常用的人造板材有胶合板、细木工板、中密度纤维板和刨花板等。因为以甲醛为主要原材料制成的脲甲醛树脂胶黏剂（俗称脲胶）具有较强的黏合性，并能够加强板材硬（强）度和防虫、防腐功能，且脲胶生产工艺简单、原材料易得、成本很低、经济性强，所以目前生产人造板材大多使用以甲醛为主要成分的脲胶。人造板材中残留的和未参与反应的游离甲醛会根据环境条件（温度、湿度等）的变化逐渐向周围环境释放，如果不及时与室外的空气进行有效交换，室内空气环境将会遭受到污染。

人体对甲醛感受的个体差异较大，眼睛最敏感，嗅觉和呼吸道刺激次之。甲醛对嗅觉的影响根据王维等调查显示，嗅觉功能减退表现为嗅阈增高、嗅敏度降低。人的甲醛嗅觉阈值为 $0.06 \sim 0.07 \ mg/m^3$，空气中甲醛 $< 1.2 \ mg/m^3$ 时，刺激作用轻微；$> 3.6 \ mg/m^3$，刺激增强；$4.8 \sim 6.0 \ mg/m^3$，接触 30 min 将引起流泪、眼痒和咽喉干燥不适；$12 \sim 24 \ mg/m^3$，可引起呼吸困难、咳嗽、头痛；$\geqslant 60 \ mg/m^3$，可引起肺炎、肺水肿等，甚至死亡。

此外，长期慢性吸入浓度为 $0.45 \ mg/m^3$ 的甲醛，可导致慢性呼吸道疾病增加。中毒症状包括头疼、衰弱、焦虑、眩晕、神经系统功能降低。吸入高浓度（$60 \sim 120 \ mg/m^3$）甲醛可导致肺炎、喉和肺水肿、支气管痉挛、喘息、泡沫痰甚至呼吸循环衰竭致死。

（2）VOCs

VOCs 主要来自室内用板材、油漆、涂料和毯类等装修装饰材料和油漆过的家具。其中油性涂料-油漆中大量使用易挥发的有机溶剂，也是老式油漆生产的主要配方，所释放的 VOCs 以易挥发苯系物为主，以前多为苯，如今苯已被明令禁止，多数工艺配方中以甲苯、二甲苯为主，还有丙酮、醋酸丁酯等。

目前室内的 VOCs 浓度总体不高，由于非工业建筑中的 VOCs 浓度较低，研究的主要内容是在低浓度下 VOCs 对人体健康的影响：一方面是 VOCs 对人体功能的干扰，另一方面是人对环境的不良感受。在低 VOCs 浓度下最常见的影响可分为三大类：① 人体感官受到强烈刺激时对环境的不良感受；② 暴露在空气中的人体组织的一种急性或亚急性的炎性反应；③ 由于以上感受引起的一系列反应，一般可认为是一些亚急性的环境紧张反应。有研究指出，VOCs $< 0.2 \ mg/m^3$ 时不会影响人体健康，在 $0.2 \sim 0.3 \ mg/m^3$ 范围内会产生刺激等不适应症状，在 $3 \sim 25 \ mg/m^3$ 范围内会产生刺激、头痛及其他症状，而 $> 25 \ mg/m^3$ 时，对人体的毒性效应非常明显。

但也有部分 VOCs 组分对室内空气质量影响较严重，VOCs 尤其是苯系物对人体影响比较明显。苯系物对人的眼睛、嗅觉系统和皮肤能造成伤害，最具毒性的是使胚胎和血液发生改变，并直接发生癌变。国外的流行病学研究和调查表明，接触建筑材料中过量的苯毒，即使浓度很低，其白血病和恶性淋巴瘤的发病率也明显高于一般人群。三种苯系物中苯毒性最大，通过代谢对生命体产生危害，轻者头痛、欲呕，重者昏迷、死亡。甲苯在体内部分代谢，会对神经系统产生危害。二甲苯虽属低毒性物质，但浓度高时仍可使人恶心、呕吐、腹痛，长期接触可使神经系统功能紊乱。

（3）苯及苯系物

主要来源于燃烧烟草的烟雾、溶剂、油漆、色剂、图文传真机、电脑终端机、黏合剂、墙纸、地毯、合成纤维和清洁剂等。

对人体危害最大可造成贫血、感染、皮下出血。长期吸入能导致再生障碍性贫血(血癌)甲苯在暴露情况下如用鼻吸进会使大脑和肾受到永久伤害。

(二) 物理性污染

物理性污染主要来自家用电器设备如电视机、收录机、音响、洗衣机、电冰箱、电脑、手机、微波炉等产生的噪声、电磁辐射、静电等污染。这些电器使用不当,极易造成头晕耳鸣和包括噪声性耳聋在内的听觉疲劳、感音神经性听力减退,以及记忆力减退、注意力不集中、心悸、乏力、失眠等植物神经功能紊乱和贫血等。

(三) 放射性污染

主要是一些建筑材料如花岗岩、页岩、浮岩、大理石、水泥、红砖、釉面瓷砖中的放射性元素镭、钍、铀及其衰变物氡等。居室建筑和装潢材料尤其是各种"石材"中的放射物质可影响人体造血功能,诱发组织器官畸变,导致白血病等。高浓度化学有害物质的持续刺激以及长期接受氡辐射,是致癌的重要原因之一。

(四) 生物性污染物

生物性污染主要来自寄生于地毯、沙发、被褥、衣物、毛绒玩具中的螨虫及其他细菌;家庭饲养的花鸟鱼虫和猫狗宠物中的病原微生物、寄生虫等。来自于室尘、地毯、鸟兽羽毛以及枕头、被褥等床上用品中的螨虫、真菌在医学上称为过敏原,常可引发人体过敏反应,最常见的是过敏性鼻炎和过敏性皮肤病。

三、室内空气污染的防治

室内空气污染控制主要可以通过三种途径实现:污染源控制、通风和室内空气净化,其中污染源控制是指从源头着手避免或减少污染物的产生。消除或减少室内污染源是改善室内空气质量、提高舒适性的最经济有效的途径,在可能的情况下应优先考虑,包括加强和限制某些室内空气污染源的排放速率,禁止毒性较大的物质在室内环境中使用等。

(一) 自然通风和机械通风

通过风机的转动加快室内外空气的换气量是最常见的改善室内空气质量的手段,换气量的大小取决于风机的转速。其代表产品为 20 世纪 60 年代出现的换气扇和抽油烟机。在我国,绝大多数民居房屋是依靠自然通风来改善室内空气质量的,这种方法通常最经济,最有效。只有在大环境空气遭到污染时,开窗交换室外空气不宜进行。

(二) 物理法

1. 过滤净化方法

按所选过滤材料的不同,可分为粗过滤、中效过滤、高效过滤。目前工业废气治理中广泛应用的几种高效过滤材料如微孔滤膜、多孔陶瓷、多孔玻璃、合成纤维等,都可应用到室内空气的治理上。可有效地捕集空气中的可吸入颗粒物、烟雾、灰尘、细菌等。

2. 吸附净化方法

该法是将污染空气通过吸附剂层,使污染物被吸附而达到净化空气的目的。优点是选择性好,对低浓度物质清除效率高,且设备简单,操作方便,适合挥发性有机化合物、放射性气体氡、尼古丁、焦油等的净化。对于甲醛、氨气、二氧化硫、一氧化碳、氮氧化物、氢氰酸等宜采用化学吸附。

吸附剂一般有活性炭、沸石、分子筛、硅胶等,目前使用较广的是活性炭,它吸附能力强、化学稳定性好、机械强度高。

3. 静电净化技术

静电技术与工业电除尘器的机理相同,主要适用于净化室内的颗粒物,去除效率在90%以上,但该法不能有效去除室内空气中的有害气体如 VOCs 等,静电除尘法还存在吸附不彻底的问题。

4. 非平衡等离子净化技术

等离子体是由电子、离子、自由基和中性粒子组成的导电流体,整体保持电中性。非平衡等离子体内部的电子温度远高于离子温度,系统处于热力学非平衡态,其表观温度很低,所以又被称为低温等离子体。低温等离子体内部富含电子,同时又产生·OH 等自由基和氧化性极强的 O_3,从而达到处理空气中较低浓度挥发性有机物及微生物的目的。

低温等离子体技术降解气体污染物具有反应速率快、条件温和以及易操作等优点。经检测,等离子体空气消毒净化机对空气中的金黄色葡萄球菌杀灭率为 99.9%,对白色念球菌杀灭率为 99.96%,对空气中的自然菌的杀灭率在 90%以上。将非平衡态等离子体用于空气净化,不但可分解气态污染物,还能从气流中分离出微粒,调解离子平衡。

5. 负离子净化技术

处于电中性状态的气体分子受到外力作用,失去或得到电子,得到电子的为负离子。负离子借助凝结和吸附作用,极易与空气中微小污染颗粒相吸,即成为带电的大离子沉降下来。但是空气负离子只是附着灰尘,不能清除污染物。同时由于通常使用的负离子发生器往往伴有臭氧的产生,并且其寿命很短,污浊空气会进一步降低其浓度。因此,负离子在空气中转瞬即逝,其净化功效有限。

6. 紫外线灭菌技术

紫外线灭菌式空气净化消毒器是同样采用强迫室内空气的流动的方式,使空气经过不直接照射人体的,装有紫外线消毒灯的隔离容器,达到杀灭室内空气中各类细菌、病毒和真菌的目的。

（三）化学法

1. 化学试剂净化法

利用氯制剂和过氧乙酸强氧化能力,杀灭致病微生物。过氧乙酸分解产物中的羟基自由基可破坏菌体维持生命的重要成分,使蛋白质变性而丧失生存能力。

2. 光催化和纳米光催化氧化技术

光催化技术是一种低温深度氧化技术,可以在室温下将空气中有机污染物在适宜催化剂的作用下完全氧化为二氧化碳和水,同时,还具有安全、防腐、除臭、杀菌等功能,是一种具有广阔前景的室内空气净化新技术。

3. 膜基吸收净化技术

膜基吸收净化技术是使需要接触的两相分别在中空纤维微孔膜的两侧流动,由于两相在膜孔内或膜表面接触,这样就可避免乳化现象的发生。

用膜基净化技术处理有机废气中的 VOCs 近年才发展起来,具有流程简单、设备简单、VOCs 回收率高、运行费用低、较少形成二次污染等优点。

(四)绿色植物自然净化技术

绿色植物对室内的污染空气具有很好的净化作用。绿色植物能有效地降低空气中的化学物质并将它们转化为自己的养料。美国航天局 B. C. Wolvertion 于 20 世纪 80 年代初系统地开展了相关植物吸收净化室内空气的研究,研究结果表明:在 24 h 照明条件下,芦荟可去除 1 m³ 空气中所含的 90% 的甲醛;常青藤能吸收 90% 的苯;龙舌兰可吸收 70% 的苯、50% 的甲醛和 24% 的三氯乙烯;垂钓兰能吸收 96% 的一氧化碳、86% 的甲醛。

绿色植物兼具美化和控制室内空气污染的双重功能,对于改善目前城市中人们的生活环境质量有着不可替代的作用。当前在了解其净化室内空气功能的同时,还应结合其他控制措施,以达到事半功倍的效果。有些绿色植物在室内生长对人体健康不利,因此在选择植物时,要讲究科学,采用对人体健康有益的植物。

目前在绿色植物应用于室内空气净化的研究刚刚起步,还很不成熟。主要问题有以下几个方面:一是对有关植物净化室内空气能力的研究还不够系统全面;二是没有深入研究植物净化室内空气的机制;三是如何克服植物吸收室内空气污染物后的衰退和吸收能力下降问题;四是怎样把植物的观赏性与其净化室内空气的功能性结合起来考虑的问题。

第六节　突发性大气污染事故的应急处理

一、突发性大气污染事故的特征及危害

(一)发生时间的突然性

突发性大气污染事故没有固定的排放源,往往突然发生,没有预测性,且来势凶猛,有很大的偶然性和瞬时性。如 2007 年,浦东加油站爆炸事件,在检修作业过程中,施工人员需要对位于地面下的储气罐进行加压,但储气罐内残留部分油气,加上施工人员加压过度,储气罐遂发生爆炸。

(二)污染范围的不确定性

由于造成突发环境污染事件的原因、规模及污染物种类有很大未知性,对众多领域如大气、水域、土壤、森林、农田等环境介质的污染范围带有很大的不确定性。如 2010 年 7 月 29 日上午,东莞四环路景湖花园与东泰花园相对十字路口路段,有异常气味弥漫。环保、消防和警察通过侦测发现毒气源是东城旧溪边大道的绿化带及下水道处,毒气通过下水道挥发近 1 km 远。经东莞市环保监测站对异味源周边余液及受污染土壤进行快速监测,初步断

定为含氯有机气体,包括:三氯乙烯、二氯乙烷等有毒有害气体,属于中等毒性物质。这次突现的气体由于浓度较低,因发现及时,暂不会对周边人员身体造成大影响。在初步测定污染物的基础上,应急处置人员已经安排专人对现场进行监护,防止污染事故扩大。同时,为彻底清理倾倒化学品余液及受污染土壤,环保部门已安排对余液及受污染土壤进行清理,以保障周边居民健康。

(三)负面影响的多重性

突发污染事件一旦发生,不仅会打乱一定区域内的正常生活、生产秩序,还会造成人员死亡、国家财产的巨大损失和生态环境的严重破坏。且突发性事件级别越高,危害越严重,恢复重建越困难。某年8月一辆停在抚顺城火车站的某化工厂的液氯槽车与正在作业的卸煤机相撞,使槽车安全阀损坏,造成氯气大量泄漏。仅在80 min内泄漏氯气约5.5 t,造成高浓度氯气污染对生态环境的严重破坏。致使2 758人因氯气急性中毒而住进医院治疗,使大量的树木及农田受到污染,一些敏感作物如豆角、向日葵、韭菜等出现急性死亡,白菜、萝卜、水稻等不同程度的减产,造成直接经济损失达30多万元。

(四)健康危害的复杂性

由于各类突发性环境污染事故的性质、规模、发展趋势各异,自然因素和人为因素互为交叉作业,所以具有复杂性。事故发生瞬间可引起急性中毒、刺激作用,造成群死群伤;对于那些具有慢性中毒作用、环境中降解很慢的持久性污染物,则可以对人群产生慢性危害和远期效应。如广州芳村区一幼儿园因原教室十分破旧,重新盖了教学楼并装修一新,于2002年9月2日开始使用。三天内共有100多名学生出现眼红、皮肤痛痒、咳嗽等症状,先后到医院就诊。经广州医学院和防疫的工作人员到幼儿园进行检测,由于装修材料中的有毒气体超标,导致严重空气污染。2001年3月20日,北京某大学杨教师订购了一套6 400元的卧室家具,待生产厂家把家具运到杨家中,当时就闻到家具内发散出辣眼刺鼻的甲醛气味。数日后,家具释放的甲醛气味更随着气温的升高越来越大。不到一个月,杨老师就眼睛充血、疼痛、心烦、肝区不适,经检测发现,存放家具的房间里,空气中甲醛超出国家标准6倍多。

二、突发性大气污染事故的应急措施

随着经济的迅猛发展,突发性大气环境污染事故发生的可能性也不断增大,应成立专门的应急小组,做好突发性大气环境污染事故的预防,提高对突发性大气环境污染事故处理处置的应变能力,消除和减轻突发性大气环境污染事故对环境和人群健康的危害。

(一)日常准备

平时应注意收集国内外有关危险化学品及其大气污染紧急事故方面的资料,建立危险化学品档案以及事故处理工作网,工作网的人员来自行政部门和技术部门。各级城市应建立事故处理中心,负责平时的咨询和事故时的调查处理。此外,还应准备事故处理所需的调查仪器、急救设备、交通工具等。

（二）现场措施

（1）调查和急救突发性事故污染时，应及时赶到现场，调查事故的原因、污染物种类、影响范围、暴露人群、受伤人数、病情及诊断、已经采取的措施及效果、尚需采取什么措施等，及时抢救伤员。暴露人群可使用湿毛巾等代用品挡住口、鼻部位，减少有害气体的进一步危害。应尽快收集环境样品和人群的标本（包括伤员和健康人），以便确定污染物的性质、污染程度和在空间和时间的分布、人群健康损伤的情况，以及污染与健康的联系。

（2）控制污染源应尽可能地减少当地污染源的废气排放量。紧急时，应建议有关部门下令停止生产、停止排放废气。

（3）保护高危人群。当出现大气污染事件时，应劝告居民，尤其是老、弱、病、孕、幼等人群应尽量在室内活动，关闭门窗，减少室外活动时间。如需外出，应戴上口罩，减少污染物的吸入量。

（三）总结及宣传

事故调查处理结束，应对事故的原因、影响、后果、经验、教训等进行分析和评价，并在事故处理中的组织、协调工作加以总结后，写出报告。加强对突发事件应急处理的宣传报道和污染防护知识的普及，预防污染事故的发生。

参考文献

[1] 郝吉明，马广大. 大气污染控制工程（第二版）[M]. 北京：高等教育出版社，2002.

[2] 郑宇秀. 酸雨及 SO_2 与 NO_x 污染控制的探讨[J]. 能源与节能，2011，9：32—33.

[3] 刘萍，夏菲，潘家永. 中国酸雨概况及防治对策探讨. 环境科学与管理，2011，36（12）：30—36.

[4] 余刚，牛军峰，黄俊等. 持久性有机污染物——新的全球性环境问题[M]. 北京：科学出版社，2005.

[5] 2010 年中国环境状况公报，中华人民共和国环境保护部.

[6] 钱孝琳，阚海东，宋伟民等. 大气细颗粒物污染与居民每日死亡关系的 Meta 分析[J]. 环境与健康杂志，2005，22（4）：246—248.

[7] 中华人民共和国大气污染防治法.

[8] 郭立新. 空气污染控制工程[M]. 北京：北京大学出版社，2012.

[9] 诺埃尔·德·内维尔. 大气污染控制工程[M]. 北京：化学工业出版社，2005.

[10] 马广大. 大气污染控制工程（第二版）[M]. 北京：中国环境科学出版社，2004.

[11] 白志鹏，韩旸，袭著革. 室内空气污染与防治[M]. 北京：化学工业出版社，2006.

[12] 姜安玺. 空气污染控制[M]. 北京：化学工业出版社，2003.

[13] 环境控制质量标准（GB 3095—2012）. 北京：中国环境科学出版社，2012.

[14] 环境保护部环境工程评估中心. 环境影响评价——技术导则与标准[M]. 北京：中国环境科学出版社，2005.

[15] 陈平，陈俊. 挥发性有机污染物的污染控制[J]. 石油化工环境保护，2006，29（3）：20—26.

[16] 张星，朱景洋，穆远庆. 挥发性有机污染物控制技术研究进展[J]. 化学工程与装备，2011，10：165—166.

[17] 席劲瑛，胡洪营. 生物过滤法处理挥发性有机物气体研究进展[J]. 环境科学与技术，2006，29（10）：106—109.

[18] Kamimoto M. Diesel Combustion and the Pollutant Formation as Viewed From Turbulent Mixing Concept[C]. SAE Paper 880425,1988.

[19] 王建昕,傅立新,黎维彬. 汽车排气污染治理及催化转化器[M]. 北京：化学工业出版社,2000.

[20] 刘巽俊. 内燃机的排放与控制[M]. 北京：机械工业出版社,2002.

[21] 李英杰. 富氧环境下碳烟还原 NO_x 的微观反应机理研究[D]. 上海交通大学博士学位论文,2008.

[22] 楼狄明,马斌,谭丕强,等. 后处理技术降低柴油机 NO_x 排放的研究进展[J]. 小型内燃机与摩托车,2010,39(2)：70—74.

[23] 张慧娟,顾小碗. 北极首次出现"臭氧洞"人类患皮肤癌的风险或将提升[J]. 地理教育,2011,06：67.

[24] Yoshida K,Makino S,Sumiya S etc. Simultaneous Reduction of NO_x and Particulate Emissions from Diesel Engine Exhaust[C]. SAE paper 892046,1989.

[25] Setten B A A L,Makkee M,Moulijn J A etc. Science and Technology of Catalytic Diesel Particulate Filters[J]. Catalysis Reviews—Science and Engineering,2001,43 (4)：489 - 564.

[26] Andersson S L,Gabrielson P L,Odenbrand C U,Reducing NO_x in Diesel Exhausts by SCR Technique—Experiments and Simulations[J]. American Institute of Chemical Engineers Journal,1994,40 (11)：1911 - 1919.

[27] Petunchi J O,Sill G,Hall W K,Studies of the Selective Reduction of Nitric Oxide by Hydrocarbons[J]. Applied Catalysis B：Environmental,1993,2 (4)：303 - 321.

[28] 孙连捷. 安全科学技术百科全书[M]. 北京：中国劳动社会保障出版社,2003.

[29] 郭静,阮宜纶. 大气污染控制工程[M]. 北京：化学工业出版社,2001.

[30] 钱华. 室内空气污染与防治[M]. 北京：中国环境科学出版社,2012.

[31] 罗三保,薛安. 基于规则引擎的突发性大气污染事故应急处理系统研究[J]. 北京大学学报(自然科学版),2012,48(2)：296—302.

[32] 刘筱璇. 突发危险化学品事件应急预案支持系统研究[M]. 北京：北京大学,2008.

[33] 李开国,谢维,史玉强,等. 抚顺市突发性氯气污染事故对植物影响的生态调查[J]. 生态学杂志,2000,19(3)：12—15.

[34] 潘春龙. 浅谈突发性大气污染事故的应急监测[J]. 环境研究与监测,2012(1)：33—34.

第三章　水环境安全工程

第一节　水环境概述

水是生命的源泉,随着我国经济建设的发展,水污染的加重与环境质量标准的提高,人口的增长和生产的扩大与资源的消耗匮乏之间的矛盾越来越突出。为此,可持续发展战略逐渐被越来越多的人所接受,循环经济热潮已经在各地、各行业兴起。

一、我国水资源及其污染状况

据 2008 年环境公报,我国水资源总量为 27 434 亿 m^3,居世界第 6 位,但由于人口众多,人均水资源拥有量只相当于世界人均的四分之一左右,属世界上水资源紧缺的国家之一。另外,我国大部分陆地疆域地处北半球中纬地带,受季风气候的影响,水资源时空分布不均的问题十分突出,其中北方 6 区水资源总量 4 600 亿 m^3,仅占全国的 16.8%;而南方 4 区水资源总量为 22 834 亿 m^3,占全国的 83.2%。这样,全国有 45% 的国土处在降水量少于400 mm 的干旱少水地带,且降水多集中在 6～9 月,占全年降水量的 70%～90%,大部分水量形成洪水径流而流失,不仅造成严重干旱和土壤盐碱化,也导致我国水的供需矛盾日益突出,已成为制约工农业生产和城市发展的瓶颈。

水污染使水资源紧张状况更为严峻。据 2006 年全国环境质量状况公告,2006 年全国工业和城镇生活废水排放总量仍然不降反升,接近 500 亿 t;2008 年全国废污水排放总量增加为 758 亿 t,增加的趋势明显,在现有的水处理技术水平和资金来源机制条件下,污水处理新债不断出现。

2008 年对约 15 万 km 的重点流域的河流水质进行了监测评价,Ⅰ类水河长占评价河长的 3.5%,Ⅱ类水河长占 31.8%,Ⅲ类水河长占 25.9%,Ⅳ类水河长占 11.4%,Ⅴ类水河长占 6.8%,劣Ⅴ类水河长占 20.6%。全国各水资源一级区中,西南诸河区、西北诸河区、长江区、珠江区和东南诸河区水质较好,符合和优于Ⅲ类水的河长占 64%～95%;海河区、黄河区、淮河区、辽河区和松花江区水质较差,符合和优于Ⅲ类水的河长占 35%～47%。河流的污染物主要为有机物、氨氮和石油类等。

淡水湖泊是重要的水源,对 44 个湖泊的水质进行了监测评价,水质符合和优于Ⅲ类水的面积占 44.2%,Ⅳ类和Ⅴ类水的面积共占 32.5%,劣Ⅴ类水的面积占 23.3%。对 44 个湖泊的营养状态进行评价,1 个湖泊为贫营养,中营养湖泊有 22 个,轻度富营养湖泊有 10个,中度富营养湖泊有 11 个。

国家重点治理的"三湖"情况如下:

(1) 太湖:若总磷、总氮参加水质评价,湖体水质均劣于Ⅲ类,Ⅳ类、Ⅴ类、劣Ⅴ类水面积分别占评价面积的 7.4%、27.2% 和 65.4%。若总磷、总氮不参加水质评价,则Ⅱ类水面积占 18.8%，Ⅲ类水面积占 64.5%，Ⅳ类水面积占 13.8%，劣 V 类水面积占 2.9%。除东太湖和东部沿岸带处于轻度富营养状态外，其他湖区均处于中度富营养状态。

（2）滇池：耗氧有机物及总磷和总氮污染均十分严重。无论总磷、总氮是否参加评价，V 类水面均占评价水面的 28.3%，劣 V 类水面占 71.7%。全湖处于中度富营养状态。

（3）巢湖：西半湖污染程度明显重于东半湖。若总磷、总氮不参加评价，东半湖评价水面水质为Ⅲ类，西半湖评价水面为Ⅳ类，总体水质为Ⅳ类。若总磷、总氮参加评价，东半湖评价水面水质为Ⅳ～V 类，西半湖为劣 V 类，总体水质为劣 V 类。东半湖处于中营养状态，西半湖处于中度富营养状态。

在监测评价的 378 座水库中，水质优良（优于和符合Ⅲ类水）的水库有 303 座，占评价水库总数的 80.2%；水质未达到Ⅲ类水的水库有 75 座，占评价水库总数的 19.8%，其中水质为劣 V 类水的水库有 16 座。对 347 座水库的营养状态进行评价，中营养水库有 241 座，轻度富营养水库 86 座，中度富营养水库 18 座，重度富营养水库 2 座。农田径流、畜禽养殖及磷肥等污染对水库水质的影响较大。

近几十年来，我国地下水污染日益加重，而且地下水污染的特点是治理难度大。2008年，根据 641 眼监测井的水质监测资料，对北京、辽宁、吉林、上海、江苏、海南、宁夏、广东 8个省（自治区、直辖市）地下水水质进行了分类评价。水质适合于各种使用用途的Ⅰ～Ⅱ类监测井占评价监测井总数的 2.3%，适合集中式生活饮用水水源及工农业用水的Ⅲ类监测井占 23.9%，适合除饮用外其他用途的Ⅳ～V 类监测井占 73.8%。优质的地下水已成为不可多得的资源。

水污染不仅使优质水源更为短缺，供需矛盾日益紧张，同时也给我国工农业生产和人民的健康生活带来巨大的损失。据世界银行资料，我国 1.5% 的总死亡率以及 3% 的总疾病负荷率源于水污染，我国水污染造成的健康损失成本至少每年为 20 亿美元；另外，水污染对我国渔业生产、旅游资源、供水设施及运行费用、工农业产品的质量及工业生产设施等都有巨大的不利影响，据估计我国水污染每年造成的损失约为 40 亿美元，而在 1996～2000 年期间，我国每年用于水污染控制的投资平均为 360 亿元，相当于水污染造成的损失费用。

近几十年来，随着我国经济的迅猛发展，加之工业生产长期以来是高投入、高消耗、低效率、低产出，造成工业废水大量排放，已成为我国水环境污染的主要来源。工业废水的主要特点是化学成分复杂、污染物浓度高、水质水量变化幅度大等，许多种污水中还含有有毒有害物质，这些特点决定了工业废水处理难度大、处理费用高。近年来，我国加强了对工业污染源的控制，对新、扩建项目采取环保一审否决制，开展综合利用和废料回收资源化，开发清洁生产新型工艺，对重点污染源采取限期达标排放，结合产品结构调整，采取"关、停、并、转"等有效措施，从而大大减少了污染物的排放量，不少水域水质得到改善。然而，由于我国工业废水治理起步较晚，积欠较多，缺乏综合统筹，污染源没有进行切实的防治。目前，我国工业废水处理率虽然达到 70% 左右，但其中仅有 30% 左右能达标排放。

中国工程院编制的《中国可持续发展——水资源战略》中指出，当 2010 年、2030 年全国废水处理普及率分别达到 50% 和 80% 时，城市废水对水环境的污染负荷并没有明显减少，近岸海域、江河湖泊仍然达不到环境质量标准，这是由于虽然废水处理率在增加，但废水排放总量也在增长，污染负荷总量的消减还相当有限。近年来，国际上许多城市已将废水作为一种资源进行再生利用，经处理后的水可以用于工业、市政、农业及地下水回灌等多种用途，更符合水在自然界中的循环规律。鉴于此,为了保证国民经济的可持续发展,就必须采取和开发更为先进的处理工艺,对废水进行深度处理与再生利用。结合高新技术,不断提高治理技术水平,研究开发污水处理及回用新技术将是 21 世纪我国工业废水治理的主要发展方向。

二、水污染指标、来源及危害

我国各类水体遭受的污染,主要来源于包括工业废水、城市生活污水与畜禽养殖废水等点源污染和农田径流及垃圾渗滤液等面源污染。

1984 年颁布的《中华人民共和国水污染防治法》中说明:水污染即指水体因某种物质的介入而导致其物理、化学、生物或者放射性等方面特性的改变,而影响水的有效利用,危害人体健康或破坏生态环境,造成水质恶化的现象。

水污染指标是定性、定量分析检测水污染程度的指标。国家对水质的分析和检测制定有许多标准,其指标可分为物理、化学、生物三大类。

(一) 物理性指标

水的物理性指标主要包括温度、色度、嗅味、浊度等感官性指标。

水温升高影响水生生物的生存和对水资源的利用。许多工业排出的废水都有较高的温度,如焦化、工艺冷却水等,这些废水排放水体使水温升高,引起水体的热污染。由于氧气在水中的溶解度随水温升高而减少,水体受热污染后,一方面溶解氧减少,另一方面会加速耗氧反应,最终导致水质恶化。

色度是一项感官性指标,是水污染的最直接的反映。一般纯净的天然水是清澈透明无色的,但带有金属化合物或有机化合物等有色污染物的污水呈现各种颜色。将有色污水用蒸馏水稀释后与参比水样对比,一直稀释到二水样色差一样,此时污水的稀释倍数即为其色度。另外,对于特种工业废水而言,如染料废水,也可以用可见光分光光度法测量。

天然水是无嗅无味的。当水体受到污染后会产生异样的气味。水的异臭来源于还原性硫和氮的化合物、挥发性有机物和氯气等污染物质。不同盐分会给水带来不同的异味,如氯化钠带咸味,硫酸镁带苦味,铁盐带涩味,硫酸钙略带甜味等。硫化氢是含硫物质厌氧分解的产物,具有特殊的臭鸡蛋气味,毒性很强,在环境工程领域常会引起安全事件。另外,一些挥发性化合物也可以引起嗅味,如吲哚、粪臭素、硫醇等,所产生的气味远比硫化氢难闻。感官法是测量废水处理装置散发嗅味的常用方法,但对于一定浓度的有特殊恶臭、毒性的物质可以采用仪器测定,如低于 1ppb 的硫化氢可以直接采用仪器检测。

水中所有残渣的总和称为总固体(TS),总固体包括溶解物质(DS)和悬浮固体物质(SS)。水样经过滤后,滤液蒸干所得的固体即为溶解性固体,滤渣脱水烘干后即是悬浮固体。固体残渣根据挥发性能可分为挥发性固体(VS)和固定性固体(FS)。将固体在 600℃左右的温度下灼烧,挥发掉的量即是挥发性固体,灼烧残渣则是固定性固体。溶解性固体表示盐类的含量,悬浮固体表示水中不溶解的固态物质的量,挥发性固体反映固体的有机成分量。

水体含盐量多将影响生物细胞的渗透压和生物的正常生长,因此高盐有机废水难以生化处理;悬浮固体将可能造成水道淤塞,而挥发性固体是水体有机污染的重要来源。

浊度是衡量水的光透射率的方法,是用于表述废水或天然水中胶体和悬浮物的另一测试方法。浊度的测试结果以散射浊度单位 NTU 表示。浊度指标在污水中应用较少,但在给水处理中却是最常用的指标之一。

（二）化学性指标

1. 有机物指标

生活污水和某些工业废水中所含的碳水化合物、蛋白质、脂肪等有机化合物在微生物作用下最终分解为简单的无机物质、二氧化碳和水等。这些有机物在分解过程中需要消耗大量的氧,故属耗氧污染物。耗氧有机污染物是使水体产生黑臭的主要因素之一,也是污水处理最初的目标污染物之一。

污水中有机污染物的组成较复杂,现有技术难以分别测定各类有机物的含量,通常也没有必要。从水体有机污染物看,其主要危害是消耗水中溶解氧。在实际工作中一般采用生物需氧量(BOD)、化学需氧量(COD)、总有机碳(TOC)、总需氧量(TOD)等指标来反映水中需氧有机物的含量。

（1）生化需氧量(BOD)

水中有机污染物被好氧微生物分解时所需的氧量称为生化需氧量(以 mg/L 为单位)。它反映了在有氧的条件下,水中可生物降解的有机物的量。

有机污染物被好氧微生物氧化分解的过程,一般可分为两个阶段:第一阶段主要是有机物被转化成二氧化碳、水和氨;第二阶段为硝化阶段。污水的生化需氧量通常只指第一阶段有机物生物氧化所需的氧量。微生物的活动与温度有关,测定生化需氧量时一般以 20℃ 作为测定的标准温度。一般生活污水中的有机物需 20 天左右才能基本上完成第一阶段的分解氧化过程,即测定第一阶段的生化需氧量至少需 20 天时间,这在实际工作中有困难。目前以 5 天作为测定生化需氧量的标准时间,简称 5 日生化需氧量(用 BOD_5 表示)。

据实验研究,一般有机物的 5 日生化需氧量约为第一阶段生化需氧量的 70% 左右,对其他工业废水来说,它们的 5 日生化需氧量与第一阶段生化需氧量之差,可能较大或比较接近,不能一概而论。

（2）化学需氧量(COD)

化学需氧量是用化学氧化剂氧化水中有机污染物时所消耗的氧化剂量,用氧量(mg/L)表示。化学需氧量愈高,也表示水中有机污染物愈多。常用的氧化剂主要是重铬酸钾和高锰酸钾。以高锰酸钾作氧化剂时,测得的值称高锰酸盐指数即 COD_{Mn},常用于微污染水的检测;以重铬酸钾作氧化剂时,测得的值称 COD_{Cr},或简称 COD,一般用于污水指标测试中。如果废水中有机物的组成相对稳定,则化学需氧量和生化需氧量之间应有一定的比例关系,而该比例关系是废水处理方法选择的一个重要依据。

（3）总有机碳(TOC)与总需氧量(TOD)

总有机碳(TOC)包括水样中所有有机污染物质的含碳量,也是评价水样中有机污染质的一个综合参数。有机物中除含有碳外,还含有氢、氮、硫等元素,当有机物全都被氧化时,碳被氧化为二氧化碳,氢、氮及硫则被氧化为水、一氧化氮、二氧化硫等,此时需氧量称为总需氧量(TOD)。

TOC 和 TOD 都是燃烧化学氧化反应,前者测定结果以碳表示,后者则以氧表示。

TOC、TOD 的耗氧过程与 BOD 的耗氧过程有本质不同,而且由于各种水样中有机物质的成分不同,生化过程差别也较大。各种水质之间 TOC 或 TOD 与 BOD 不存在固定的相关关系。在水质条件基本相同的条件下,BOD 与 TOC 或 TOD 之间存在一定的相关关系。

(4)酚类污染物

酚类化合物是典型的有毒有害污染物,常由于工业废水排放而引起,如焦化废水、树脂生产废水等均含有高浓度的酚类化合物。水体受酚类化合物污染后影响水产品的产量和质量。水体中的酚浓度低时能影响鱼类的回游繁殖,酚浓度达 0.1～0.2 mg/L 时鱼肉有酚味,浓度高时引起鱼类大量死亡,甚至绝迹。虽然含酚废水可以采用生物法处理,有时单元酚的生物去除效果可达 99%,但当酚达到一定浓度时,其毒性可抑制水微生物的生长。

(5)表面活性剂

表面活性剂一般是大分子有机物,微溶于水。最常见的表面活性剂是由强疏水基和强亲水基组成。一般疏水基是由 10～20 个碳原子形成的烃基团(R)。疏水基在水中发生电离的称为离子型表面活性剂,按电离后带电性不同,又分为阴离子型和阳离子型两类;不电离的称为非离子型表面活性剂。目前,离子型表面活性剂用量较多,大约为总用量的 2/3。

水中的表面活性剂可引起废水处理系统中出现大量泡沫,产生乳化问题,影响废水处理效果及回用水的水质。今后的发展趋势是采用易生物降解的产品。

(6)农药和化肥的污染

2000 年我国生产化肥总量超过 4 000×10⁴ t/a,其中氮肥 2 500×10⁴ t/a,磷肥 1 700× 10^4 t/a。以氮肥而言,植物吸收 35%～50%,其余进入土壤、地下水及地表水中。由此可见,我国每年进入水环境的氮肥量达 250×10⁴ t/a。磷肥当季利用率较低,积累利用率高(10%～97%),5%～10% 进入地表水,多数积累于土壤中,故对地下水污染不构成威胁,但对地表水影响较大,是产生赤潮的重要因素。我国生产 100 余种农药,产量约 30×10⁴ t/a。据估算,我国每年流入各类水体的农药估计为 1.8×10⁴～3.0×10⁴ t/a。

(7)新出现的有机物

除了上述已经制定了要求的化合物外,在许多水源和处理的废水中,又鉴定出多种新出现的化合物,大部分来自兽用和人用的抗生素等药品、工业废水产物、激素类物质等。这些物质的毒性已逐渐被重视起来,相关的处理技术,特别是生化处理技术及高级氧化处理技术,也成为目前水处理的热点。

2. 无机性指标

(1)pH

主要是指示水样的酸碱性。天然水体的 pH 一般为 6～9,当受到酸碱污染时 pH 发生变化,会消灭或抑制水体中生物的生长,妨碍水体自净,还可腐蚀船舶。天然水体的 pH 变化对正常生态系统产生影响,同时会影响供水水质及人类的健康。在污水处理过程中,该指标非常重要,对处理过程及处理效果均起重要的作用。

(2)植物营养元素

污水中的 N、P 为植物营养元素,从农作物生长角度看,植物营养元素是宝贵的物质,但过多的 N、P 进入天然水体却易导致富营养化。

湖泊中植物营养元素含量增加,导致水生植物的大量繁殖,主要是各种藻类的大量繁殖,使鱼类生活的空间愈来愈少。藻类的种类数逐渐减少,而个体数则迅速增加。通常藻类以硅藻、绿藻为主转为以蓝藻为主,而蓝藻有不少种有胶质膜,不适于作鱼料,有一些是有毒的。藻类过度生长繁殖还将造成水中溶解氧的急剧变化。藻类在光合作用下产生氧气;在夜晚无阳光的时候,藻类的呼吸作用和死亡藻类的分解作用所消耗的氧能在一定时间内使水体处于严重缺氧状态,从而严重影响鱼类生存。

水体中氮、磷含量的高低与水体富营养化程度有密切关系。就污水对水体富营养化作用来说,磷的作用远大于氮。

(3) 重金属

重金属主要指汞、镉、铅、铬、镍,以及类金属砷等生物毒性显著的元素,也包括具有一定毒害性的一般重金属,如锌、铜、钴、锡等。

由于重金属在人类的生产和生活中广泛应用,形成了环境中重要的重金属污染源。采矿和冶炼是向环境中释放重金属的最主要的污染源。通过废水、废气、废渣向环境中排放重金属的工业企业也很多。由于人类活动进入环境的重金属量几乎相当于自然过程中的迁移量,前者常是点源,因而能在局部地区造成严重的污染后果。

3. 生物性指标

水的生物指标一般指水中的病毒、细菌和原生动物等。目前一般采用细菌总数和大肠杆菌数来反映该类指标。

水中细菌总数反映了水体受细菌污染的程度。细菌总数不能说明污染的来源,必须结合大肠菌群数来判断水体污染的来源和安全程度。水是传播肠道疾病的一种重要媒介,人类的许多病症是由于饮水不洁而引起的。大肠菌群被视为最基本的粪便污染指示菌群,大肠菌群的值可表明水样被粪便污染的程度,间接表明有肠道病菌(伤寒、痢疾、霍乱等)存在的可能性。

第二节 水污染防治法与水质标准

一、水污染防治法

(一) 水污染防治法的立法与修订

水是国家基础性的自然资源和战略性的经济资源,在国民经济和国家环境安全中占有重要的战略地位。加强水资源保护和水污染防治,是保障国家水环境安全的迫切需要,也是我国环境保护工作的重中之重。

改革开放以来,我国为了加强水环境管理,保护水资源,从立法、管理体制、政策理念、执法力度等方面均发生了深刻的变革,取得了瞩目的成就。

1979 年我国第一部环保法律《环境保护法(试行)》及 1989 年环境保护领域的基本法《环境保护法》均对水污染控制做了原则规定。

1984 年 5 月出台的《水污染防治法》是水污染防治领域的专项法律,全面规定了水污染防治的管理体制和基本制度。之后,该法经历 1996 年和 2008 年两次重大修改,从立法理念到制度构建都有了重大变化,对具有不同特点的水污染防治提出了针对性的措施。

（二）水污染防治法的主要内容

2008年2月28日修订通过的《中华人民共和国水污染防治法》共分总则、水污染防治的标准与规划、水污染防治的监督管理、水污染防治的措施、饮用水水源及其他特殊水体保护、水污染事故处置、法律责任和附则八章内容。此次修订版与1996年修订的《水污染防治法》相比，针对水污染管理方面出现的新问题，增加了诸多实质性内容，特别是在水污染事件的应急管理、政府责任、违法界限、污染物总量控制、排污许可证管理、饮用水源地管理、处罚力度及追究民事赔偿责任等方面有了较大的强化和完善。

1. 强化环境责任制度

"单位水污染防治责任制"与人民政府对所辖区域的"宏观环境质量检测制度"都是水污染防治责任制度的内容。作为一项重要制度，水污染防治责任制度主要以厂长、经理等企业主要负责人为核心，建立各种形式的岗位责任制、目标责任制，把水污染防治工作纳入单位总的运转体系中，在政府责任方面，要求政府应当将水环境保护工作纳入政府国民经济与社会发展规划中。国家实行水环境保护目标责任制和考核评价制度，将水环境保护目标完成情况作为对地方人民政府及其负责人考核评价的内容。

1996年版《水污染防治法》规定，环保部门无权决定限期治理和停产整治，但是新修订的《水污染防治法》明确规定，环保部门有权责令限期治理，并在限期治理期间有权责令其限制生产、排放或者停产，如若限期治理不当，有权责令其停产关闭或者寻求代为治理；县级以上地方政府要对本行政区域的水环境质量负责，例如关闭和处置不符合国家产业政策的严重污染水环境的小型项目，不再需要上级政府的批准；这一修订，显然是扩大了环保部门的监管权，并在一定程度上增加了环保部门的责任，扭转了过去过分强调企业的责任而忽视了政府职能的单一责任。

2. 保障水源水的安全

为确保城乡居民饮用水安全，《水污染防治法》在立法目标中增加了"保障饮用水安全"的"饮用水水源和其他特殊水体保护"内容，进一步完善了饮用水水源保护区分级管理制度，对饮用水水源保护区实行严格管理。在1996版《水污染防治法》中规定不能在饮用水源保护区内新建、扩建与供水设施和保护水源无关的建设项目，对已设的只有在危害饮用水源时才要求其搬离。本次修改则划分明确的饮用水水源保护区，在一级保护区内不允许设立任何与供水设施和保护水源无关的建设项目，已有的要予以拆除或关闭；二级保护区内不允许建设任何排污项目，已有的也要进行拆除或关闭；在准保护区内则不允许新建、扩建对水体污染严重的建设项目，改建的项目也不得增加排污量。

可以看出，新修订的《水污染防治法》对城乡居民的饮用水安全进行特殊保护，突出表现了我国水环境立法的现阶段需求，体现了以人为本的理念。

3. 排污申报登记制度的建立

排污申报登记制度是指排污者依照法律规定，向污染源所在地环境保护行政主管部门申报登记其排污情况，提供有关污染防治的技术资料，有关环境保护行政主管部门对其所提交的材料进行审查监督的制度。

新修订的《水污染防治法》明确了排污许可制度，要求直接或者间接向水体排放废水的企事业单位，必须取得排污许可证；禁止企事业单位无排污许可证或者违反排污许可证的规定向水体排放废水和污水。

在水污染防治工作中,排污者通过排污申报登记接受水资源管理部门的监督管理;同时,水资源管理部门通过排污申报登记可以全面掌握该排污单位的污染状况并指导其进行水污染防治工作。有了排污申报登记制度,水资源管理部门可以及时掌握污染物排放的情况、水污染程度以及治理情况,为下一步制定水污染防治政策、采取防治措施提供依据。

1996 年的《水污染防治法》仅仅把超标准排放水污染物作为征收超标排污费的一条界限,而新修订的《水污染防治法》明确将企业超标排污作为构成违法行为的界限。不仅如此,排放水污染物,还应当符合国家和地方规定的重点水污染物排放总量控制指标,违反这些标准也是违法行为,要承担相应的法律责任。

4. 公众检查监督制度的建立

公众检查监督制度在新修订的《水污染防治法》中主要通过如下规定而体现的:① 任何单位和个人都有义务保护水环境,并有权对污染损害水环境的行为进行检举;② 上级环保部门对未完成总量控制指标的下级行政区予以公布,各级环保部门对违法企业予以公布,保障公众环境知情权;③ 允许环保社会团体依法支持因水污染受害人向法院提起诉讼。这些法律规定对提高公众环保素质、保护水环境及维护受害人合法权益将起到越来越重要的作用。

然而,目前我国现行的水污染防治法律制度缺少对水污染损害赔偿执行机制的规定。实践中,由于受到地方保护主义的干涉,水污染损害赔偿执行制度容易出现不易操作的现象。另外,由于水污染侵害具有复杂性、隐蔽性,水污染造成的损害通常要经过较长时间累积才能表现出来。因为尚未出现的损害不具有确定性,使得很多侵权行为得不到赔偿,即使得到赔偿,一般只赔偿直接损失而不赔偿间接损失,且赔偿数额少,不足以维护当事人的权益。

5. 加强了处罚力度

由于"违法成本低、守法成本高"的现象在水污染控制方面较普遍,新修《水污染防治法》从提高罚款额度、创建处罚方式、扩大处罚对象、增加应受处罚的行为种类、调整处罚权限、增加强制执行权等 10 多个方面,加大了对水污染违法行为的处罚力度;同时还规定,违反本法规定,构成违反治安管理行为的,依法给予治安管理处罚;构成犯罪的,依法追究刑事责任。

然而,与美国等发达国家相比,我国的处罚措施仍较轻,偏重于对违法者的行政制裁,而民事和刑事制裁则明显不足,尤其刑事制裁措施,由于缺乏法律的具体规定,其适用范围有限、制裁程度较低,难以起到制裁及威慑水污染违法行为的作用。

二、水质标准

（一）地表水环境质量标准

我国是在 20 世纪 80 年代首次发布了《地表水环境质量标准》(GB 3838—83),1988 年进行了第一次修订,1999 年又进行了第二次修订。目前的新标准(GB 3838—2002)为第三次修订的结果,该标准自 2002 年 6 月 1 日起实施,标准的具体内容如表 3-1 所示,集中式生活饮用水地表水源地补充项目及特定项目标准限值如表 3-2 和表 3-3 所示。

表 3-1 地表水环境质量标准基本项目标准值（单位：mg/L）

序号	分类 标准值 项目	I 类	II 类	III 类	IV 类	V 类
1	基本要求	\multicolumn{5}{l}{所有水体不应有非自然原因导致的下述物质：① 能形成令人感观不快的沉淀性的物质；② 令人感官不快的漂浮物，例如碎片、浮渣、油类等；③ 产生令人不快的色、嗅、味或浑浊的物质；④ 对人类、动植物有毒、有害或带来不良生理反应的物质；⑤ 易滋生令人不快的水生生物的物质。}
2	水温（℃）	\multicolumn{5}{l}{人为造成的环境水温变化应限制在：周平均最大温升≤1；周平均最大温降≤2。}
3	pH（无量纲）	6～9				
4	溶解氧 ≥	饱和率90%（或7.5）	6	5	3	2
5	高锰酸盐指数 ≤	2	4	8	10	15
6	化学需氧量（COD） ≤	15	15	20	30	40
7	五日生化需氧量（BOD_5） ≤	3	3	4	6	10
8	氨氮（NH_3-N） ≤	0.15	0.5	1	1.5	2
9	总磷（以 P 计） ≤	0.02（湖、库0.01）	0.1（湖、库0.025）	0.2（湖、库0.05）	0.3（湖、库0.1）	0.4（湖、库0.2）
10	总氮（湖、库以 N 计） ≤	0.2	0.5	1	1.5	2
11	铜 ≤	0.01	1	1	1	1
12	锌 ≤	0.05	1	1	2	2
13	氟化物（以 F^- 计） ≤	1	1	1	1.5	1.5
14	硒 ≤	0.01	0.01	0.01	0.02	0.02
15	砷 ≤	0.05	0.05	0.05	0.1	0.1
16	汞 ≤	0.00005	0.00005	0.0001	0.001	0.001
17	镉 ≤	0.001	0.005	0.005	0.005	0.01
18	铬（六价） ≤	0.01	0.05	0.05	0.05	0.1
19	铅 ≤	0.01	0.01	0.05	0.05	0.1
20	氰化物 ≤	0.005	0.05	0.2	0.2	0.2
21	挥发酚 ≤	0.002	0.002	0.005	0.01	0.1
22	石油类 ≤	0.05	0.05	0.05	0.5	1
23	阴离子表面活性剂 ≤	0.2	0.2	0.2	0.3	0.3
24	硫化物 ≤	0.05	0.1	0.2	0.5	1
25	粪大肠菌群（个/L） ≤	200	2 000	10 000	20 000	40 000

表 3-2 集中式生活饮用水地表水源地补充项目标准限值(单位：mg/L)

序号	项　　目	标准值	序号	项　　目	标准值
1	硫酸盐(以 SO_4^{2-} 计)	250	4	铁	0.3
2	氯化物(以 Cl^- 计)	250	5	锰	0.1
3	硝酸盐(以 N 计)	10			

表 3-3 集中式生活饮用水地表水源地特定项目标准限值(单位：mg/L)

序号	项　　目	标准值	序号	项　　目	标准值
1	三氯甲烷	0.06	27	三氯苯②	0.02
2	四氯化碳	0.002	28	四氯苯③	0.02
3	三溴甲烷	0.1	29	六氯苯	0.05
4	二氯甲烷	0.02	30	硝基苯	0.017
5	1,2-二氯乙烷	0.03	31	二硝基苯④	0.5
6	环氧氯丙烷	0.02	32	2,4-二硝基甲苯	0.000 3
7	氯乙烯	0.005	33	2,4,6-三硝基甲苯	0.5
8	1,1-二氯乙烯	0.03	34	硝基氯苯⑤	0.05
9	1,2-二氯乙烯	0.05	35	2,4-二硝基氯苯	0.5
10	三氯乙烯	0.07	36	2,4-二氯苯酚	0.093
11	四氯乙烯	0.04	37	2,4,6-三氯苯酚	0.2
12	氯丁二烯	0.002	38	五氯酚	0.009
13	六氯丁二烯	0.000 6	39	苯胺	0.1
14	苯乙烯	0.02	40	联苯胺	0.000 2
15	甲醛	0.9	41	丙烯酰胺	0.000 5
16	乙醛	0.05	42	丙烯腈	0.002
17	丙烯醛	0.1	43	邻苯二甲酸二丁酯	0.000 6
18	三氯乙醛	0.01	44	邻苯二甲酸二酯(2-乙基己基)	0.02
19	苯	0.01	45	水合肼	0.9
20	甲苯	0.7	46	四乙基铅	0.000 1
21	乙苯	0.3	47	吡啶	0.2
22	二甲苯①	0.5	48	松节油	0.2
23	异丙苯	0.25	49	苦味酸	0.5
24	氯苯	0.3	50	丁基黄原酸	0.005
25	1,2-二氯苯	1.0	51	活性氯	0.01
26	1,4-二氯苯	0.3	52	滴滴涕	0.001

续表

序号	项 目	标准值	序号	项 目	标准值
53	林丹	0.002	67	甲基汞	1.0×10^{-6}
54	环氧七氯	0.000 2	68	多氯联苯⑥	2.0×10^{-5}
55	对硫磷	0.003	69	微囊藻毒素-LR	0.001
56	甲基对硫磷	0.002	70	黄磷	0.003
57	马拉硫磷	0.05	71	钼	0.07
58	乐果	0.08	72	钴	1.0
59	敌敌畏	0.05	73	铍	0.002
60	敌百虫	0.05	74	硼	0.5
61	内吸磷	0.03	75	锑	0.005
62	百菌清	0.01	76	镍	0.02
63	甲萘威	0.05	77	钡	0.7
64	溴氰菊酯	0.02	78	钒	0.05
65	阿特拉津	0.003	79	钛	0.1
66	苯并(a)芘	2.8×10^{-6}	80	铊	0.000 1

① 二甲苯：指对-二甲苯、间-二甲苯、邻-二甲苯。
② 三氯苯：指1,2,3-三氯苯、1,2,4-三氯苯、1,3,5-三氯苯。
③ 四氯苯：指1,2,3,4-四氯苯、1,2,3,5-四氯苯、1,2,4,5-四氯苯。
④ 二硝基苯：指对-二硝基苯、间-二硝基苯、邻-二硝基苯。
⑤ 硝基氯苯：指对-硝基氯苯、间-硝基氯苯、邻-硝基氯苯。
⑥ 多氯联苯：指PCB-1016、PCB-1221、PCB-1232、PCB-1242、PCB-1248、PCB-1254、PCB-1260。

《地表水环境质量标准》(GB 3838—2002)比较完整地反映了对地表水按功能高低要求提出的标准值。在基本项目中增加了氨氮、总氮、硫化物三项指标,删除了亚硝酸盐、非离子氨及凯氏氮、苯并芘四项指标;将硫酸盐、氯化物、硝酸盐、铁、锰调整到集中式生活饮用水地表水源地补充项目中,修订了pH等六个项目的标准值,增加了集中式生活饮用水地表水源地特定项目40项。可以看出,对地表水某些特定的项目,新标准放宽了要求,这与我国目前水环境严重污染的情况有着密切关系。与此同时,新标准对生活饮用水地表水源提出了更为严格的要求,原水处理工作难度增大,一些水厂面临着工艺的改进。

(二)我国生活饮用水与城市供水质标准

世界上饮用水水质标准的设定与所在国家的发展程度、环境卫生条件、源水污染状况及水处理设施水平等有关。目前具有国际权威代表性的有三部:世界卫生组织(WHO)的《饮用水水质准则》、欧盟(EC)的《饮用水水质指令》以及美国环保局(USEPA)的《国家饮用水水质标准》;其他国家或地区的饮用水标准大都以这三种标准为基础或重要参考,来制定本国的国家标准。

我国的生活饮用水卫生标准始定于1955年5月,是由卫生部发布的北京、天津、上海等12个城市试行的《自来水水质暂行标准》,这是新中国成立后的第一部管理生活饮用水的水质标准。此标准经试行后,1956 年 12 月由国家建设委员会和卫生部共同审查批准了《饮用水水质标准(草案)》,包括色、臭、味、细菌总数、总大肠菌群、总硬度、铅、砷、氟化物、铜、锌、余氯、酚、总铁等 15 项水质指标,主要是感观性状、微生物指标和一般化学类指标。1959 年又进行了重新修订,同时综合了《集中式生活饮用水水源选择及水质评价暂行规则》,发布了《生活饮用水卫生规程》,其中的生活饮用水水质标准由 15 项增至 17 项,首次设置了浑浊度的指标,要求生活饮用水的浑浊度不超过 5 mg/L,特殊情况下个别水样的浑浊度可允许到 10 mg/L。1976 年由国家建设委员会和卫生部共同批准了《生活饮用水卫生标准(试行)》(TJ20—76),自 1976 年 12 月 1 日起实施。其中的生活饮用水水质标准由 17 项增至 23 项,新增项目主要是毒理学指标。1985 年 8 月 16 日由卫生部批准并发布了《生活饮用水卫生标准》(GB 5749—85),自 1986 年 10 月 1 日起实施,适用于我国城乡供生活饮用的集中式给水(包括各单位自备的生活饮用水)和分散式给水。2001 年 6 月国家卫生部颁布《生活饮用水水质卫生规范》(总指标 96 项)。2005 年国家建设部颁布了《城市供水水质标准》(CJ/T 206—2005)(2005 年 6 月起执行),如表 3-4 和表 3-5 所示。总体看来,《生活饮用水水质卫生规范》与《城市供水水质标准》所规定的内容和限值相近,而后者由于修订时间较晚等原因,指标范围有所增加,而某些指标限值更为严格。如前者毒理学指标中的砷、镉限值分别是 0.05 mg/L 和 0.005 mg/L,而后者为 0.01 mg/L 和 0.003 mg/L,有了较大幅度的降低。

表 3-4 城市供水水质常规检验项目及限值

序号	项 目		限 制
1	微生物学指标	细菌总数	≤80 CFU/mL
		总大肠菌群	每 100 mL 水样中不得检出
		耐热大肠菌群	每 100 mL 水样中不得检出
		余氯(加氯消毒时测定) 二氧化氯(使用二氧化氯时测定)	与水接触 30 min 后出厂游离氯≥0.3 mg/L 与水接触 120 min 后出水总氯≥0.5 mg/L; 管网末梢水总氯≥0.05 mg/L 与水接触 30 min 后出厂游离氯≥0.1 mg/L; 管网末梢水总氯≥0.05 mg/L 或二氧化氯余量≥0.02 mg/L
2	感官性状和一般化学指标	色度	15 度
		嗅和味	无异臭味,用户可接受
		浑浊度	1 NTU(特殊情况≤3 NTU)[①]
		肉眼可见物	无
		氯化物	250 mg/L
		铝	0.2 mg/L
		铜	1 mg/L
		总硬度(以 CaCO$_3$ 计)	450 mg/L
		铁	0.3 mg/L

续表

序号	项 目		限 制
2	感官性状和一般化学指标	锰	0.1 mg/L
		pH	6.5～8.5
		硫酸盐	250 mg/L
		溶解性总固体	1 000 mg/L
		锌	1.0 mg/L
		挥发酚(以苯酚计)	0.002 mg/L
		阴离子合成洗涤剂	0.3 mg/L
		耗氧量(COD_{Mn})	3 mg/L(特殊情况≤5 mg/L)[2]
3	毒理学指标	砷	0.01 mg/L
		镉	0.003 mg/L
		铬(六价)	0.05 mg/L
		氰化物	0.05 mg/L
		氟化物	1.0 mg/L
		铅	0.01 mg/L
		汞	0.001 mg/L
		硝酸盐(以N计)	10 mg/L(特殊情况≤20 mg/L)[3]
		硒	0.01 mg/L
		四氯化碳	0.002 mg/L
		三氯甲烷	0.06 mg/L
		敌敌畏(包括敌百虫)	0.001 mg/L
		林丹	0.002 mg/L
		滴滴涕	0.001 mg/L
		丙烯酰胺(使用聚丙烯酰胺时测定)	0.000 5 mg/L
		亚氯酸盐(使用ClO_2时测定)	0.7 mg/L
		溴酸盐(使用O_3时测定)	0.01 mg/L
		甲醛(使用O_3时测定)	0.9 mg/L
4	放射性指标	总α放射性	0.1 Bq/L
		总β放射性	1.0 Bq/L

① 特殊情况为水源水质和净水技术限制等。
② 特殊情况指水源水质超过Ⅲ类，即耗氧量>6 mg/L；
③ 特殊情况为水源限制，如采取地下水等。

表 3-5　城市供水水质非常规检测项目及限值

项　目		限　值		项　目	限　值
微生物学指标	类型链球菌群	每 100 mL 水样不得检出		2,4,6-三氯酚	0.01 mg/L
	蓝氏贾第鞭毛虫	<1 个/10 L[①]		TOC	无异常变化(试行)
	隐孢子虫	<1 个/10 L[②]		五氯酚	0.009 mg/L
感官性状和一般化学指标	氨氮	0.5 mg/L		乐果	0.02 mg/L
	硫化物	0.02 mg/L		甲基对硫磷	0.01 mg/L
	钠	200 mg/L		对硫磷	0.003 mg/L
	银	0.05 mg/L		甲胺磷	0.001 mg/L(暂定)
毒理学指标	锑	0.005 mg/L	毒理学指标	2,4-滴	0.03 mg/L
	钡	0.7 mg/L		溴氰菊酯	0.02 mg/L
	铍	0.002 mg/L		二氯甲烷	0.005 mg/L
	硼	0.5 mg/L		1,1,1-三氯乙烷	0.2 mg/L
	镍	0.02 mg/L		1,1,2-三氯乙烷	0.005 mg/L
	钼	0.07 mg/L		氯乙烯	0.005 mg/L
	铊	0.000 1 mg/L		一氯苯	0.3 mg/L
	苯	0.01 mg/L		1,2-二氯苯	1.0 mg/L
	甲苯	0.7 mg/L		1,4-二氯苯	0.075 mg/L
	乙苯	0.3 mg/L		三氯苯	0.02 mg/L[⑦]
	二甲苯	0.5 mg/L		多环芳烃	0.002 mg/L[⑧]
	苯乙烯	0.02 mg/L		苯并[a]芘	0.000 01 mg/L
	1,2-二氯乙烷	0.005 mg/L		二-(2乙基己基)-邻苯二甲酸酯	0.008 mg/L
	三氯乙烯	0.005 mg/L		环氧氯丙烷	0.000 4 mg/L
	四氯乙烯	0.005 mg/L		微囊藻毒素-LR	0.001 mg/L[③]
	1,2-二氯乙烯	0.005 mg/L		卤乙酸	0.06 mg/L[④⑨]
	1,1-二氯乙烯	0.005 mg/L		莠去津	0.002 mg/L
	三卤甲烷	0.1 mg/L[⑤]		六氯苯	0.001 mg/L
	氯酚	0.01 mg/L[⑥]			

①、②、③、④ 从 2006 年 6 月起检验。

⑤ 三卤甲烷包括三氯甲烷、一氯二溴甲烷、二溴一氯甲烷、三溴甲烷。

⑥ 氯酚包括 2-氯酚、2,4-二氯酚、2,4,6-三氯酚不含五氯酚。

⑦ 三氯苯包括 1,2,4-三氯苯、1,2,3-三氯苯、1,3,5-三氯苯。

⑧ 多环芳烃包括苯并[a]芘、苯并[g,h,i]芘、苯并[b]荧蒽、苯并[k]荧蒽、荧蒽、茚并[1,2,3-c,d]芘。

⑨ 卤乙酸包括二氯乙酸、三氯乙酸。

纵观国际及我国供水水质标准的发展历程,水质标准的项目选择更加注重健康安全,特别是在致病微生物的健康风险、消毒剂及其消毒副产物、有毒有害物质等方面更趋于重视与严格。同时,指标制定更加注重经济合理性和科学性,需要通过详细的调查,明确调整指标可能取得的效益和降低的风险,提供改善指标的可行措施并进行效益和投入的分析,使制定的标准更合理,更具可行性。

(三)污水回用标准

1. 污水回用的意义与潜力

城市污水的再生回用是开源节流、减轻水体污染、改善生态环境、解决城市缺水问题的有效途径,与污水达标排放相比,又是一次质的飞跃,可以从根本上解决水污染问题,缓解未来城市供、排水管网的压力,节约水资源。

城市污水水量稳定集中,不受季节和干旱的影响,经过处理后再生回用既能减少水环境污染,又可以缓解水资源紧缺矛盾。我国在污水资源化开发与利用方面,远不及一些发达国家。

在美国,无论是干旱、半干旱地区还是降雨量大的地区,污水回用与再生做得均很好。如加利福尼亚州,2004 年人口为 3 590 万,2/3 人口处于干旱和半干旱地区。1970 年建立州级水回用站,回用 $216 \times 10^6 \, m^3$;2001 年,再生水用量达 $648 \times 10^6 \, m^3$,到 2010 年,再生水用量达 $1 \, 234 \times 10^6 \, m^3/$年。而佛罗里达州气候潮湿,年降雨 1 270 mm,2004 年人口为 1 740 万,为了应对未来的人口增长及控制水体污染,2003 年,水回用量达到 $834 \times 10^6 \, m^3/$年,占污水总排放量的 54%,回用于 154 234 个居民区、427 个高尔夫场、486 个公园和 213 所学校。

我国城市污水年排放量已经达到 $414 \times 10^8 \, m^3$,根据规划目标,2010 年城市排水量将达到 $600 \times 10^8 \, m^3$,全国设市城市的污水平均处理率不低于 50%,重点城市污水回用处理率 70%;到 2030 年,全国污水回用率要达到 30%,这就给污水回用创造了基本条件。如果年污水回用量为 $40 \times 10^8 \, m^3$,是正常年份年缺水 $60 \times 10^8 \, m^3$ 的 67%,即通过污水回用,可解决全国城市缺水量的一大半,回用规模及潜力之大,足以缓解一大批缺水城市的供水紧张状况。

2. 污水回用领域及回用水标准

从目前水资源利用领域看,全球抽取的水资源 65% 用于农业灌溉,大于 20% 用于工业生产,10% 用于市政工程。

经过处理的城市污水被看作为水资源而回用于城市或再用于农业和工业等领域。随着科学技术的发展,水质净化手段增多,城市污水再生利用的数量和领域也逐渐扩大。总之,城市污水应作为淡水资源积极利用,但必须十分谨慎。

污水回用应满足下列要求:① 对人体健康不应产生不良影响;② 对环境质量和生态系统不应产生不良影响;③ 对产品质量不应产生不良影响;④ 应符合应用对象对水质的要求或标准;⑤ 应为使用者和公众所接受;⑥ 回用系统在技术上可行、操作简便;⑦ 价格应比自来水低廉;⑧ 应有安全使用的保障。

城市污水回用领域有以下几个方面:

(1)城市生活用水和市政用水

① 供水。此类回用水易与人直接接触,对细菌指标和感官性指标要求较高,为防止供

水管道堵塞,要求回用水除磷脱氮。

② 城市绿地灌溉。用于灌溉草地、树木等绿地,要求消毒。

③ 市政与建筑用水。用于洒浇道路、消防用水和建筑用水(配置混凝土、洗料、磨石子等)。

④ 城市景观。用于园林和娱乐设施的池塘、湖泊、河流、水上运动场的补充水,目前该领域执行标准为《城市污水再生利用 景观环境用水水质》标准(GB/T 18921—2002)。

(2) 农业、林业、渔业和畜牧业

用于农作物、森林和牧草的灌溉用水,这类水对重金属和有毒物质要严格控制,要求满足《农田灌溉水质标准》(GB 5084—92)的要求。当用于渔业生产时,应符合《国家渔业水质标准》(GB 11607—89)。

(3) 工业

① 工业生产用水。水在生产中被作为原料和介质使用。作原料时,水为产品的组成部分或中间组成部分;作介质时,主要作为输送载体(水力输送)、洗涤用水等。不同的工业对水质的要求不尽相同,有的差别很大,对回用水的水质要求应根据不同的工艺要求而定。

② 冷却用水。冷却水的作用是作为载体将热量从热交换器上带走。回用水的冷却水系统易发生结垢、腐蚀、生物生长等现象。作为冷却水的回用水应去除有机物、营养元素 N 和 P,控制冷却水的循环次数。

③ 锅炉补充水。回用于锅炉补充水时,对水质的要求较高。若蒸汽压高,需再经软化或离子交换处理。

④ 其他杂用水。用于车间场地冲洗、清洗汽车等。

目前应用于工业领域的城市污水执行《城市污水再生利用 工业水水质》标准(GB/T 19923—2005)。

(4) 地下水回灌

用于地下水回灌时,应考虑到地下水一旦污染,恢复将很困难。用于防止地面沉降的回灌水,应不引起地下水质的恶化。

(5) 其他方面

主要回用于湿地、滩涂和野生动物栖息地,维持其生态系统的所需水。要求水中不含对回用对象的生态系统有毒有害的物质。

目前,我国回用水水质执行国家质量监督检验检疫总局发布的《城市污水再生利用 城市杂用水水质》标准(GB/T 18920—2002)(如表 3-6)。

表 3-6 城市杂用水水质标准

序号	项目		冲厕	道路清扫、消防	城市绿化	车辆冲洗	建筑施工
1	pH		6.0~9.0				
2	色(度)	≤	30				
3	嗅		无不快感				
4	浊度(NTU)	≤	5	10	10	5	20

续表

序号	项目	冲厕	道路清扫、消防	城市绿化	车辆冲洗	建筑施工
5	溶解性总固体(mg/L) ≤	1 500	1 500	1 000	1 000	—
6	五日生化需氧量（BOD$_5$）(mg/L) ≤	10	15	20	10	15
7	氨氮(mg/L) ≤	10	10	20	10	20
8	阴离子表面活性剂(mg/L) ≤	1.0	1.0	1.0	0.5	1.0
9	铁(mg/L) ≤	0.3	—	—	0.3	—
10	锰(mg/L) ≤	0.1	—	—	0.1	—
11	溶解氧(mg/L) ≥	1.0				
12	总余氯(mg/L)	接触 30 min 后≥1.0,管网末端≥0.2				
13	总大肠菌群(个/L) ≤	3				

（四）污水排放标准

1. 排放水体及其限制

排放水体是污水的传统出路。从河里取用的水,回到河里是很自然的。污水排入水体应以不破坏该水体的原有功能为前提。由于污水排入水体后需要有一个逐步稀释、降解的净化过程,所以一般污水排放口均建在取水口的下游,以免污染取水口的水质。

水体接纳污水受到其使用功能的约束。《中华人民共和国水污染防治法》规定禁止向生活饮用水地表水源、一级保护区的水体排放污水,已设置的排污口,应限期拆除或者限期治理。

在生活饮用水源地、风景名胜区水体、重要渔业水体和其他有特殊经济文化价值的水体的保护区内,不得新建排污口。在保护区附近新建排污口,必须保证保护区水体不受污染。《污水综合排放标准 GB 309—96》规定在《地面水质量标准》(GB 3838—88)中Ⅰ、Ⅱ类水域和Ⅲ类水域中划定的保护区和《海洋水质量标准》(GB 3097)中规定的一类水域,禁止新建排污口。现有排污口按水体功能要求,实行污染物总量控制,以保证受纳水体水质符合规定用途的水质标准。对生活饮用水地下水源应当加强保护。禁止企业事业单位利用渗井、渗坑、裂隙和溶洞排放、倾倒含有毒污染物的废水和含病原体的污水。向水体排放含热废水,应当采取必要措施,保证水体的水温符合环境质量标准,防止热污染危害。排放含病原体的污水,必须经过消毒处理,符合国家有关标准后方准排放。向农田灌溉渠道排放工业废水和城市污水,应当保证其下游最近的灌溉取水点的水质符合农田灌溉水质标准。利用工业废水和城市污水进行灌溉,应当防止污染土壤、地下水和农产品。

2. 污水排放标准

污染物排放标准属于强制性标准,其法律效力相当于技术法规。我国污水排放标准的制定始于 20 世纪 70 年代。

1973 年 8 月首先发布实施了《工业"三废"排放试行标准》(GBJ4—73),内容包含了废水排放的若干规定等,主要体现了当时我国环境保护的主要目标是对工业污染源的控制,主要控制污染物是重金属、酚、氰等 19 项水污染物。该标准在我国环境保护初期,对控制工业重金属污染和酚氰污染起了重要作用。

1984 年 5 月,国家颁布了《中华人民共和国水污染防治法》,明确规定了水污染排放标准的制(修)订、审批和实施权限,使水污染物排放标准工作有了法律依据和保证。

80 年代中期,我国开始制定钢铁、化工、轻工等 20 多个行业的水污染物排放标准。80 年代末,国家环保局制定颁布了《污水综合排放标准》(GB 8978—88),替代了《工业"三废"排放试行标准》中的废水部分。该标准从结构形式、试用范围、控制项目和指标值等方面都较 GBJ4—73 作了较大的修订。主要修订内容是:

(1) 标准适用范围从单一控制工业污染源改为适用于一切排污单位,包括生活污水、城市处理厂出水的排放控制;

(2) 按污水排放去向和新老建设单位制定了分级标准;

(3) 增加了排入城市下水道集中处理的预处理标准(即三级标准);

(4) 增加了部分工业污染源的最高允许排水量或最低水循环利用率,加强对污染源的总量控制;

(5) 增加了控制项目,由原来的 19 项增加到 40 项;

(6) 对部分标准值进行了调整;

(7) 配套了标准分析方法。

20 世纪 90 年代,结合标准的清理整顿,提出综合排放标准与行业排放标准不交叉执行的原则,结合新的标准体系和 2000 年环境目标的要求。对《污水综合排放标准》再次进行修订。新标准于 1996 年发布,1998 年 1 月 1 日开始实施。新修订的主要内容是:

(1) 综合标准与其他国家行业水污染物排放标准不交叉执行;

(2) 用标准实施的年限代替新老企业的划分;

(3) 结合我国对优先控制水污染物的研究成果,增加了 25 项难降解有机物和放射性的控制指标,强调对难降解有机物和"三致"物质等优先控制水污染物的控制,标准控制项目总数增加至 69 个;

(4) 强调了水量的监测、设置流量计和取样器等;

(5) 增加了浓度、水量、总量的计算方法。

与此同时,也对部分国家行业水污染物排放标准进行了修订,有些排放标准则予以废止。

到目前为止,共有 18 项国家污水排放标准(其中综合类 1 项,行业类 17 项)涉及造纸、钢铁、纺织印染、合成氨、海洋石油、肉类加工、磷肥、烧碱、聚氯乙烯、船舶、兵器、航天推进剂、畜禽养殖、污水处理厂等 10 多个行业。此外,北京、上海、广东、山东、辽宁、四川、厦门等省市还制定了地方水污染物排放标准。已逐步形成了包括综合与行业两类、国家和地方两级的水污染物排放标准体系。

第三节　水处理技术

水处理涉及领域广泛,按处理源水的类型和处理的目的,可以将水处理分为给水处理和污水处理两个方面。给水处理包括生活用水处理和工业用水处理;污水处理主要包括城镇污水处理和工业废水处理。

生活用水处理是以地表水或地下水为源水,主要是提供居民饮用及日常生活用水。传统的处理工艺为混凝—沉淀—过滤—消毒工艺。几十年的应用实践表明,该工艺可以有效地发挥除浊、除色和杀菌作用。然而对有机污染物的去除效果有限,难以充分适应不断变化的水源水质,因此目前开展了饮用水安全保障技术,其中包括:水源水质改善和安全预处理技术;常规水处理强化技术和深度处理技术;浮游动物的灭活和去除技术;安全消毒技术;管网水二次污染控制等,拓展了生活用水处理技术领域。

工业用水处理目的是为工业生产服务,不同的生产工艺对水质要求差异很大。如循环冷却水和锅炉用水的处理目的主要是防腐和防垢,一般以天然水体为源水,经过混凝—沉淀—过滤—消毒预处理后,还需要采用化学沉淀法、离子交换法及膜滤法进行软化和脱盐处理;电子行业用水要求较严格,需要去除水中溶解性固体(TDS),目前一般采用离子交换和反渗透膜处理。

传统的城镇污水处理是格栅—沉砂—生物处理工艺。随着排放要求的提高,需要改进工艺或增加后续深度处理工艺,如采用膜生物反应器(MBR)工艺替代传统生物处理工艺,在生物处理后续增加混凝-沉淀工艺等。

工业废水涉及领域很广,废水水质成分及质量浓度变化大,是废水处理的难点。较典型的工业废水包括酚氰废水、印染废水、电镀重金属废水、食品加工废水、高盐有机废水等。目前该类废水由于对环境污染严重,常发生水质安全事件,排放要求不断地提高,废水回用势在必行,涉及多种深度处理技术。

虽然水处理工艺变化很多,但应用到的基本技术可以归纳为物理法、化学法、物理化学法和生物法。各领域采用的水处理工艺都是这些基本技术的组合,有些技术既可以应用于给水处理中,也可以应用于污水处理中,只是工艺的操作条件有所区别,如混凝-沉淀是给水处理的重要工艺环节,但也常用于印染废水处理中,但混凝剂的投加量可能差别较大。

本节主要介绍水处理的基本技术。

一、水的物理处理技术

水的物理处理是通过物理方面的重力或机械力作用使污水水质发生变化的处理过程,主要去除对象是水中漂浮物和悬浮物,采用的方法有:筛滤截留法、重力分离法和离心分离法。其中筛滤截留法主要包括格栅与筛网工艺,主要应用于污水处理领域;而重力分离法包括沉淀、气浮、除油等工艺,其中沉淀、气浮工艺在给水与排水中都有广泛的应用,而除油工艺主要应用于污水处理领域;离心分离法主要应用于工业废水处理和污泥脱水等领域。

（一）筛滤截留法

1. 格栅

格栅是由一组（或多组）相平行的金属栅条与框架组成，倾斜安装在进水的渠道或进水泵站集水井的进口处，以拦截污水中粗大的悬浮物及杂质，防止水泵机组及管道阀门的堵塞，保证后续处理设施能正常运行。

格栅按栅条间距可分为粗格栅（50～100 mm）、中格栅（10～40 mm）、细格栅（1.5～10 mm）。对于一个污水处理系统，可设置粗细两道格栅，有时甚至采用粗、中、细三道格栅。

格栅截留污染物的数量与地区的情况、污水沟道系统的类型、污水流量以及栅条的间距等因素有关。格栅的清渣方法是其设计的重要因素，包括有人工清除和机械清除两种。中小型城市的生活污水处理厂或所需截留的污染物量较少时，可采用人工清理的格栅，一般与水平面成 45°～60° 倾角安放，倾角小时，清理时较省力，但占地则较大；机械清渣的格栅，倾角一般为 60°～70°，有时为 90°。每天的栅渣量大于 0.2 m³ 时，一般应采用机械清除方法。

2. 筛网

筛网较格栅能够去除更细小的悬浮物，目前筛网主要有两种型式，即振动筛网和水力筛网。振动式筛网是利用机械振动，将呈倾斜面的振动筛网上截留的纤维等杂质卸到固定筛网上，进一步滤去附在纤维上的水滴；水力筛网是依靠进水的水流作为动力旋转的。

格栅和筛网截留的污染物需要处置，主要方法有填埋、焚烧（820℃ 以上）以及堆肥等。也可将栅渣粉碎后再返回废水中，作为可沉淀的固体进入初次沉淀池。粉碎机应设置在沉砂池后，以免大的无机颗粒损坏粉碎机。

（二）重力分离法

1. 沉淀法

沉淀法是水处理中最基本、也是最常用的方法。它是利用水中悬浮颗粒的重力下沉作用，达到固液分离。在给水厂中，混凝-沉淀是传统的工艺；在典型的污水处理厂中，可以用于废水的预处理，如沉沙池、初沉池；用于生物处理后的固液分离，如二次沉淀池；用于污泥处理阶段的污泥浓缩，如重力污泥浓缩池。

根据水中悬浮颗粒的凝聚性能和浓度，沉淀通常可以分成自由沉淀、絮凝沉淀、区域沉淀和压缩沉淀四种不同的类型。

与沉淀相关的工艺包括沉砂池和沉淀池。

沉砂池主要工艺类型包括有平流式沉砂池和曝气沉砂池。其中平流沉砂池结构简单、操作方便；而曝气沉砂池处理效果较好，由于曝气以及水流的螺旋旋转作用，污水中悬浮颗粒相互碰撞、摩擦，并受到气泡上升时的冲刷作用，使黏附在砂粒上的有机污染物得以去除，沉于池底的砂粒较为纯净。有机物含量只有 5% 左右的砂粒，长期搁置也不至于腐化。

为了说明沉淀池的工作原理，分析沉淀过程中影响沉淀效率的因素，Hazen 和 Camp 提出了理想沉淀池的概念，并通过理论推导得出，理想沉淀池的沉淀效率与池的水面面积有关，与池深和池体积无关，由此发展为浅池理论，并开发出具有沉淀效率高、停留时间短、占地少等优点的斜板（管）沉淀池的新工艺，在给水处理和工业废水处理中得到广泛的应用。

沉淀池是分离悬浮物的一种常用处理构筑物。

用于生物处理法中作预处理的称为初次沉淀池,而设置在生物处理构筑物后的称为二次沉淀池,是生物处理工艺中的一个组成部分。对于一般的城市污水,初次沉淀池可以去除约30%的BOD_5与55%的悬浮物,二次沉淀池的主要功能是活性污泥的泥水分离。

沉淀池常按水流方向来区分为平流式、竖流式、辐流式及斜流式四种。

2. 隔油和破乳

含油废水的来源非常广泛,除了石油开采及加工工业排出大量含油废水外,还有固体燃料热加工、纺织工业中的洗毛废水、轻工业中的制革废水、铁路及交通运输业、屠宰及食品加工以及机械工业中车削工艺中的乳化液等。

含油废水的处理一般利用油水的密度差,采用重力法进行分离。具体选择的处理工艺与油在废水中的存在状态关系密切。

呈悬浮状态的可浮油,粒径一般大于$100~\mu m$,可以采用隔油池进行处理;而粒径较小的细分散油粒径一般在$10\sim100~\mu m$范围,长期静置可以形成浮油,可采用斜板隔油池去除;乳化油油滴细小,粒径一般小于$10~\mu m$,难以用静沉法从废水中分离出来,需要进行破乳,使乳化油转化为可浮油,再用沉淀法来分离;溶解油在水中的溶解度非常低,通常只有几个毫克每升,一般可采用吸附法加以去除。

在含油废水处理中,乳化油废水处理难度较大。目前破乳的方法有多种,但基本原理一样,即破坏液滴界面上的稳定薄膜,使油、水得以分离。破乳途径主要包括:① 投加换型乳化剂;② 投加盐类、酸类;③ 投加某种本身不能成为乳化剂的表面活性剂;④ 剧烈的搅拌、震荡或转动;⑤ 过滤;⑥ 改变温度等。

破乳方法的选择是以试验为依据。某些石油工业的含油废水,当废水温度升到$65℃\sim75℃$时,可达到破乳的效果。相当多的乳状液,必须投加化学破乳剂。目前所用的化学破乳剂通常是钙、镁、铁、铝的盐类或无机酸。有的含油废水亦可用碱(NaOH)进行破乳。

水处理中常用的混凝剂也是较好的破乳剂。它不仅有破坏乳化剂的作用,而且还对废水中的其他杂质起到混凝的作用。

3. 气浮法

气浮法是一种有效的固-液和液-液分离方法,常用于对那些颗粒密度接近或小于水的细小颗粒的分离。该工艺是将空气以微小气泡形式通入水中,使微小气泡与在水中悬浮的颗粒黏附,上浮水面,从水中分离出去,形成浮渣层。

气浮法处理工艺必须满足下述基本条件:① 必须向水中提供足够量的细微气泡;② 必须使污水中的污染物质能形成悬浮状态;③ 必须使气泡与悬浮的物质产生黏附作用。有了上述这三个基本条件,才能完成浮上处理过程,达到污染物质从水中去除的目的。

按生产微细气泡的方法,气浮法分为:电解浮上法、分散空气浮上法和溶解空气浮上法。其中,电解浮上法产生的气泡小于其他方法产生的气泡,故特别适用于脆弱絮状悬浮物;然而,由于电耗高、操作运行管理复杂及电极结垢等问题,较难适用于大型生产;分散空气浮上法主要包括微气泡曝气法和剪切气泡法等两种形式;溶解空气浮上法有真空浮上法和加压溶气浮上法两种形式。

加压溶气浮上法是目前常用的工艺,是使空气在加压的条件下溶解于水,然后通过将压力降至常压而使过饱和的空气以细微气泡形式释放出来。加压溶气浮上法的主要设备为水泵、溶气罐、浮上池。

加压溶气浮上法有全溶气流程、部分溶气流程和回流溶气气浮流程三种基本流程。

二、水的化学处理技术

水的化学处理技术是投加化学药剂，通过化学反应去除或分解水中的污染物质。其去除对象主要是水中的溶解性物质或胶体物质。相对于生物处理技术，该方法一般成本较高，特别是当处理水量大、污染物浓度高的情况下，要优先选择生化处理。但对于可生化性较差的污水，化学处理技术具有独到的功效。

本节主要介绍化学混凝法、中和法、化学沉淀法及氧化还原法。

（一）化学混凝法

1. 胶体的稳定性分析

大颗粒的悬浮物由于受重力的作用而下沉，可以用沉淀等方法除去。但微小粒径的悬浮物和胶体具有"稳定性"，能在水中长期保持分散悬浮状态，难以自然沉降。化学混凝法处理的对象就是水中的这些微小悬浮物和胶体杂质。因此，要明确化学混凝法的机理，首先要分析胶体的稳定性机理。

胶体微粒都带有电荷。天然水中的黏土类胶体微粒以及污水中的胶态蛋白质和淀粉微粒等都带有负电荷，它的中心称为胶核，其表面选择性地吸附了一层带有同号电荷的离子，这些离子可以是胶核的组成物直接电离而产生的，也可以是从水中选择吸附 H^+ 或 OH^- 而生成。这层离子称为胶体微粒的电位离子，它决定了胶粒电荷的大小和符号。由于电位离子的静电引力，在其周围又吸附了大量的异号离子，形成了所谓"双电层"。

胶粒在水中受几方面的影响：① 由于上述的胶粒带电现象，带相同电荷的胶粒产生静电斥力，而且电位愈高，胶粒间的静电斥力愈大；② 受水分子热运动的撞击，使微粒在水中做不规则的运动，即"布朗运动"；③ 胶粒之间还存在着相互引力——范德华引力。范德华引力的大小与胶粒间距的二次方成反比，当间距较大时，此引力略去不计。

一般水中的胶粒间电斥力不仅与电位有关，还与胶粒的间距有关，距离愈近，斥力愈大。而布朗运动的动能不足以将两颗胶粒推近到使范德华引力发挥作用的距离。因此，胶体不能相互聚结而长期保持稳定的分散状态。

使胶体微粒不能相互聚结的另一个因素是水化作用。由于胶粒带电，将极性水分子吸引到它的周围形成一层水化膜。水化膜同样能阻止胶粒间相互接触。但是，水化膜是伴随胶粒带电而产生的，如果胶粒的电位消除或减弱，水化膜也就随之消失或减弱。

2. 混凝原理

化学混凝涉及的因素很多，如水中杂质的成分和浓度、水温、水的 pH、碱度，以及混凝剂的性质和混凝条件等。但归结起来，可以认为主要是三方面的作用。

（1）压缩双电层作用

如前所述，水中胶粒能维持稳定的分散悬浮状态，主要是由于胶粒的 zeta 电位。如能消除或降低胶粒的电位，就有可能使微粒碰撞聚结，失去稳定性。在水中投加电解质-混凝剂可达此目的。例如天然水中带负电荷的黏土胶粒，在投入铁盐或铝盐等混凝剂后，混凝剂提供的大量正离子会涌入胶体扩散层甚至吸附层。因为胶核表面的总电位不变，增加扩散层及吸附层中的正离子浓度，就使扩散层减薄。当大量正离子涌入吸附层以致扩散层完全消失时,电位为零,称为等电状态。此时,胶粒间静电斥力消失,胶粒最易发生聚结。

压缩双电层作用是阐明胶体凝聚的一个重要理论。它特别适用于无机盐混凝剂所提供的简单离子的情况。但是,如仅用双电层作用原理来解释水中的混凝现象,会产生一些矛盾。例如,三价铝盐或铁盐混凝剂投量过多时效果反而下降,水中的胶粒又会重新获得稳定。又如在等电状态下,混凝效果似应最好,但生产实践却表明,混凝效果最佳时的电位常大于零。于是提出了第二种作用。

(2) 吸附架桥作用

三价铝盐或铁盐以及其他高分子混凝剂溶于水后,经水解和缩聚反应形成高分子聚合物,具有线性结构。这类高分子物质可被胶体微粒所强烈吸附。因其线性长度较大,当它的一端吸附某一胶粒后,另一端又吸附另一胶粒,在相距较远的两胶粒间进行吸附架桥,使颗粒逐渐结大,形成肉眼可见的粗大絮凝体。

(3) 网捕作用

有机高分子絮凝剂及三价铝盐或铁盐等水解而生成沉淀物在自身沉降过程中,能集卷、网捕水中的胶体等微粒,使胶体黏结。

对于不同类型的混凝剂,压缩双电层作用和吸附架桥作用所起的作用程度并不相同。对高分子混凝剂特别是有机高分子混凝剂,吸附架桥及网捕作用可能起主要作用;对硫酸铝等无机混凝剂,压缩双电层作用和吸附架桥作用以及网捕作用都具有重要作用。

3. 常用的混凝剂和助凝剂

(1) 混凝剂

用于水处理中的混凝剂应符合如下要求:混凝效果良好,对人体健康无害,价廉易得,使用方便。混凝剂的种类较多,主要有以下两大类:

① 无机盐类混凝剂。目前应用最广的是铝盐和铁盐。铝盐中主要有硫酸铝、明矾等。硫酸铝混凝效果较好,使用方便,对处理后的水质没有任何不良影响。但水温低时,硫酸铝水解困难,形成的絮凝体较松散,效果不及铁盐。铁盐中主要有三氯化铁、硫酸亚铁和硫酸铁等。三氯化铁是褐色结晶体,极易溶解,形成的絮凝体较紧密,易沉淀;但三氧化铁腐蚀性强,易吸水潮解,不易保管。硫酸亚铁是半透明绿色结晶体,离解出的二价铁离子 Fe^{2+} 没有三价铁盐的混凝效果好,使用时应将二价铁氧化成三价铁。同时,残留在水中的 Fe^{2+} 会使处理后的水带色,Fe^{2+} 与水中某些有色物质作用后,会生成颜色更深的溶解物。

② 高分子混凝剂。有无机和有机两种。聚合氯化铝和聚合氧化铁是目前国内外研制和使用比较广泛的无机高分子混凝剂。聚合氯化铝的混凝作用与硫酸铝并无差别。硫酸铝投入水中后,主要是各种形态的水解聚合物发挥混凝作用。但由于影响硫酸铝化学反应的因素复杂,要想根据不同水质控制水解聚合物的形态是不可能的。人工合成的聚合氯化铝则是在人工控制的条件下预先制成最优形态的聚合物,投入水中后可发挥优良的混凝作用。它对各种水质适应性较强,适用的 pH 范围较广,对低温水效果也较好,形成的絮凝体粒大而重,所需的投量约为硫酸铝的 $1/2 \sim 1/3$。有机高分子混凝剂有天然的和人工合成的,这类混凝剂都具有巨大的线状分子。每一大分子由许多链节组成,链节间以共价键结合。我国当前使用较多的是人工合成的聚丙烯酰胺。有机高分子混凝剂虽然效果优异,但制造过程复杂,价格较贵。另外,由于聚丙烯酰胺的单体——丙烯酰胺有一定的毒性,已经引起人们的注意和研究。

（2）助凝剂

当单用混凝剂不能取得良好效果时，可投加某些辅助药剂以提高混凝效果，这种辅助药剂称为助凝剂。助凝剂可用于调节或改善混凝的条件，例如当原水的碱度不足时可投加石灰或重碳酸钠等；当采用硫酸亚铁作混凝剂时，可加氧气将 Fe^{2+} 氧化成 Fe^{3+} 等。助凝剂也可用于改善絮凝体的结构，利用高分子助凝剂的强烈吸附架桥作用，使细小松散的絮凝体变得粗大而紧密，常用的有聚丙烯酰胺、活化硅酸、骨胶、海藻酸钠等。

4. 影响混凝效果的主要因素

影响混凝效果的因素较复杂，主要有水温、水质和水力条件等。

水温对混凝效果有明显的影响。无机盐类混凝剂的水解是吸热反应，水温低时，水解困难。特别是硫酸铝，当水温低于 5℃ 时，水解速率非常缓慢。且水量低，黏度大，不利于脱稳胶粒相互絮凝，影响絮凝体的长大，进而影响后续的沉淀处理效果。改善的办法是投加高分子助凝剂或是用气浮法代替沉淀法作为后续处理。

水的 pH 对混凝的影响程度视混凝剂的品种而异。用硫酸铝去除水中浊度时，最佳 pH 范围在 6.5～7.5。用三价铁盐时，最佳 pH 范围在 6.0～8.4，比硫酸铝为宽。如用硫酸亚铁，只有在 pH＞8.5 和水中有足够溶解氧时，才能迅速形成 Fe^{3+}，这就使设备和操作较复杂，为此，常采用加氯氧化的方法。高分子混凝剂尤其是有机高分子混凝剂，混凝的效果受 pH 的影响较小。从铝盐和铁盐的水解反应式可以看出，水解过程中不断产生 H^+ 必将使水的 pH 下降。要使 pH 保持在最佳的范围内，应有碱性物质与其中和。当原水中碱度充分时，还不致影响混凝效果；但当原水中碱度不足或混凝剂投量较大时，水的 pH 将大幅度下降，影响混凝效果。此时，应投加石灰或重碳酸钠等。

水中杂质的成分、性质和浓度都对混凝剂的投加量及混凝效果有明显的影响。例如，天然水中含黏土类杂质为主，需要投加的混凝剂的量较少；而污水中含有大量有机物时，需要投加较多的混凝剂才有混凝效果，其投量可达 1 000 mg/L 以上。在生产和实用上，主要靠混凝试验来选择合适的混凝剂品种和最佳投量。

混凝过程中的水力条件对絮凝体的形成影响极大。整个混凝过程可以分为两个阶段：混合和反应。水力条件的配合对这两个阶段非常重要。

混合阶段的要求是使药剂迅速均匀地扩散到全部水中以创造良好的水解和聚合条件，使胶体脱稳并借颗粒的布朗运动和紊动水流进行凝聚。在此阶段并不要求形成大的絮凝体。混合要求快速和剧烈搅拌，在几秒钟或一分钟内完成。对于高分子混凝剂，混合的作用主要是使药剂在水中均匀分散，混合反应可以在很短的时间内完成，而且不宜剧烈搅拌。

反应阶段的要求是使混凝剂的微粒通过絮凝形成大的具有良好沉淀性能的絮凝体。反应阶段的搅拌强度或水流速度应随着絮凝体的结大而逐渐降低，以免结大的絮凝体被打碎。

（二）中和法

1. 酸碱废水的来源与危害

酸和碱是常用的工业原料，使用酸、碱的工厂往往会产生酸性废水和碱性废水。酸性废水主要来源于化工（生产和物流环节等）、冶金（酸浸工艺等）、金属酸洗、炼油、电镀等行业，废水中常含有硫酸、盐酸、硝酸、乙酸等；废水的 pH 为 1～2 左右，甚至更低。如在矿山开采、矿石运输、选矿、废石排放及尾矿贮存等过程中，还原性硫化矿物由于空气、水和细菌的作用,矿石被氧化后产生酸性矿山废水。酸性矿山废水水量大,pH 低,铁含量高,并含有多种重金属离子。

碱性废水主要来源于造纸、皮革、化工和印染行业等,常含有苛性钠、碳酸钠和氨水等。如活性染料废水中,常加入大量的盐和纯碱作为染色助剂,废水不但染料浓度高,盐浓度可达 200 g/L,纯碱含量可达 20 g/L,处理难度很大。

酸碱废水不经过处理直接排放,会破坏生态环境,也会腐蚀排水管路;另外,某些酸碱废水含有其他污染物时,在进行生化处理或膜处理时,先要进行中和处理,以保证后续工艺的正常运行。

2. 酸碱废水处理技术

对于浓度较高的酸性废水(大于 4%)和碱性废水(大于 2%),首先考虑回收和综合利用,可以制成硫酸亚铁、硫铵、石膏等。

如果同一工厂或相邻工厂同时有酸性和碱性废水,可以先让两种废水相互中和,然后再用中和剂中和剩余的酸或碱。如槽罐车清洗废水,可以采用酸性废水与碱性废水混合中和处理,处理后废水要注意总溶解性固体含量的超标问题。

酸性废水常用中和剂包括有:石灰(CaO)、石灰石($CaCO_3$)、碳酸钠和苛性钠等,也可以利用一些工厂排出的石灰废渣(软水站、乙炔站的碳酸钙、氢氧化钙)。中和剂的投加方法有干法和湿法,干法投加的优点是设备简单,但反应慢,投加量较多;湿法投加需要设备多,但反应迅速、彻底,投药量少。

碱性废水常用工业硫酸作中和试剂,也用废酸、酸性废气(CO_2、H_2S 等),但要注意二次污染(废酸中可能溶入杂质)。

(三)化学沉淀法

用易溶的化学药剂(可称沉淀剂)使溶液中某种离子以它的一种难溶的盐或氢氧化物从溶液中析出,称为化学沉淀法。难溶盐和难溶氢氧化物在溶液中的离子的浓度之积(称溶度积 K_s)是常数,当能结合成难溶盐的两种离子的浓度之积超过此盐的溶度积时,该盐将析出,而这两种离子的浓度将下降,需要去除的离子就与水分离了。

在废水处理中,常用的化学沉淀法包括氢氧化物沉淀法、硫化物沉淀法、碳酸盐沉淀法、卤化物沉淀法和还原沉淀法,去除废水中的有害离子有:金属阳离子如 Hg^{2+}、Cd^{2+}、Pb^{2+}、Cu^{2+}、Zn^{2+}、Cr^{6+},阴离子如 SO_4^{2-}、PO_4^{3-}。

氢氧化物沉淀法和硫化物沉淀法最为常用,沉淀效果与废水的 pH 关系密切,对于特定的污染物的沉淀去除,存在有最佳的 pH,如 Cu^{2+},以氢氧化物和硫化物形式沉淀时,最佳 pH 均约为 9,超过或小于该值,Cu^{2+} 的去除效果变差。

化学沉淀法可用来处理含磷废水,对于浓度较高的废水,可以回收磷资源,采用的沉淀剂包括有铁、铝、钙及镁盐,如果废水中氨含量也较高,可以回收优质的氮磷肥料鸟粪石($NH_4Mg(H_2O)_6PO_4$)。

(四)氧化还原法

1. 化学氧化的概念

随着现代化学工业的发展和化学制品的广泛使用,含有毒有害有机污染物的工业废水不断增加,传统的生物处理方法往往难以取得满意的效果,化学氧化方法就成为治理有毒有机废水的有效方法。另外,化学氧化法也是目前消毒的主要技术。

化学氧化是采用氧化剂对污水中的污染物进行氧化,使其分解转化的水处理工艺。对于同一污染物,氧化效果与氧化剂的氧化电位密切相关,而同一氧化剂的氧化能力又与废水的 pH 关系密切。

2. 化学氧化水处理工艺

按氧化剂的类型,常用化学氧化包括空气氧化、臭氧氧化、氯氧化法、高锰酸盐、高铁酸盐和双氧水氧化等。

空气氧化是利用空气中的氧气作为氧化剂,常用于地下水除锰除铁、除硫化物、湿式氧化和焚烧等工艺中。臭氧具有极强的氧化性能,在碱性溶液中拥有 2.07V 的氧化电位,其氧化能力高于氯和高锰酸钾,另外,臭氧在水中可短时间内自行分解,没有二次污染,是理想的绿色氧化药剂,广泛应用于除臭、脱色、杀菌和去除有机物。氯氧化法采用漂白粉、次氯酸钠、液氯等,主要应用于氰化物、硫化物、酚、醛、油类的氧化去除以及脱色、脱臭、杀菌等领域。

3. 高级氧化工艺

有些氧化剂在一定条件下,除了直接氧化作用外,同时可以引发强氧化性的自由基,自由基的氧化作用称为高级氧化。

与臭氧氧化相关的高级氧化技术包括碱催化臭氧氧化、光催化臭氧氧化以及活性炭、金属离子及其氧化物的多相催化臭氧氧化。

过氧化氢在碱性条件下是不稳定的,容易分解;在酸性条件下是稳定的,氧化性也较强,而该条件下有亚铁离子共存时,可以诱发自由基,具有极强的氧化能力。该方法就是工业废水处理中常用的高级氧化技术——芬顿试剂法。

光催化氧化的原理就是高能射线在催化剂条件下,产生各种活泼的化学物质,如羟基自由基等,使氧化过程得以加强。研究较成熟的光催化氧化工艺是紫外线＋TiO_2工艺;另外,紫外线与其他一些氧化剂一起也可以诱发自由基,形成光催化氧化工艺,如紫外线与双氧水、臭氧组合。有研究表明,紫外线可以强化氯的氧化过程,在氯氧化有机废水系统中,用紫外光进行照射,可使氧化作用增强 10 倍以上,因而减少投氯量。

光催化氧化法具有反应迅速、处理效率高、投药少等优点,在低浓度有机废水治理领域具有很大的潜力。该法实现工业化应用的关键在于研制功率大、经济节能的紫外光源。

三、水的物理化学处理

(一)吸附法

1. 吸附原理

吸附是溶液中的物质在某种适宜界面上的积累过程,该界面可以是气-液界面,如气浮工艺中的吸附,但多数研究集中在固-液界面上。

按吸附发生的机理,可分为物理吸附和化学吸附。如果吸附剂与被吸附物质之间是通过分子间引力(即范德华力)或库仑异性电荷引力而产生吸附,称为物理吸附;如果吸附剂与被吸附物质之间产生化学作用,生成化学键引起的吸附,称为化学吸附。

物理吸附和化学吸附并非不相容,而且随着条件的变化可以相伴发生,但在一个系统中,可能某一种吸附是主要的。在污水处理中,多数情况下,往往是几种吸附的综合结果。

一定的吸附剂所吸附物质的数量与此物质的性质及其浓度和温度有关,表明被吸附物的量与浓度之间的关系式称为吸附等温式。目前常用的公式有 Freundlich 吸附等温式和 Langrnuir 吸附等温式。

2. 影响吸附的因素

吸附能力和吸附速度是衡量吸附过程的主要指标。固体吸附剂吸附能力的大小可用吸附量来衡量。吸附速度是指单位重量吸附剂在单位时间内所吸附的物质量。在水处理中,吸附速度决定了污水需要与吸附剂接触的时间,即吸附设备容积的大小。

多孔性吸附剂的吸附过程基本上可分为三个阶段:颗粒外部扩散阶段,即吸附质从溶液中扩散到吸附剂表面;孔隙扩散阶段,即吸附质在吸附剂孔隙中继续向吸附点扩散;吸附反应阶段,吸附质被吸附在吸附剂孔隙内的吸附点表面。一般,吸附速度主要取决于外部扩散速度和孔隙扩散速度。

颗粒外部扩散速度与溶液浓度成正比,也与吸附剂的比表面积的大小成正比。因此吸附剂颗粒直径越小,外部扩散速度越快。同时,增加溶液与颗粒间的相对运动速度,也可以提高外部扩散速度。孔隙扩散速度与吸附剂孔隙的大小和结构、吸附质颗粒的大小和结构等因素有关。一般吸附剂颗粒越小,孔隙扩散速度越快。可以看出吸附剂的颗粒大小是吸附速度的关键影响因素,一般颗粒活性炭的吸附饱和时间比粉末活性炭的长几十倍以上。

吸附剂的物理化学性质和吸附质的物理化学性质对吸附有很大影响。极性分子(或离子)型的吸附剂容易吸附极性分子(或离子)型的吸附质;非极性分子型的吸附剂容易吸附非极性的吸附质。同时,吸附质的溶解度越低,越容易被吸附。吸附质的浓度增加,吸附量也随之增加。

污水的 pH 对吸附影响也很大,活性炭一般在酸性条件下比在碱性条件下有较高的吸附量。吸附反应通常是放热反应,因此温度低对吸附反应有利。

3. 常见的吸附剂

吸附剂的种类很多。常用是活性炭、壳聚糖、黏土矿物等。工业生产中目前以活性炭为主。

活性炭吸附性能优异,其比表面积可达 $800 \sim 2\ 000\ m^2/g$。在生产中应用的活性炭一般都制成粉末状或颗粒状。粉末状的活性炭吸附能力强,制备容易,价格较低,但再生困难,一般不能重复使用。颗粒状的活性炭价格较贵,但可再生后重复使用,并且使用时的劳动条件较好,操作管理方便。因此在水处理中较多采用颗粒状活性炭。

颗粒状活性炭在使用一段时间后,吸附了大量吸附质,逐步趋向饱和并丧失工作能力,此时应进行更换或再生。再生是在吸附剂本身的结构基本不发生变化的情况下,用某种方法将吸附质从吸附剂微孔中除去,恢复它的吸附能力。活性炭的再生方法主要有:

(1) 加热再生法

在高温条件下,提高了吸附质分子的能量,使其易于从活性炭的活性点脱离;而吸附的有机物则在高温下氧化和分解,成为气态逸出或断裂成低分子。活性炭的再生一般用多段式再生炉。炉内供应微量氧气,使进行氧化反应而又不致使炭燃烧损失。

（2）化学再生法

通过化学反应,使吸附质转化为易溶于水的物质而解吸下来,该方法的优势是可以原位再生。例如,吸附了苯酚的活性炭,可用氢氧化钠溶液浸泡,使形成酚钠盐而解吸。湿式氧化法及芬顿试剂法也是化学再生法。

在我国,目前活性炭的供应较紧张,再生的设备较少,再生费用较贵,限制了活性炭的广泛使用。

4. 吸附法在污水处理中的应用

由于吸附法对进水的预处理要求高,吸附剂的价格昂贵,因此在废水处理中,吸附法主要用来去除废水中的微量污染物,达到深度净化的目的。如废水中少量重金属离子的去除、少量有害的生物难降解有机物的去除、脱色除臭等。

活性炭吸附是一种较早地被应用于生产的除微污染技术,其原理是利用活性炭巨大的比表面积吸附水中的有机污染物。由于我国水源污染较重,活性炭使用不久便饱和、失效,水体污染严重时活性炭只能运行几周时间。活性炭的吸附性能可以通过再生得以恢复,但更换活性炭频繁、再生费用很高。

目前活性炭吸附与生物处理工艺及氧化技术的联用,发挥了活性炭吸附-生物再生及氧化提高可生化性的协同作用,成为目前研究与应用的热点。

粒状活性炭在运行过程中可逐渐地形成生物活性炭,微生物不断对吸附在活性炭表面的有机污染物进行生物降解,从而可以有效地延长活性炭的使用周期。自然形成的生物活性炭,其菌种复杂,生物降解速率不高,而通过投加高活性工程菌,经过人工固化形成的生物活性炭,克服了自然形成的生物活性炭的缺点,具有高效、长效和运行稳定等优点,人工固定化生物活性炭技术因此也越来越受到人们的重视。

臭氧与生物活性炭联用技术,不仅仅是臭氧氧化、活性炭吸附、微生物降解技术的简单组合,适量的臭氧氧化所产生的中间产物有利于活性炭的吸附去除。臭氧与生物活性炭技术优势互补,成为饮用水处理中非常有效的深度处理技术。

黏土矿物是以含铝、镁为主的层状硅酸盐矿物,主要有高岭石族、伊利石族和蒙脱石矿物。其粒径一般小于 0.01 mm,具有较强的吸附性和离子交换能力,而蒙脱石族矿物还具有膨胀性,为其柱撑改性处理提供了广阔的空间。

天然黏土矿物层间存在有大量可交换的亲水性无机阳离子,一般其表面带负电,去除水中重金属离子效果显著。虽然天然黏土矿物对疏水性有机物吸附不利,但可采用一些有机阳离子进行改性,增强其吸附能力。

（二）离子交换法

离子交换法是水处理中软化和除盐的主要方法之一,是工业用水常用的工艺。在废水处理中,主要用于去除废水中的金属离子。

离子交换的实质是不溶性离子化合物（离子交换剂）上的可交换离子与溶液中的其他同性离子的交换反应,是一种特殊的吸附过程,通常是可逆性化学吸附。

水处理中用的离子交换剂有磺化煤、离子交换树脂及沸石等。磺化煤利用天然煤为原料,经浓硫酸磺化处理后制成,但交换容量低,机械强度差,化学稳定性较差,已逐渐为离子交换树脂所取代。

离子交换树脂是人工合成的高分子聚合物,由树脂本体(又称母体或骨架)和活性基团两个部分组成。生产离子交换剂的树脂母体最常见的是苯乙烯的聚合物,是线性结构的高分子有机化合物。在原料中,常加上一定数量的二乙烯苯做交联剂,使线状聚合物之间相互交联,成立体网状结构。树脂的外形呈球状颗粒,粒径为 0.6~1.2 mm(大粒径树脂)、0.3~0.6 mm(中粒径树脂)、0.02~0.1 mm(小粒径树脂)。树脂本身不是离子化合物,并无离子交换能力,需经适当处理加上活性基团后,才具有离子交换能力。活性基团由固定离子和活动离子组成。固定离子固定在树脂的网状骨架上,活动离子(或称交换离子)则依靠静电引力与固定离子结合在一起,二者电性相反电荷相等。

离子交换树脂按树脂的类型和孔结构的不同可分为:凝胶型树脂、大孔型树脂、多孔凝胶型树脂、巨孔型(MR 型)树脂和高巨孔型(超 MR 型)树脂等。

沸石属于含水架状硅酸盐矿物,种类较多,在我国应用和研究的主要是斜发沸石和丝光沸石。沸石具有较强的离子交换和吸附性能,有研究者证明其离子交换能力(>6 mmol/g)远大于蒙脱石。沸石的实际吸附容量主要与吸附质分子的大小有关,另外还与分子的结构、极性及化学键类型有关。

沸石是一种高效的重金属吸附剂,如表 3-7 所示,沸石及其改性产品对 Pb、Hg、Cd 及 Cr 等多种重金属均具较强的去除能力。

表 3-7 沸石对重金属的吸附特征(mg/g)

材 料	Cd	Cr(III)	Cr(VI)	Hg	Pb	Cu
天然斜发沸石	13.4				78.7	
NaCl 改性(20℃)	17.9				84.9	
NaCl 改性(70℃)	23.5				91	
天然沸石	30.2	2.1			111.8	14.7
HDTMA 改性			0.21			
CETYL 改性			0.65			
EHDDMA 改性			0.42			
天然沸石	84.3	26			150.4	155.4
HDTMA-Br			0.57			
HDTMA-Cl			0.83			
HDTMA-H$_2$SO4			1.46			

利用沸石除氨虽然较生物法费用稍大,但具有不受水质变化、抗冲击负荷、不受环境因素影响和操作方便的优点。沸石处理含氨氮浓度在 40 mg/L 以下的污水时,去除率在 90% 以上,吸附量可达 11.16 mg/g 沸石。有研究表明,采用沸石与火山灰 1:1 配比,在 1 100℃烧结制成的材料对水中 NH_4^+ 吸附效果好,而用 1:9 的配比,在 800℃烧结制成的材料对 PO_4^{3-} 的吸附效果显著。

(三)萃取法

在化工上,用适当的溶剂分离混合物的过程叫萃取。当混合物为溶液时属液-液萃取,当混合物为固体时叫固-液萃取;使用的溶剂叫萃取剂,提出的物质叫萃取物。萃取法成本较高,一般用于高浓度难挥发的物质和个别重金属废水处理领域,可以回收有价值的或毒性很强的污染物,如萃取脱酚回收杂酚,回收铀和钒等金属。

在废水处理上,利用废水中的杂质在水中和有机萃取剂中溶解度的不同,可以采用萃取的方法,将杂质提取出来。例如含酚浓度较高的废水。由于酚在有机溶剂中的溶解度远远高于在水中的溶解度,可以利用酚的这种性质以及有机溶剂(如油)与水不相溶的性质,选用适当的有机溶剂从废水中把有害物质酚提取出来。

用萃取法处理废水时,有三个步骤:① 把萃取剂加入废水,并使它们充分接触,有害物质作为萃取物从废水中转移到萃取剂中;② 把萃取剂和废水分离开来,废水就得到了处理,也可以再进一步接受其他的处理;③ 把萃取物从萃取剂中分离出来,使有害物质成为有用的副产品。

纤维素醚(CMC)蒸酒废液中污染物主要包括氯乙酸水解产生的有机副产物、氯化钠以及残留的 CMC、氯乙酸和酒精等。经分析废液 COD $16\sim22$ g/L,TOC 10.5 g/L,氯离子 42 g/L,属于高盐有机废液。采用减压蒸馏-乙酸乙酯萃取技术,成功地回收了其中的有用资源。

(四)膜分离技术

膜分离技术是近几十年发展起来的高新技术,近年来发展尤为迅速,广泛应用于石油、化工、环保、能源、电子、重工、轻工、食品、饮料、医药和生物工程等行业中,尤其是在水处理领域更受到世界各国的普遍重视。与常规水处理工艺相比,膜分离技术能够去除水中的臭味、色度、微生物、消毒副产物前体及其他一些有机物,保证水质;不需投加药剂,不会造成二次污染;设备紧凑,占地面积小并且易于自动控制。有报道膜产业将成为 21 世纪十大新型高科技产业之一,与光纤和超导等技术一起成为主导未来工业的六大新技术之一。

在某种推动力的作用下,利用某种隔膜特定的透过性能,使溶质或溶剂分离的方法称为膜分离。分离溶质时一般叫渗析;分离溶剂时一般叫渗透。

膜材料是膜技术发展的关键,决定着膜的性能、使用寿命和工艺处理成本;膜材料的种类和品牌很多,就其化学组成而言,膜材料仅有几十种,常用的只有几种,如纤维素类、聚丙烯腈、砜类聚合物、聚酰亚胺类等。

膜工艺的操作方式包括错流式和死端式两种,实际生产上一般采用错流式,可以缓解膜污染,延长膜寿命。

按膜孔径大小膜分离技术可以分为微滤、超滤、纳滤和反渗透等工艺。

1. 微滤法

微滤膜孔径范围在 $0.1\sim10$ μm,常用微滤膜孔径为 0.2 μm 和 0.45 μm。20 世纪 30 年代,生产出醋酸纤维膜,50 年代进入工业应用;1967 年,美国首先研制出以尼龙-66 为材料的中空纤维膜组件;1970 年,研究出以芳香聚酰胺为材料的中空纤维膜;近年来,又制成耐高温、化学性质优良的含氟材料膜,市场前景广阔。

微滤工艺运行过程中需要以压差作为推动力,一般压差在 100 kPa 左右,主要用于去除水中的悬浮物颗粒、微生物和纤维等。

2. 超滤法

超滤膜的孔径一般在 $0.005\sim1$ μm 之间,超滤的过程并不是单纯的机械截留、物理筛分,而是存在着以下三种作用:① 溶质在膜表面和微孔孔壁上发生吸附;② 溶质的粒径大小与膜孔径相仿,溶质嵌在孔中,引起阻塞;③ 溶质的粒径大于膜孔径,溶质在膜表面被机械截留,实现筛分。

超滤的过程是动态过滤,即在超滤膜的表面既受到垂直于膜面的压力,使水分子得以透过膜面并与被截留物质分离,同时又产生一个与膜表面平行的切向力,以将截留在膜表面的物质冲开。所以,超滤运行的周期可以较长。在运行方面,还可短时间地停止透水而增加切面流速,即可达到冲洗膜面的效果,使透水率得到恢复。

在废水处理中,超过滤法目前主要用于分离有机的溶解物,如淀粉、蛋白质、树胶、油漆等。超过滤法所需的压力比反渗透法要低,一般为 0.1 MPa~0.7 MPa。

3. 纳滤法

纳滤膜的孔径介于反渗透膜和超滤膜之间,又称松散反渗透,一般对单价离子的截留率小于 20%,对于二价离子和小分子有机物的截留率大于 90%。

国际上纳滤法的研究始于 20 世纪 70 年代,80 年代中期开始商品化。纳滤法运行压差为 1 MPa~10 MPa,污染物去除机理是溶剂的扩散传递,该工艺主要用于水的软化,也可以去除分子量大于 200 的有机分子。

4. 反渗透法

反渗透法(RO)是一种借助压力促使水分子反向渗透,以浓缩溶液或废水的方法。

如果将纯水和盐水用半透膜隔开,此半透膜只有水分子能够透过而其他溶质不能透过,则水分子将透过半透膜进入溶液(盐水),溶液浓度逐渐降低,液面则不断上升,直到某一定值为止,这种现象叫渗透现象,高出于水面的水柱高度(决定于盐水的浓度)是由于溶液的渗透压所致。可以理解,如果向溶液的一侧施加压力,并且超过它的渗透压,则溶液中的水就会透过半透膜,流向纯水一侧,而溶质被截留在溶液一侧,这种方法就是反渗透法。

1953 年美国佛罗里达大学的 Reid 等人最早提出反渗透海水淡化,1960 年美国加利福尼亚大学发明了第一代高性能的非对称性醋酸纤维素膜,反渗透首次用于海水及苦咸水淡化,1965 年美国加利福尼亚大学制造出用于苦咸水淡化的管式反渗透装置,1970 年开发成功高效芳香聚酰胺中空纤维反渗透膜,使 RO 膜性能进一步提高,20 世纪 90 年代出现低压反渗透复合,为第三代 RO 膜,膜性能大幅度提高,为 RO 技术发展开辟了广阔的前景。

近年来,由于反渗透膜材料和制造技术的发展以及新型装置的不断开发和运行经验的积累,反渗透技术的发展非常迅速,已广泛用于水的淡化、除盐和制取纯水等,还能用以去除水中的细菌和病毒。但反渗透法所需的压力较高,工作压力要比渗透压力大几十倍。即使是改进的复合膜,正常工作压力也需 1.5 MPa 左右。同时,为了保证反渗透装置的正常运行和延长膜的寿命,在反渗透装置前必须有充分的预处理装置。

四、水的生物处理技术

水的生物处理是利用微生物的新陈代谢作用对水进行净化的处理方法。根据微生物代谢过程中的生化环境,生物水处理工艺可以分为好氧、缺氧和厌氧生物处理;根据生物反应器构型,生物处理又可分为悬浮型和附着型两类。水的生物处理工艺类型就是按反应器构型和生化环境的差别而划分的。

（一）好氧悬浮型生物处理工艺——活性污泥法

1. 活性污泥法的基本流程

活性污泥法是由曝气池、沉淀池、污泥回流和剩余污泥排除系统所组成（如图 3-1）。主要操作过程是：① 污水（与回流污泥一起）进入曝气池；② 通过曝气设备充氧、搅拌进行好氧生物代谢；③ 反应完成后，混合液进入沉淀池固液分离；④ 污泥回流保持污泥浓度，剩余污泥排放处理。

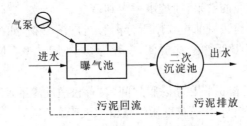

图 3-1　活性污泥法基本流程

回流污泥的目的是使曝气池内保持一定的悬浮固体浓度，也就是保持一定的微生物浓度。曝气池中的生化反应引起了微生物的增殖，增殖的微生物通常从沉淀池中排除，以维持活性污泥系统的稳定运行。这部分污泥叫剩余污泥。剩余污泥中含有大量的微生物，排放环境前应进行处理和最终处置。

活性污泥中的细菌是一个混合群体，常以菌胶团的形式存在，其性状是系统稳定运行的关键。污泥除了有氧化和分解有机物的能力外，还要有良好的凝聚和沉淀性能，以使活性污泥能从混合液中分离出来，得到澄清的出水。

活性污泥在废水中的沉降体积比可采用污泥沉降比（SV）测定，但 SV 不能确切表示污泥沉降性能，用单位干泥形成湿泥时的体积来表示污泥沉降性能，简称污泥指数（SVI），单位为 mL/g。该指数是判断活性污泥系统运行稳定性常用的判别标志。

2. 活性污泥降解污水中有机物的重要阶段

活性污泥法降解有机物的重要阶段，即吸附和稳定两个阶段。在吸附阶段，由于活性污泥具有巨大的表面积，而表面上含有多糖类的黏性物质，对废水中污染物有较强的吸附作用。在稳定阶段，主要是转移到活性污泥上的有机物为微生物所利用。当污水中的有机物处于悬浮状态和胶态时，吸附阶段很短，一般在 15~45 min 左右，而稳定阶段较长。

该降解规律的发现为之后活性污泥工艺的变型与改进提供了理论依据。

3. 活性污泥法曝气池的类型

曝气池实质上是一个反应器，设计池型和所需的反应器的水力特征密切相关，曝气池的基本类型分为推流式、完全混合式、序批式（SBR）和封闭环流式四种类型。

构成活性污泥法有三个基本要素，一是引起吸附和氧化分解作用的微生物，也就是活性污泥；二是废水中的有机物，它是处理对象，也是微生物的食料；三是溶解氧，没有充足的溶解氧，好氧微生物既不能生存也不能发挥氧化分解作用。

作为一个有效的处理工艺，必须使微生物、有机物和氧充分接触，活性污泥法在充氧的同时,也使混合液悬浮固体处于悬浮状态,因此不需要其他搅拌装置。

4. 活性污泥法的发展和演变

为提高传统的活性污泥法污水处理效率、适应水质变化、增强系统稳定性及满足实时需要,普通活性污泥法经不断的发展,已有多种运行方式(如表3-8)。

表3-8　活性污泥法演变及其原因

序号	原工艺	存在问题	演变工艺
1	推流式	抗毒性冲击性差	完全混合式
2		能耗高	渐减曝气、分段进水法、深井曝气法
3		负荷低	高负荷曝气法、吸附再生法、AB法、纯氧曝气法
4	传统活性污泥法	系统稳定性差	克劳斯法、投料活性污泥法
5		脱氮除磷效率低	SBR、氧化沟
6		难降解有机物去除率低	延时曝气法

（1）渐减曝气和分步曝气

在推流式的传统曝气池中,混合液的需氧量在长度方向是逐步下降的,因此等距离均量地布置扩散器是不合理的。即前半段氧远远不够,后半段供氧超过需要。渐减曝气的目的就是合理地布置扩散器,使布气沿程变化,而总的空气用量不变,这样可以提高处理效率。而分步曝气是把入流污水的一部分从池端引到池的中部分点进水,使同样的空气量,同样的池子,得到了较高的处理效率。

（2）完全混合法

为了根本上改善长条形池子中混合液不均匀的状态,在分步曝气的基础上,进一步大大增加进水点,同时相应增加回流污泥并使其在曝气池中迅速混合,它就是完全混合的概念。在完全混合法的曝气池中,池液中各个部分的微生物种类和数量基本相同,生活环境也基本相同;进水出现冲击负荷时,池液的组成变化也较小,因为骤然增加的负荷可被全池混合液所分担,而不是像推流中仅仅由部分回流污泥来承担。因而完全混合池不仅能缓和有机负荷的冲击,也减少有毒物质的影响,在工业污水的处理中有一定优点。

（3）浅层曝气

1953年,派斯维尔(Pasveer)发现了气泡形成和破裂瞬间的氧传递速率最大的特点。在水的浅层处用大量空气进行曝气,就可获得较高的氧传递速率。该工艺反应器中扩散器的深度放置在水面以下 0.6~0.8 m 范围为宜,此时与常规深度的曝气池相比,可以节省动力费用。此外,由于风压减小,风量增加,可以用一般的离心鼓风机。

浅层曝气与一般曝气相比,空气量是增大的,但风压仅为一般曝气的1/3~1/4,故电耗并不增加而略有下降。浅层池适用于中小型规模的污水厂,但由于布气系统进行维修上的困难,没有得到推广应用。

（4）深层曝气

曝气池的经济深度是按基建费和运行费用来决定的。根据长期的经验,并经过多方面的技术经济比较,经济深度一般为 4~5 m。但随着城市的发展,普遍感到用地紧张,为了节约用地,从 20 世纪 60 年代开始,研究发展了深层曝气法。

一般深层曝气池水深可达 $10\sim20$ m。70 年代以来,国外又发展了超深层曝气法,又称竖井或深井曝气,水深竟达 $150\sim300$ m,大大节省了用地面积。同时由于水深大幅度增加,可以促进氧传递速率,从而提高了曝气池处理污水的负荷。

在深井中可利用空气作为动力,促使液流循环。采用空气循环的方法是启动时先在上升管中比较浅的部位输入空气,使液流开始循环,待液流完全循环后,再在下降管中逐步供给空气。液流在下降管中与输入的空气一起,经过深井底部流入上升管中,并从井颈顶管排出,并释放部分空气。由于下降管和上升管的气液混合物存在着密度差,故促使液流保持不断循环。

国外已建成了几十个深井曝气处理厂,国内也正在开展研究。但是,当井壁腐蚀或受损时污水是否会通过井壁渗透,污染地下水,要认真对待。

(5) 高负荷曝气或变形曝气

有些污水厂只需要部分处理,因此产生了高负荷曝气法。曝气时间比较短,约为 $1.5\sim3$ h,微生物处于生长旺盛期,但处理效率仅约 65% 左右,有别于传统的活性污泥法,故常称变形曝气。

(6) 延时曝气

延时曝气在 20 世纪 40 年代末到 50 年代初在美国流行起来。特点是曝气时间很长,达24 h 甚至更长,MLSS 较高,达到 $3\,000\sim6\,000$ mg/L,活性污泥在时间和空间上部分处于内源呼吸状态,剩余污泥少而稳定,无需消化,可直接排放。近年来,国内用于高层建筑生活污水处理。对于不是 24h 连续来水的场合,常常不设沉淀池而采用间歇运行方式,也有曝气池和二沉池合建的。在处理难降解有机废水时,如焦化废水,常采用该工艺。

(7) 接触稳定法

该工艺也称为吸附再生法,利用生物降解吸附和稳定原理而发展起来的。第一阶段BOD_5 的下降是由于吸附作用造成的,完成了吸附作用后,回流污泥的曝气完成稳定作用(恢复活性)。

该工艺占地面积小。吸附池小,再生池接纳已经排除剩余污泥的回流污泥,且浓度较高,容积也较小;抗冲击负荷较好,污泥补充方便。悬浮固体浓度影响大,较高为好,对于含溶解性有机物较多的污水,不适用该法。该工艺剩余污泥量较多增加,处理时间较短,限制了有机物降解及氨氮的硝化,处理效果较差。

(8) 氧化沟法

在 20 世纪 50 年代开发的氧化沟是延时曝气法的一种特殊形式,它的池体狭长,池深较浅,在沟槽中设有表面曝气装置。曝气装置的转动,推动沟内液体迅速流动,取得曝气和搅拌两个作用,沟中混合液流速约为 $0.3\sim0.6$ m/s,使活性污泥呈悬浮状态。

1954 年在荷兰建造的第一座氧化沟废水处理厂,目前发展迅速,欧洲有 $2\,000$ 个,北美有 $9\,000$ 个,亚洲有 $1\,000$ 个;处理水量不断在增加,过去一般在 $3\,000$ t/d,现在处理量在$100\,000$ t/d 以上的工艺已比较普遍。

氧化沟工艺主要包括 Carrousel 型氧化沟,即多沟串联系统;Orbal 型氧化沟,由多条同心圆或椭圆组成,多组沟道相对独立。20 世纪 80 年代初,美国开发了将二次沉淀池设置在氧化沟中的合建式氧化沟,即在沟内截出一个区段作为沉淀区,两侧设隔板,沉淀区底部设一排呈三角形的导流板,混合液的一部分从导流板间隙上升进入沉淀区,沉淀的污泥也通过导流板回流到氧化沟,出水由设于水面的集水管排出。因省去二沉池,故节省占地,更易于管理。

(9) 纯氧曝气

以纯氧代替空气,有利于氧的传质,提高生物处理的速度。纯氧曝气需要采用密闭的池子。曝气时间较短,约 $1.5\sim3.0\,h$,MLSS 较高,约 $4\,000\sim8\,000\,mg/L$。

纯氧曝气的缺点主要是纯氧发生器容易出现故障,装置复杂,运转管理较麻烦。水池顶部必须密闭不漏气,结构要求高,施工要特别小心。如果进水中混入大量易挥发的碳氢化合物,容易引起爆炸。同时生物代谢中生成的二氧化碳,将使气体中的二氧化碳分压上升,溶解于溶液中,会导致 pH 的下降,妨碍生物处理的正常运行,影响处理效率。因而要适时排气和进行 pH 的调节。

(10) 吸附-生物降解工艺(AB 法)

20 世纪 70 年代,德国亚深工业大学的 Boehnkg 教授提出了吸附-生物降解工艺,简称 AB 法。工艺分为 A、B 两段,A 段曝气池停留时间短,为 $30\sim60\,min$,以高负荷或超高负荷运行;B 段采用停留时间较长,为 $2\sim4\,h$,以低负荷运行。A、B 两段各自有独立的污泥回流系统,污泥互不相混。

该工艺处理效果稳定,具有抗冲击负荷、pH 变化的能力,在德国以及欧洲有广泛的应用。该工艺还可以根据经济实力进行分期建设。例如,可先建 A 级,以削减污水中的大量有机物,达到优于一级处理的效果,等条件成熟,再建 B 级以满足更高的处理要求。近年来,AB 法在我国的青岛海泊河污水处理厂、淄博污水处理厂等有应用。

(11) 序批式活性污泥法(SBR 法)

是早期充排式反应器(Fill-Draw)的一种改进,比连续流活性污泥法出现得更早,但由于当时运行管理条件限制而被连续流系统所取代。随着自动控制水平的提高,SBR 法又引起人们的重新重视,并对它进行了更加深入的研究与改进。

SBR 工艺的曝气池,在流态上属完全混合。SBR 工艺的基本操作流程由进水、反应、沉淀、出水和闲置五个基本过程组成,从污水流入到闲置结束构成一个周期,在每个周期里上述过程都是在一个设有曝气或搅拌装置的反应器内依次进行的。

SBR 工艺与连续流活性污泥工艺相比,具有工艺系统组成简单(不设二沉池)、耐冲击负荷、运行操作灵活及易自动化控制等优点;然而,该工艺处理效率较低,一般应用于中小型污水处理中,但可以通过改良,如 MSBR 工艺,应用于水量较大的场合。

(二) 好氧附着型生物处理——生物膜法

生物膜法是附着型生物处理法的统称,包括生物滤池、生物转盘、生物接触氧化、曝气生物滤池等工艺形式;其共同特点是微生物附着生长在滤料或填料表面,形成生物膜来降解流过的污水。

目前,所采用的生物膜工艺多数是好氧工艺,少数也有厌氧工艺。与活性污泥法对比,生物膜法具有丰富的生物相(细菌与真菌、原生动物和后生动物、藻类和滤池蝇等),微生物具有分层分布特点和污泥龄长等优点;其主要缺点是滤料材料、装卸投资较高,存在堵塞问题及传质性能较差等。为此,开发了一系列新型生物膜工艺。

1. 生物滤池

生物滤池是应用较早的生物膜工艺。1893 年英国 Corbett 在 Salford 创建了第一个具有喷嘴布水装置的生物滤池，其主要优点是出水水质好，对水质、水量变化的适应性较强。典型的生物滤池的构造由滤床、布水设备和排水系统组成。其中滤床是系统的关键。

滤床由滤料组成。滤料是微生物生长栖息的场所，理想的滤料应具备较大的比表面积、机械强度和低廉的价格等特性。早期主要以拳状碎石为滤料，此外，碎钢渣、焦炭等也可作为滤料，其粒径在 3~8 cm 左右。20 世纪 60 年代中期塑料工业发展起来以后，由于其密度较低，比表面积较大，可以提高滤床的高度，进而强化污水处理效果，塑料滤料开始被广泛采用。

低负荷生物滤池又称普通生物滤池，其优点是处理效果好，BOD_5 去除率可达 90% 以上，出水 BOD_5 可下降到 25 mg/L 以下，硝酸盐含量在 10 mg/L 左右，出水水质稳定；缺点是占地面积大，易于堵塞，灰蝇很多，影响环境卫生。

后来，人们通过采用新型滤料，革新流程，提出多种形式的高负荷生物滤池，使负荷率比普通生物滤池提高数倍，池子体积大大缩小。回流式生物滤池、塔式生物滤池属于这样类型的滤池。它们的运行比较灵活，可以通过调整负荷率和流程，得到不同的处理效率（65%~90%）。负荷率高时，有机物转化较不彻底，排出的生物膜容易腐化。

生物滤池的一个主要优点是运行简单，因此，适用于小城镇和边远地区。一般认为，它对入流水质水量变化的承受能力较强。生物滤池处理效率比活性污泥法略低，变化范围略大些。

2. 生物转盘法

生物转盘法是一种生物膜法处理设备，其去除废水中有机污染物的机理，与生物滤池基本相同，但构造形式与生物滤池很不相同。

生物转盘的主要组成部分有转动轴、转盘、废水处理槽和驱动装置等。

生物转盘的主体是垂直固定在水平轴上的一组圆形盘片和一个同它配合的半圆形水槽。微生物生长并形成一层生物膜附着在盘片表面，约 40%~45% 的盘面（转轴以下的部分）浸没在废水中，上半部敞露在大气中。工作时，废水流过水槽，电动机转动转盘，生物膜和大气与废水轮替接触，浸没时吸附废水中的有机物，敞露时吸收大气中的氧气。转盘的转动，带进空气，并引起水槽内废水紊动，使槽内废水的溶解氧均匀分布。当转盘上的生物膜失去活性时，脱落随同出水流至二次沉淀池。

驱动装置通常采用附有减速装置的电动机。根据具体情况，也可以采用水轮驱动或空气驱动。

生物转盘的主要优点是动力消耗低、抗冲击负荷能力强、无需回流污泥、管理运行方便；缺点是占地面积大、散发臭气，在寒冷的地区需作保温处理。

以往生物转盘主要用于水量较小的污水厂站，近年来的实践表明，生物转盘也可以用于日处理量 20 万吨以上的大型污水处理厂。生物转盘可用作完全处理、不完全处理和工业废水的预处理，按需要定。

在我国，生物转盘主要用于处理工业废水。在化学纤维、石油化工、印染、皮革和煤气发生站等行业的工业废水处理方面均得到应用，效果良好。

3. 生物接触氧化法

生物接触氧化法的处理构筑物是浸没曝气式生物滤池,也称生物接触氧化池。生物接触氧化池内设置填料,填料淹没在废水中,填料上长满生物膜,废水与生物膜接触过程中,水中的有机物被微生物吸附、氧化分解和转化为新的生物膜。从填料上脱落的生物膜,随水流到二沉池后被去除,废水得到净化。

在接触氧化池中,微生物所需要的氧气来自水中,而废水则自鼓入的空气不断补充失去溶解氧。空气是通过设在池底的穿孔布气管进入水流,当气泡上升时向废水供应氧气,有时并借以回流池水。

近年来国内外都进行纤维状填料的研究,纤维状填料是用尼龙、维纶、腈纶、涤纶等化学纤维编结成束,呈绳状连接。为安装检修方便,填料常以料框组装,带框放入池中。当需要清洗检修时,可逐框轮替取出,池子无需停止工作。

4. 生物流化床

生物流化床处理技术是借助流体(液体、气体)使表面生长着微生物的固体颗粒(生物颗粒)呈流态化,同时进行去除和降解有机污染物的生物膜法处理技术。它是 20 世纪 70 年代开始应用于污水处理的一种高效的生物处理工艺。

生物流化床的主要优点如下:

(1) 容积负荷高,抗冲击负荷能力强

由于生物流化床是采用小粒径固体颗粒作为载体,且载体在床内呈流化状态,因此其每单位体积表面积比其他生物膜法大很多。这就使其单位床体的生物量很高($10 \sim 14$ g/L),加上传质速度快,废水一进入床内,很快地被混合和稀释,因此生物流化床的抗冲击负荷能力较强,容积负荷也较其他生物处理法高。

(2) 微生物活性强

由于生物颗粒在床体内不断相互碰撞和摩擦,其生物膜厚度较薄,一般在 0.2 μm 以下,且较均匀。据研究,对于同类废水,在相同处理条件下,其生物膜的呼吸率约为活性污泥的 2 倍,可见其反应速率快,微生物的活性较强。这也是生物流化床负荷较高的原因之一。

(3) 传质效果好

由于载体颗粒在床体内处于剧烈运动状态,气-固-液界面不断更新,因此传质效果好,这有利于微生物对污染物的吸附和降解,加快了生化反应速率。

生物流化床的缺点是设备的磨损较固定床严重,载体颗粒在湍动过程中会被磨损变小。此外,设计时还存在着生产放大方面的问题,如防堵塞、曝气方法、进水配水系统的选用和生物颗粒流失等。上述问题的解决,有可能使生物流化床获得较广泛的工业性应用。

(三)污水的厌氧生物处理

废水厌氧生物处理是环境工程与能源工程中的一项重要技术,是有机废水、剩余污泥强有力的处理方法之一。

工艺开发早期多用于城市污水处理厂的污泥、有机废料以及部分高浓度有机废水的处理。目前厌氧生化法以其独到之处,也用于或联合用于处理中、低浓度有机废水,包括城市污水。

1. 厌氧生物处理的基本原理及其影响因素

废水厌氧处理指在无分子氧条件下,通过厌氧微生物(包括兼氧微生物)的作用,将废水中的各种复杂有机物分解转化成甲烷和二氧化碳等物质的过程。

早期厌氧处理面对的是固态有机物,所以也称为厌氧消化。

厌氧生物处理是一个复杂的微生物化学过程,依靠三大主要类群的细菌,即水解产酸细菌、产氢产乙酸细菌和产甲烷细菌的联合作用完成。1979 年,Bryant 研究表明,产甲烷菌不能利用除乙酸、H_2/CO_2 和甲醇等以外的有机酸和醇类。这些有机物必须经过产氢、产乙酸菌转化为乙酸等物质后,才能被产甲烷菌所利用。因此提出了厌氧消化的三阶段理论:第一阶段:水解、发酵阶段;第二阶段:产氢、产乙酸阶段;第三阶段:产甲烷阶段。

影响厌氧消化的因素很多,包括微生物量(污泥浓度)、营养比、混合接触状况(搅拌)、有机负荷等;还有环境因素,如温度、pH、氧化还原电位、有毒物质等。产酸和产甲烷两阶段的微生物对环境条件的要求差异也很大,其中产甲烷细菌是决定厌氧消化效率和成败的主要微生物,产甲烷阶段是厌氧过程速率的限制步骤,各项影响因素也以此为准。

产酸细菌适宜的 pH 范围较广,在 4.5～8.0 之间,而产甲烷菌要求环境介质 pH 在中性附近,最适宜 pH 为 6.8～7.2 之间。温度对厌氧消化速度影响很大,一般厌氧消化需要加温。厌氧污泥增殖生长速率慢,对环境条件变化敏感,需要较长的污泥龄才能获得稳定的处理效果,这样,一般厌氧废水处理系统启动慢,但同时剩余污泥量也少。微生物的酶促反应,必须充分混合;由于没有曝气,所以厌氧消化必须外加搅拌系统,采用水流、机械、生物消化气搅拌方法;但不能强烈搅拌,影响处理效果。相对于好氧生物处理,厌氧消化抗毒性物质冲击能力差,许多有毒物质均对厌氧消化产生较大的影响,如有毒有机物、重金属离子和一些阴离子,甚至 Na^+ 等,对厌氧菌往往具有抑制性。有毒物质的最高容许浓度与处理系统的运行方式、污泥驯化程度、废水特性、操作控制条件等因素有关。

基质的组成也直接影响厌氧处理的效率和微生物的增长,但与好氧法相比,对废水中N、P的含量要求低。有资料报道,只要达到 COD:N:P＝800:5:1 即足够。

与好氧法相比,厌氧法的降解较不彻底,放出热量少,反应速度低(与好氧法相比,在相同条件,要相差一个数量级)。要克服这些缺点,最主要的方法应是增加参加反应的微生物数量(浓度)和提高反应时的温度。但要提高反应温度,就要消耗能量(而水的比热又很大)。因此,厌氧生物处理法目前还主要用于污泥的消化、高浓度有机废水和温度较高的有机工业废水的处理。

2. 污水的厌氧生物处理工艺

最早的厌氧生物处理构筑物是化粪池,近年开发的有厌氧生物滤池、厌氧接触法,上流式厌氧污泥床反应器、分段消化法等。

化粪池用于处理来自厕所的粪便污水。曾广泛用于不设污水厂的合流制排水系统。尚可用于郊区的别墅式建筑。

厌氧生物滤池是密封的水池,池内放置填料,污水从池底进入,从池顶排出。微生物附着生长在滤料上。滤料可采用拳状石质滤料,如碎石、卵石等,粒径在 40 mm 左右,也可使用塑料填料。塑料填料具有较高的空隙率,重量也轻,但价格较贵。

悬浮物较高的有机废水,可以采用厌氧接触法。废水先进入混合接触池(消化池)与回流的厌氧污泥相混合,然后经真空脱气器而流入沉淀池。接触池中的污泥浓度要求很高,在12 000~15 000 mg/L 左右,因此污泥回流量很大,一般是废水流量的 2~3 倍。

上流式厌氧污泥床反应器(UASB)是由荷兰的 Lettinga 教授等在 1972 年研制,于 1977 年开发的。废水自下而上地通过厌氧污泥床反应器。在反应器的底部有一个高浓度(可达 60~80 g/L)、高活性的污泥层,大部分的有机物在这里被转化为 CH_4 和 CO_2。由于气态产物(消化气)的搅动和气泡黏附污泥,在污泥层之上形成一个污泥悬浮层。反应器的上部设有三相分离器,完成气、液、固三相上流式厌氧污泥床反应器的分离。被分离的消化气从上部导出,被分离的污泥则自动滑落到悬浮污泥层。出水则从澄清区流出。由于在反应器内保留了大量厌氧污泥,使反应器的负荷能力很大。对一般的高浓度有机废水,当水温在 30℃左右时,负荷率可达 $10~20 kg(COD)/m^3 \cdot d$。

根据消化可分阶段进行的事实,研究开发了两相厌氧工艺。该工艺将水解酸化过程和甲烷化过程分开在两个反应器内进行,以使两类微生物都能在各自的最适条件下生长繁殖。第一段的功能是:水解和液化固态有机物为有机酸;缓冲和稀释负荷冲击与有害物质,并截留难降解的固态物质。第二段的功能是:保持严格的厌氧条件和 pH,以利于甲烷菌的生长;降解、稳定有机物,产生含甲烷较多的消化气,并截留悬浮固体,以改善出水水质。

(四)厌氧和好氧技术的联合运用

近年,水处理工作者打破传统,联合好氧和厌氧技术以处理废水,取得了很突出的效果。有些废水,含有很多复杂的有机物,对于好氧生物处理而言是属于难生物降解或不能降解的,但这些有机物往往可以通过厌氧菌分解为较小分子的有机物,而那些较小分子的有机物可以通过好氧菌进一步降解。

采用缺氧与好氧工艺相结合的流程,可以达到生物脱氮的目的(A/O 法)。在生产实践中,发现有些采用 A/O 法的污水厂同时有脱磷效果,于是,各种联合运用厌氧-缺氧-好氧反应器的研究广泛开展,出现了厌氧-缺氧-好氧法(A/A/O 法)和缺氧-厌氧-好氧法(倒置 A/A/O 法),可以在去除 BOD、COD 的同时,达到脱氮、除磷的效果。

A/O、A/A/O 工艺的优点均是通过改变微生物的生化环境而实现的,主要从两方面强化传统活性污泥工艺的处理效果:首先,由于系统中有缺氧反硝化单元,可以达到脱氮除磷的目的;第二,充分发挥厌氧或缺氧和好氧微生物对有机物各自不同的降解优势,强化总体 COD 去除效果。

A/O 和 A/A/O 工艺在废水有机物去除方面最显著的特点是水解池取代了传统的初沉池,提高了有机物在该工艺段的去除率,更重要的是经过水解处理,废水中的有机物不但在数量上发生了很大的变化,而且在理化性质上也发生了变化,使废水更适宜后续好氧处理。目前,该工艺已广泛应用于城市生活污水处理中,在煤气焦化等工业废水处理中也进行了较多的实验研究。

近年来,由于新型纺织纤维的开发和各种新型染料和助剂的应用,纺织印染厂的工业废水变得很难用传统的好氧生物法处理了。中国纺织设计研究院等研究、开发的厌氧-好氧联用工艺,为难于生物降解的纺织印染废水处理提供了成功的经验。

第四节 突发性水污染事件的监测与应急处理

一、突发性水污染事件案例

突发性水质污染事件是威胁人类健康、破坏生态环境的重要因素。如何有效地预防、减少以至于消除突发性水污染事故的发生,以及突发性水污染事故发生后的应急处理,最大限度地减小对环境和人身的危害,已成为目前国内外极为关注的问题之一。

近几年来突发性水污染事件频繁发生。2004年四川某化肥厂氨氮严重超标的污染物排放污染沱江,导致内江80万人20余日不能饮用自来水。

2005年11月13日,中石油吉林石化分公司双苯厂苯胺装置发生爆炸。爆炸产生的浓烟影响了双苯厂周边的大气环境,同时约100吨苯和硝基苯类物质从双苯厂东十号线入水口流入松花江,对江水水质及其生态系统造成严重的污染,特别是对下游的供水及人们的生活影响巨大,直接威胁着人们的健康。该事件引起全国乃至国际上的广泛关注。11月21日,哈尔滨市政府向社会发布停水4天的公告,并积极召集相关单位及专家,实施全天候水质检测,研究应对措施。同年12月,广东韶关冶炼厂向北江违法排放含镉废水,形成几十千米的污染带,造成韶关、英德等市的水源污染,严重威胁下游广州、佛山等地的水源,给下游居民生活、工业和农业生产造成严重影响。

自松花江重大水污染事件之后,全国又发生水污染事件300起左右,其中半数以上都涉及饮用水安全。据原国家环保总局通报,仅2006年1月至2006年5月15日,国家环保部门共接到各类突发环境事件49起,突发性环境污染事件涉及22个省、自治区和直辖市。其中,按照污染状况大小分,重大事件4起,较大的13起,一般的32起;按污染的诱发原因分,由安全生产事故引发的环境事件22起,由企业违法排污造成的突发环境事件12起,由交通事故引发的突发环境事件11起,第三者责任引发的环境事件和气象条件改变引发的环境事件4起。这些事件严重威胁着广大居民的生命健康和环境安全。

2007年5月太湖蓝藻水华集中暴发,有机体腐败产生二甲基三硫为主的致嗅物质,导致无锡市部分地区持续6天自来水发臭而无法饮用,引起了太湖流域各地政府对湖泊蓝藻水华问题的高度关注和公众"谈藻色变"的恐慌心理。

2008年10月3日,广西某市某城区一村屯部分村民出现颜面、眼睑浮肿,同时伴有恶心、呕吐、视物模糊等症状,村民随后陆续到当地卫生部门就诊。接到情况汇报后,该市市委、市政府和城区区委、区政府组织环保、卫生等部门人员迅速赶赴现场调查、处置,并请来专家进行会诊和救治。经专家组会诊后认为,村民出现中毒症状与村民饮用砷含量超标的水有关,初步判断为砷中毒。经过调查,认定为是附近一家冶金化工企业(该企业为国有企业,产品为:铅锭、锑锭、高铅锑锭、银锭、粗铜、粗铋、黄丹等,综合生产能力达15 000 t/年)的含砷废水溢出,外泄进入周边村屯水塘,并污染到地下水。经环境监测部门检验,水源水、末梢水检出砷含量分别超标50多倍和60多倍。

此次集体砷中毒事故涉及2个村庄,最终认定有四百余名村民患病,病人均处于一个临界的状态,已有砷吸收,而且有尿砷超标的表现,有的超标100多倍,出现了一定的砷中毒临床表现。政府一方面制定紧急救治方案,做好中毒筛查工作。另一方面及时地对患病村民进行了免费的干预治疗。

2009 年 2 月 20 日,江苏省盐城市主取水口因上游私营化工企业偷排,受到酚类化合物的污染,导致主城区大范围停水,至少有 20 多万市民生活受到影响。

2010 年 7 月 3 日,福建紫金山铜矿选矿厂发生泄漏事故,使汀江部分水域遭受严重的重金属污染,影响供水。10 月 21 日,中金岭南韶关冶炼厂违法排污,致使北江中上游段出现有毒重金属铊污染,造成严重的水污染事件。

二、突发性水污染事件的概念与特征

综合上述事件可以看出,突发性水污染事件是由于偶然原因使有毒有害污染物短期大量排入水体而造成的污染事件;也包括污染物长期排放累积后,在某种条件下突然爆发产生严重水污染后果。突发性水污染事件的主要特点是:

(1) 发生的突然性

一般的环境污染是在常规的生产、生活条件下的定量排污,有其固定的排污方式和排污途径,并在一定时间内有一定规律地排放污染物质;而突发性水质污染事故则不同,是由于突发事件引起的,没有预料到且来势凶猛,有着很大的偶然性和瞬时性。

(2) 危害的严重性

一般的水质污染多产生于生产过程之中,在短时内的排污量小,其危害性相对较小,对人们的正常生活和生产秩序短期内不会造成严重影响;而突发性水质污染事件,则是短时期内大量泄漏、排放有毒及有害物质,如果事先没有采取防范措施,往往难以控制。因此其破坏性强、危害面大,会严重影响一定区域内人群的正常生活、生产秩序,甚至造成人员伤亡、国家财产的巨大损失及社会的动乱。

(3) 事件发生的多样性

包括事件发生的时间、地点及污染物种类和数量等不确定因素。这些不确定因素对事件的应急处理提出了挑战。在时间上具有突然性;在地点上,事件可能发生在生产过程中的各个环节,如有毒化学品,在生产运输、贮存、使用和处置等过程中均有可能引发污染事故。在污染物种类上,就目前事件发生情况,按污染物性质可分为有毒化学品污染、农药污染、溢油污染、病毒及病原微生物污染及放射性污染等多种事故类型,涉及众多行业与领域;就某一事故而言,所含的污染物数量等因素也比较多,其表现形式也是多样化的。

(4) 处理处置的艰巨性

突发性水质污染事故处理涉及的因素较多,况且由于事发突然、危害强度大,必须得到及时和有效的处理。首先对监测预警、应急救援提出了很高的要求,及时掌握污染情况;其次要采取有效得当的措施,及时迅速地处理处置事故;而当污染事故得到控制以后,对水体环境和当地生态造成的破坏往往短时间内难以恢复,需要长期的整治。

三、控制突发性水污染事件政策措施

据国家环保部门调查,全国总投资近 1.02 万亿元的 7 555 个化工石化建设项目,81%布设在江河水域、人口密集区等环境敏感区域,45% 为重大风险源。此外,由于化学品运输中的车辆超限超载现象严重,运输事故时有发生,致使化学品泄漏,污染下游水源。这些都是突发性水污染事件发生的潜在诱因。自松花江事件之后,在平均每两天发生的一起环境突发事件中,70％是水污染事故。事实证明,水污染事故与公共危机往往只是一步之遥,水污染事故应急处置得不好,对公众健康、经济发展、社会稳定甚至是外交局势都会造成重大影响。

面对目前多发的重大突发性水污染事件,我国继 2003 年颁布《黄河重大水污染事件应急调查处理规定》、《山峡水库 135 米蓄水及运行期间重大水污染事件应急调查处理规定》等一系列部门规章和规范性文件,初步建立了黄河、长江流域突发水污染事件的应急机制。之后,2006 年 1 月 24 日国务院发布了《国家突发环境事件应急预案》,要求各地建立预警预测系统,健全突发环境事件应急机制。2007 年 8 月,全国人大会议通过了《中华人民共和国突发事件应对法》,使我国对突发事件的预防、应急与救援活动有了法律依据。

2008 年《水污染防治法》修订专门设定了“水污染事故处置”一章,将水污染事故的应急处置上升到了国家法律的高度。修订后的《水污染防治法》一是完善了水污染事故报告制度,规定企事业单位造成或者可能造成水污染事故的,应当立即向事故发生地的县级以上地方政府或者环境保护主管部门报告;有关地方政府及其环境保护主管部门要按规定上报事故,通告可能受到危害的毗邻或相关地方政府和单位。造成渔业污染事故或者渔业船舶造成水污染事故的,要向事故发生的海事管理机构报告。二是明确了应急演练制度,规定对可能发生水污染事故的企事业单位,应当制定有关水污染事故的应急方案,做好应急准备,并定期进行演练。同时,还规定了生产、储存危险化学品的企事业单位,应当采取措施,防止在处理安全生产事故过程中产生的可能严重污染水体的废水、废液直接排入水体,防止措施不当引发新的污染,减少水污染事故对环境造成的危害。比较而言,《环境保护法》第三十一条规定:“因发生事故或者其他突然性事件,造成或者可能造成污染事故的单位,必须立即采取措施处理,及时通报可能受到污染危害的单位和居民,并向当地环境保护行政主管部门和有关部门报告,接受调查处理。可能发生重大污染事故的企业事业单位,应当采取措施,加强防范。”第三十二条规定:“县级以上地方人民政府环境保护行政主管部门,在环境受到严重污染威胁居民生命财产安全时,必须立即向当地人民政府报告,由人民政府采取有效措施,解除或者减轻危害。”第三十三规定:“生产、储存、运输、销售、使用有毒化学物品和含有放射性物质的物品,必须遵守国家有关规定,防止污染环境。”以上几条都涉及对环境污染事故的预防和处理,但存在的明显缺陷是可操作性差,以预防为主的理念并不突出。因此,《水污染防治法》对水污染事故处置的上述两项规定对《环境保护法》的修订具有很好的启示作用。后者的修改应进一步明晰环境污染的报告制度,对报告主体、程序、时间以及法律后果的承担等内容进行细化和补充。在《环境保护法》中应明确规定应急演练制度,并将这一制度认真落实,使“预防为主”的环境法原则得到最大体现。

我国目前与城市供水相关的水质标准有 4 个,这些水质标准中规定的项目共计约有 150 个,其中应急项目有 123 个,可分为有机污染物、无机和金属污染物、微生物、放射性污染物四大类。

四、典型突发性污染事件与应急处理

城市水源或供水设施遭受突发水污染的类型主要有:有毒有机物、重金属、致病原微生物、油污及放射性物质等污染。

（一）突发性重金属污染与应急处理

重金属是常见的突发性水污染事件的潜在污染物。采矿、冶炼、电解、电镀、农药、医药、油漆、染料等行业排放的工业废气、废渣、废水都会带来环境的重金属污染。20世纪发生在日本的水俣湾汞污染事件，2005年12月广东北江及2006年1月湖南湘江镉污染事件等都属于此类。

重金属在环境中不能被微生物降解为无害物质，对环境的危害是长远的。重金属能在活的有机体内富集，人体摄入受重金属污染过的食物和水都会导致体内重金属含量的升高。当体内重金属含量富集到一定程度后就会引发身体器官的病变，最终危害到人体的健康与生命。重金属污染事件的典型金属有铬、镉、铅、汞和铜等。

1. 铬

铬除了单质之外还有二价铬、三价铬和六价铬。单质铬的化学性质稳定。二价铬易被氧化，自然界中很少见，三价铬和六价铬是环境中常见的铬污染。

Cr(Ⅲ)较稳定，是生物体内最常见的铬的化学形态，也是人类生活所必需的微量元素，人体每天需要三价铬约 0.06～0.36 mg。六价铬具有很强的氧化性，常被用作氧化剂，可引发皮炎、过敏性哮喘、癌症等疾病，其毒性是远超于 Cr(Ⅲ)，被列为对人危害最大的六种物质之一，同时也是国际公认的三种致癌金属物质之一。《生活饮用水卫生标准》(GB 5749—2006)中规定六价铬的限值为 0.05 mg/L。

水环境中铬污染物的主要来源有冶金、电镀、染料、杀菌剂和制革等行业排放的"三废"。未经处理的电镀废液、制革废液含铬浓度可高达数百 mg/L，超过我国工业废水排放标准1 000 倍以上。

铬渣是铬盐生产行业排出的废渣，一般铬盐厂每生产一吨铬盐的铬渣产量为 0.5～3.0 吨。所以一般铬盐厂铬渣的产量都较大。20世纪中期日本最大的铬消费者——日本化学工业公司在东京周围及千叶县附近放置了约53万吨还未还原的含有六价铬的阳极泥及废弃物，在废弃物堆放地附近饮用水中发现铬含量超过了官方规定限值的2 000 倍，给当地居民带来严重的健康威胁，大量居民鼻隔膜穿孔甚至引发肺癌。截至2005 年，我国已累计生产铬盐 200 多万吨，产生铬渣 600 多万吨，仅有约 200 万吨铬渣得到处置，在长江重要支流嘉陵江边重庆主城区饮用水源地上游地面堆积有近 20 万吨铬渣，地下还封存了 9 万吨铬渣，加上总量超过 100 万吨被铬渣污染的土壤，共同堆积，直接威胁三峡库区水。

目前，含铬废水的主要治理技术包括还原法、化学沉淀法、离子交换法、膜分离法及吸附法等。离子交换法是重金属废水处理的传统方法，一般认为该技术在处理重金属废水时，存在再生浓缩液处置难、树脂容易被有机物污染、交换选择性差及交换过程受 pH 影响大等问题，限制了该技术的应用。然而，在某些条件下，上述问题还是可以克服的。

【**工程实例**】　四川某减震器集团有限公司是定点生产减震器的专业企业，已形成年产2 000 万台摩托车减震器和 20 万台(套)汽(轿)车减震器的生产能力。该企业电镀生产过程中产生废水种类较多，其中包括轻污染的镀件上架冲洗水和下架前的冷水冲洗水、热水冲洗水产生的含油废水、酸洗产生的酸性废水、含镍的漂洗水和含铬的漂洗水，针对不同水质的废水，设计采用不同的处理工艺。工程主要针对其中的含铬漂洗水进行处理。

含铬废水设计流量300 t/d，废水中铬酸根离子的浓度在 60～100 mg/L 范围内，pH 在

5～7 范围内；另外还有铁、铜、锌、锰等阳离子及少量有机物。企业要求将漂洗水和铬酸回用于生产线上。

该工程设计范围从废水收集口起，合格出水口止，包括回收系统的管道工程、设备及安装工程、电气工程等。主要设计项目包括处理方法的选择、处理工艺流程的制定、设备的配置选型及处理站内各处理设施、设备管道的安装。

含铬漂洗废水首先进行预处理，即砂滤、锰砂滤、炭滤和精密过滤，分别去除废水中的固体颗粒物、铁、锰杂质及有机污染物，为后续离子交换工艺的顺利运行提供基础。预处理后漂洗水经过阳树脂床处理，离子交换废水中阳离子杂质；再经过阴树脂床处理，交换废水中的铬酸根离子；之后去除水中残留固体颗粒物，回用于生产线上。

本工程每年总运行费用为 514 961 元，总处理成本 5.73 元/吨；相对于该企业原采用的化学沉淀法废水处理成本(4.25 元/吨)有所升高，总运行成本提高了 132 461 元/年。然而，该工程回收的铬酸价值为 216 000 元/年，同时由此节约了含铬污泥的处理处置费用 225 000 元/年，废水回用节约排污费 315 000 元/年，节约自来水费用 135 000 元/年，企业经系统改造实际效益为 758 539 元/年。

2. 镉

水环境中镉污染的主要来源有采矿、冶炼、电镀、玻璃、陶瓷、制药、化纤、颜料化工等行业排出的废水。

镉与汞、铅、铬、砷及它们的化合物被称为"五毒"。镉类化合物具有较大脂溶性、生物富集性和毒性，并能在动物、植物和水生生物体内蓄积。《生活饮用水卫生标准》(GB 5749—2006)中规定镉的限值为 0.005 mg/L。

目前，对于镉污染事件的应急处理方法有稀释、化学沉淀法和吸附法等。

2005 年 12 月 18 日，监测发现北江韶关下游河段河水镉含量严重超标。政府分三阶段治理方式：第一阶段，利用北江上游水库截污调度阶段；第二阶段，利用北江上游水库放水稀释污水阶段；第三阶段，利用药物吸附沉积除镉，从电站进水口投入除镉吸附药物氧化铁和氧化铝，通过过机水流让药物与水体混合，加速镉的吸附沉积。23～29 日，从白石窑坝址投下除镉吸附药物 3 000 t，预计可以减少河水镉浓度 10%～15%。投药除镉有一定的效果，飞来峡水库水中的铁含量又随着增高。

北江上游七大水库联合应急调水方案基本合理，已建水利水电工程为应急调水发挥了重要作用，但是，实际可调水量还是很有限，调水后降低了库水位，水库发电效益受到明显影响。事故处理动用了七大水库清水 4.97 亿 m³，大约等于孟洲坝水库库容即污染水团的 9 倍，付出的代价也是巨大的。

3. 铅

铅是一种对人体没有任何生理功用而且有毒的重金属元素。铅可对人体神经系统、血液和血管有毒害作用，并对血红合成的酶促过程有抑制作用。早期症状为细胞病变，引起慢性中毒后，出现贫血、高血压、生殖能力和智力减退(特别是儿童脑机能减退)等症状。《生活饮用水卫生标准》(GB 5749—2006)中规定生活饮用水中铅浓度的限值是 0.01 mg/L。

目前工业中处理含铅废水的方法主要有化学沉淀法、离子交换法、膜分离法、吸附法和电解法。

由于植物修复具有物理、化学修复方法无法比拟的高效廉价、不造成二次污染，易为社会所接受,逐渐应用于铅污染治理领域。植物修复的核心问题是超累积植物的发现、改造和应用。目前国内对铅污染的研究主要是土壤中的铅污染修复方面的研究,重点是从自然界筛选铅累积量较高的植物。目前发现土荆芥体内含铅量可达 3 888 mg/kg,铁芒萁植物可达 490.9 mg/kg,另有研究鲁白和芥菜均能累积较高浓度的铅。

4. 汞

汞的化学形态从总体上可以为有机态和无机态。无机态汞主要有金属汞(Hg)、硫化汞(HgS)、氯化亚汞($HgCl$)、氯化汞($HgCl_2$)、氧化汞(HgO)等。有机态汞主要有三种形式,即苯基汞(如乙酸苯基汞或 MA)、甲氧基汞(如乙酸甲氧基汞)、烷基汞(如乙酸甲基汞)。

汞是重要的化工原料,可被用作生产电池、防污油漆和防霉油漆;汞也可用于电器设备如霓虹灯、弧形整流管、功率控制关、振荡器、荧光灯等,很多测量和控制仪器如温度计、压力计、扩散泵也使用汞,汞也在如氯碱行业、聚氯乙烯(PVC)、乙酸纤维等制造过程用作催化剂。

大气中的汞污染有 1/3 来自煤炭燃烧,另外还有火山喷发和垃圾燃烧等。水体中汞主要来源于大气沉降和工业废水的排放。

汞的毒性取决于其化学形态。有机汞毒性较强,如甲基汞的摄入将会引发对中枢神经的严重破坏,导致平衡失调和精神失调,同时还可引起一些器官组织如肝脏、肾、胰腺的损伤,这种破坏具有持久性;无机汞对肠道也具有腐蚀性,对肝和肾具有严重的破坏作用。汞污染最典型的例子是日本的水俣病。

含汞废水的处理主要采用化学沉淀和物理吸附的方法。采用的化学沉淀剂多为硫化钠。此外,电解法、离子交换法、金属还原法也用于处理含汞废水。吸附法虽可用于突发性汞污染应急处理,但普通吸附剂(如粉末活性炭)存在与水中有机物吸附竞争及用量过大的缺点,而高效吸附剂则费用高且来源少。化学沉淀法使用方便,沉淀剂(碱、硫化物等)较易获得,与后续混凝工艺结合比较适合应急除汞。

5. 铜

铜污染主要来源于铜矿的开采、冶炼、加工、电镀、印刷、电子、木材防腐、油漆和颜料等行业。

铜是人体所必需的微量元素,但人体过量摄取铜会导致身体的病变。铜可以影响水色、嗅、味等性状。皮肤与铜接触时,可引发皮炎和湿疹,呼吸进入人体内的铜粉容导致急性中毒。《生活饮用水卫生标准》(GB 5749—2006)中规定铜离子的限值为 1.0 mg/L。

含铜废水处理技术与铜的存在状态关系密切。游离的铜离子可采用化学沉淀法处理,而络合形式的铜,化学沉淀法效果较差,一般采用化学氧化-化学沉淀联合工艺、铁共沉淀法等。此外,还有离子交换法、置换法、电解法及膜处理法应用于含铜废水处理中。

(二) 突发性有毒化学品污染与应急处理

有毒化学品,如氰化物、农药、砒霜、苯酚等,种类繁多、性质各异。经常由于贮运不当或翻车、翻船造成贮罐泄漏而引发水质污染事故。事故发生后,需要对事故的特征给予表征,如化学品的释放量、形态及浓度、向环境扩散的速率、降解速率、污染的区域、有无叠加作用,以及化学品的特点,如毒性、挥发性和残留性等,之后采取措施进行应急处理。

1. 氰化物

氰化物是剧毒物质,其污染事故常发生在电镀、炼金、煤气、焦化、制革、有机玻璃、苯、甲苯、二甲苯、照相及农药等的生产及储运过程中。

氰化物污染事故的现场应急监测方法主要有试纸法、速测管法、分光光度法和离子选样电极法。

对泄漏氰化物处理必须戴好防毒面具与手套,加入过量 NaClO 或漂白粉,放置 24 h,确认氰化物全部分解,稀释后排入废水处理系统。

氰化物废水在酸性条件下,要释放有毒的氢氰酸气体,容易发生呼吸中毒事件。应将气体送至通风橱或将气体导入碳酸钠溶液中,采用 NaClO 进行氧化处理。

2. 农药

农药属于有毒化学品,在其生产、贮运和应用等多个环节都潜藏着对人类生活及生态环境的污染危害,农药污染事故在全球范围内都时有发生。

农药对水源的污染事故主要是指在农药生产和贮运过程中因农药溢漏、包装破损或生产事故,以及在农药使用过程中通过径流或淋溶作用等方式,污染地表水源或地下水源的污染事故。

对于农药污染事故,一般情况下根据现场调查及事故起因即能确认污染物类型,应用相应的测试技术可进一步确定污染物。在实验室对于农药的分析测试基本采用色谱及色-质联机技术,包括紫外光谱法、气相色谱法、高效液相色谱法、气相色谱-质谱联用技术。

由于农药污染事故的突发性往往会使人惊慌失措,因此对于现场应急处理人员,首先要头脑冷静,注意自我保护,并能根据现场情况迅速做出判断,尽快实施处理措施。

农药对水源水污染的危害是较难以消除的,尤其是地下水遭受农药污染造成的危害。污染事故发生时,应立即采样分析,弄清污染农药的类型,尽快查清造成污染的原因、确定农药污染区域,并清除污染源。及时通知有关部门及居民在此期间禁止使用受污染的水源。有条件的情况下,使用吸附过滤等净水设备以缓解用水紧张的矛盾。但处理过的水是否已经去除污染物,须经环保部门或卫生防疫部门对水质监测后方能使用。在遭受农药污染的水域设置水质监测点,以及时了解水质变化趋势。

(三)突发性溢油污染应急处理

在石油勘探、开发、炼制及储运过程中,由于意外事故或操作失误,造成原油或油品从作业现场或储器里外泄,污染水质。由于溢出的物质类别、密度不同,所形成的油膜厚度也不完全相同,轻质油扩散面积大,形成的油膜较薄;而重质油形成的油膜较厚,厚度可达数厘米。陆地上发生溢油,油的扩散还会受到一些阻碍,溢油危害仅局限在局部区域上。如果发生在水面上,则扩散极为迅速,往往造成大面积水域污染。

溢油污染的应急监测手段包括现场红外法及实验室气相色谱法(GC)、色-质联机(GC-MS)等方法。

溢油污染的处理处置首先要从切断污染源做起,减少环境中的溢油量;对于溢出油的处理方法选择,需要考虑多种因素,如溢出油品的种类和数量、水流情况、气候变化、所具备的防护装备、重点保护的水生生物等,以及溢油地点离水源地、渔场、野生生物栖息地等重点水域的距离。常用的处理方法包括围油栏法、撇油器、吸附法、凝固法及燃烧法等。

燃烧法是根据溢油自身特性所采用的一种方法,一般使用点火器或油芯助燃。在条件合适的情况下,就地燃烧是能迅速消除大面积油污的一种应急方法。

(四)突发性病原微生物污染应急处理

环境中的病原微生物一般来自人与动物的排泄物,特别是粪便,这些微生物包括细菌、病毒、寄生虫。

我国农村地区的生活污水通常不经过集中处理,有些地区的家禽家畜还实行放养,病原微生物出现的可能性更大。病原微生物进入环境中后,相当一部分病原微生物在相当长的时间里保持传染性。

在对病原微生物的监测中,通常用饮用水微生物污染指示菌来代替种类繁多的病原微生物,常用的指示菌有以下几种:

(1)总大肠菌群和粪大肠菌群。目前认为,总大肠菌群和粪大肠菌群是较理想的水体受粪便污染的指示菌。我国《生活饮用水水质卫生规范》中规定,每100 mL饮用水水样中不得检出总大肠菌群和粪大肠菌群。检测方法可采用多管发酵法或滤膜法。

(2)细菌总数。细菌总数系指在37℃下,培养24 h能存活的所有细菌的总量。我国《生活饮用水水质卫生规范》中规定,生活饮用水中细菌总数不得超过100 CFU/mL。检测方法采用标准平皿计数法。

(3)粪链球菌群。它可作为粪便污染的指示菌,并可通过粪大肠菌群与粪链球菌群的比值来确定粪便污染是来自人类还是动物。

(4)肠道菌噬菌体。细菌噬菌体与人类肠道病毒相似,水中噬菌体可用来指示肠道病毒污染,并可用来指示水处理和地面水保护效果。

(5)其他指示生物。对于一些特殊病毒或病原体,如SARS病毒、禽流感病毒、炭疽病毒等,需要根据病毒特征,选定敏感的指示生物。

水中病原微生物的去除,不能仅依靠水处理过程和消毒,而应建立在多重屏障的基础上,这包括水源的保护,例如排入水源的生活污水、屠宰废水需进行有效处理后才能排放;牧场、各种养殖场产生的废水以及降雨径流的初期雨水都应该加以收集,集中处理,避免直接排入水体,污染水源。

传统处理工艺去除病原微生物及病毒的效率低,并且不稳定,管道的二次污染更加剧了供水点处病原微生物的污染。在目前不断发现新的病原微生物(如贾第鞭毛虫、军团菌、隐孢子囊虫等)情况下,人们不再像以前一样对加氯消毒等工艺抱有绝对信心。因此有必要进行深度处理来控制饮用水的污染,目前用来控制病原微生物污染的深度处理技术主要有化学氧化、膜处理等。

化学氧化包括臭氧、二氧化氯、双氧水、高锰酸钾氧化、光催化氧化以及紫外线与臭氧、双氧水组合高级氧化技术等。适量低剂量的氧化剂可以削减部分有机污染物、灭活水中的病原体、细菌和病毒,改善饮水的色、嗅、味等,还可起到一定的助凝作用。

膜技术是水处理领域近十年来重要的发展方向,反渗透膜、超滤膜、微滤膜和纳滤膜最初应用于工业用水、海水、苦咸水等的淡化和脱盐处理等,现在已经广泛地应用于去除水中的浊度、色度、嗅味、消毒副产物前体物、病原微生物、溶解性有机物等,随着膜处理工艺日渐成熟,其在未来饮用水处理中具有广泛的应用前景。

当地面水水源保护区内突发急性传染病疫情事件时,应按《传染病防治法》进行疫点封锁,对疫点的生活污水进行截流、分段消毒,及时将污染水体排往非饮用水源的河流,疫点的垃圾经集中消毒处理后清运到特种垃圾场进行处置。

(五) 突发性放射性污染的应急监测与处理

20 世纪 60 年代以来,世界各国建设了大量的核电站。世界发达海洋国家,尤其建设了越来越多的近海核电站。核电站在服务社会经济的同时,也大大增加了核辐射突发事件的发生概率,近海核电站的核泄漏事故,对海洋生态环境、海洋经济发展会造成严重影响,引发核辐射突发事件。

目前,我国正在大力发展近海核电站,随着核电站的增多,对辐射环境监测也提出了更为迫切的需求。开展近海核电站核辐射监测工作,在发生突发核辐射环境事故后迅速开展应急监测,及时掌握核辐射污染的程度和范围,对保护环境安全和公众健康具有十分重要的意义。

2011 年 3 月 11 日福岛核泄漏事故发生后,为了实时加密监测福岛第一核电站附近海域的海洋环境变化。日本海洋科技中心(JAMSTEC)于 3 月 31 日—4 月 9 日在福岛以东海域(37°N、141°E)靠近福岛第一核电站的一个弧形海域内,布放了 9 个剖面浮标,观测深度(100 m)之浅、观测周期(24 h),这 9 个浮标均为法国生产的 PROVOR 型浮标,该型浮标观测参数主要有温度、盐度和压力,用来实时加密监测福岛第一核电站附近海域的海洋环境变化。

我国的核电站主要分布在东部沿海地区。至今,已建成浙江秦山、广东大亚湾/岭澳和江苏田湾三大核电基地,在建的九个核电站分布于辽宁、山东、江苏、浙江、福建、海南等沿海省,未来计划建的有十几个。

我国近海海域——渤海、黄海、东海和南海布设的海水监测采样点有 16 个,见表 3-9。

表 3-9 中国海域采样点布设

海域	采样点编号	采样地点	海域	采样点编号	采样地点
渤海	N1	辽宁大连红沿河	东海	N9	浙江秦山核电基地
	N2	辽宁葫芦岛		N10	浙江舟山
	N3	天津渤海湾		N11	浙江温州
	N4	山东东营		N12	福建宁德
黄海	N5	山东青岛	南海	N13	广东大亚湾/岭澳核电基地
	N6	江苏田湾核电基地		N14	广西北海
东海	N7	上海东海		N15	海南文昌
	N8	上海金山		N16	海南儋州

全国辐射环境监测网对海水样品实验室分析项目有 U、Th、^{226}Ra、^{90}Sr 和^{137}Cs。

核电及其他核技术的发展必将产生越来越多的放射性废水。放射性废水进入环境后造成水和土壤污染并可能通过多种途径进入人体,对环境和人类造成危害。因此,世界各国高度重视放射性废水处理技术的发展和应用。

放射性废水处理传统方法包括絮凝沉淀法、化学沉淀法、离子交换法、吸附法和蒸发浓缩法等。另外还有磁性分子法、惰性固化法和零价铁渗滤反应墙技术。

生物处理法包括植物修复法和微生物法。植物修复是指利用绿色植物及其根际土著微生物共同作用以清除环境中的污染物的一种新的原位治理技术。从现有的研究成果看,适用于植物修复技术的低放核素主要有^{137}Cs、^{90}Sr、^{3}H、^{238}Pu、^{239}Pu、^{240}Pu、^{241}Pu及U的放射性核素。微生物治理低放射性废水是20世纪60年代开始研究的新工艺,用这种方法去除放射性废水中的铀国内外均有一定研究,但目前多处于试验研究阶段。

参考文献

[1] 杨志清. 21世纪水资源展望[J]. 水资源保护,2004,4:66—68.

[2] 吴少杰,苗利. 当前我国城市污水资源化存在的问题与对策[J]. 环境保护,2003,5:50—52.

[3] 许保玖. 给水处理理论[M]. 中国建筑工业出版社,2000:2—3.

[4] 金兆丰,王健. 我国污水回用现状及发展趋势[J]. 环境保护,2001,11:39—41.

[5] 张忠祥,钱易. 废水生物处理新技术[M]. 北京:清华大学出版社,2004.

[6] 邹家庆. 工业废水处理技术[M]. 北京:化学工业出版社,2003.

[7] 裴继春. 水污染的危害及防治[J]. 工业安全与环保,2006,32(3):18—19.

[8] 武敏. 论水污染的危害与治理[J]. 鸡西大学学报,2008,8(4):144—146.

[9] 蒙雪靖. 农村水污染经济问题研究[D]. 东北林业大学硕士学位论文,2007.

[10] 蓝楠,李铮.《水污染防治法》的发展历程与成就[J]. 环保科技,2009,15(3):8—11.

[11] 夏少敏,张卉聪. 我国水污染防治法的制度创新及对环境保护法修改之启示[J]. 内蒙古社会科学(汉文版),2010,31(1):37—41.

[12] 魏全伟,黄云龙,张媛. 新版《水污染防治法》修订十大亮点[J]. 环境科学导刊,2009,28(增刊):5—7.

[13] 杨文海,路志强,刘涛. 城市污水回用的可行性分析[J]. 水资源与水工程学报,2008,19(1):92—95.

[14] 彭永臻. 对我国污水处理污染物排放标准的思考[J]. 给水排水,2009,35(10):1.

[15] 陈珺,王洪臣. 城市污水处理排放标准若干问题的探讨[J]. 给水排水,2010,36(13):39—42.

[16] 司蔚. 我国水污染物排放标准评析[J]. 环境监测管理与技术,2010,22(4):7—9.

[17] 周歆昕,程新华. 完善水污染物排放标准服务环境管理[J]. 环境科学与技术,2006,29(1):64—66.

[18] 赵秋月,周学双. 行业污染物排放标准修订的思索[J]. 环境保护,2008(24):74—76.

[19] 李丽. 新颁行业排放标准解读[J]. 环境监控与预警,2010,2(1):51—56.

[20] 何文杰. 安全饮用水保障技术[M]. 北京:中国建筑出版社,2006.

[21] 高廷耀,顾国维,周琪. 水污染控制工程[M]. 北京:高等教育出版社,2007.

[22] 周本省. 工业水处理技术[M]. 北京:化学化工出版社,2002.

[23] Werner Stumm,James J. Morgan,Aquatic Chemistry(Third Edition)[M]. John Wiley & Sons,Inc.,1996.

[24] W. 韦斯利著,陈忠明,李赛君译. 工业水污染控制[M]. 北京:化学工业出版社,2003.

[25] Metcalf and Eddy,Inc. 废水工程处理及回用(第四版)[M]. 北京:化学工业出版社,2004.

[26] 刘晓东. 长江下游水域码头硫酸泄漏事故风险评价[J]. 水资源保护,2009,25(3):76—79.

[27] 杨洁,毕军,黄雷,等. 公众太湖蓝藻水华生态风险感知特征研究——以无锡市区为例[J]. 长江

流域资源与环境,2010,19(12):1456—1461.

[28] 许文锋,殷峻. 化工企业环境风险评价实践研究[J]. 环境科学与技术,2011,34(6):391—394.

[29] 赵山峰,张学峰,李昊. 黄河突发水污染事件应急预案体系分析[J]. 人民黄河,2009,31(2):13—14.

[30] 李林子,钱瑜,张玉超. 基于 EFDC 和 WASP 模型的突发水污染事故影响的预测预警[J]. 长江流域资源与环境,2011,20(8):1010—1016.

[31] 刘冬华,刘茂. 突发水污染事故风险分析与应急管理研究进展[J]. 中国公共安全,2009,14:167—170.

[32] 刘晓东. 长江下游水域码头硫酸泄漏事故风险评价[J]. 水资源保护,2009,25(3):76—79.

[33] 张海涛,谢新民,侯俊山. 突发水污染事件防治与城市安全供水研究[J]. 水利水电技术,2011,42(7):32—39.

[34] 陆曦,梅凯. 突发性水污染事故的应急筹备[J]. 给水排水,2007,33(6):41—44.

[35] 赵丽红,李素霞,柯滨,等. 铅污染现状及其修复机理研究进展[J]. 武汉生物工程学院学报,2006,2(1):43—45.

[36] 侯琦,张天柱,温宗国,等. 突发水污染事故损失的界定原则[J]. 环境科学与管理,2006,31(9):135—141.

[37] 杨腊梅,俞杰,张勇. 放射性废水处理技术研究进展[J]. 污染防治技术,2007,20(4):35—38.

[38] 杨庆,侯立安,王佑君. 中低水平放射性废水处理技术研究进展[J]. 环境科学与管理,2007,32(9):103—107.

[39] 陈灿,王建龙. 酿酒酵母对放射性核素铯的生物吸附[J]. 原子能科学技术,2008,42(4):308—312.

[40] 张纯,谢水波,周星火,等. 用零价铁渗滤墙技术修复我国铀尾矿地下水探讨[J]. 铀矿冶,2007,26(1):44—47.

[41] 侯立安. 特殊废水处理技术及工程实例[M]. 北京:化学工业出版社,2003.

[42] Yang M,Yu J W,Li Z L,et al. Taihu Lake not to blame for Wuxi's woes [J]. Science,2008,319:158.

[43] 钟德钰,张红武,张俊华,等. 游荡型河流的平面二维水沙数学模型[J]. 水利学报,2009,40(9):1040—1047.

[44] 刘万利,李义天,李一兵. 山区河流平面二维水沙数学模型研究[J]. 应用基础与工程科学学报,2007,15(1):54—64.

第四章　土壤环境安全工程

第一节　土壤环境概述

一、土壤环境组成、结构与性质

土壤是地壳表层岩石、矿物的风化产物,在气候、生物、地形等环境条件和时间因素综合作用下形成的一种特殊的自然体。其不仅是人类赖以生存的物质基础和宝贵财富的源泉,更是人类最早开发利用的生产资料。从环境角度上来看,土壤是环境污染物的一个重要缓冲带和过滤器。在世界近当代发展过程中,由于土壤环境污染给人类和社会发展留下了很多惨痛的教训,人们对土壤的认识不断加深,土壤环境保护日益得到重视。

（一）土壤组成

土壤环境组成较为复杂,是固体、液体和气体三相共同组成的多相体系,且各相组成和结构随时间和地点不同而不同,随剖面深度不同而有所不同。

一般典型土壤沿纵向深度可分为四个基本层次,即覆盖层、淋溶层、沉积层和母质层(如图 4-1)。覆盖层为土壤最上层,由枯枝落叶等构成。淋溶层即通常所说的表土,在该层

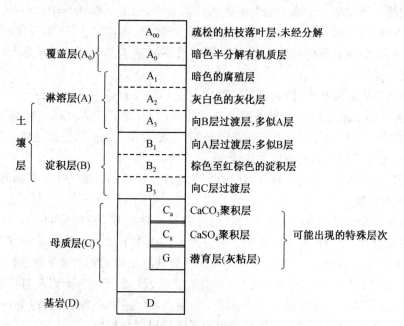

图 4-1　自然土壤的综合剖面图

中,土壤中的易溶物质容易流失,且生物(包括高等植物、微生物和动物)活动最为强烈,土壤中的有机质大部分在这一层。在淋溶层之下为淀积层,其通常淀积来自上层淋溶下来的物质,该层质地较为黏重,也比较紧实。在淀积层的下面是母质层,它是由岩石风化而成。

土壤固相包括土壤矿物质和土壤有机质。其中土壤矿物质占土壤的绝大部分,通常占土壤固体总质量的90%以上。土壤有机质约占固体总质量的0~10%,且绝大部分在土壤表层。土壤液相是指土壤中的水分及其水溶物。土壤气相是指土壤中大量空隙中的空气,一般非饱和土壤约有30%~40%的体积是充满空气的空隙。此外,土壤中还含有数量众多的细菌和微生物。可见,土壤是一个以固相为主的具有疏松结构的不均质多相体系,它们共同构成一个有机整体(如图4-2)。

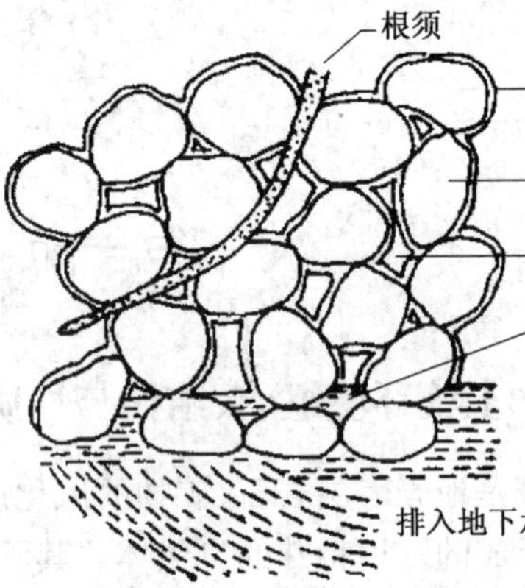

图4-2 土壤中固、液、气相结构示意图

1. 土壤矿物质

土壤矿物质是岩石经过物理风化和化学风化形成的,其中岩石化学风化主要分为三个历程,即氧化、水解和酸性水解。

土壤矿物质按成因类型可分为两类:一类是原生矿物,它们是各种岩石(主要是岩浆岩)受到程度不同的物理风化而未经化学风化的碎屑物,其原来的化学组成和结晶构造都没有改变。原生矿物主要有四类,即硅酸盐类矿物(如长石类、云母类、辉石、角闪石等)、氧化物类矿物(如石英、赤铁矿)、硫化物类矿物(如黄铁矿、白铁矿)和磷酸盐类矿物(如磷灰石)。

另一类是次生矿物,它们大多数是由原生矿物经化学风化后形成的新矿物,其化学组成和晶体结构都有所改变。土壤中的次生矿物种类很多,根据其性质与结构可分为三类:简单盐类(如方解石、白云石、石膏)、三氧化物类(如针铁矿、褐铁矿、三水铝石)和次生铝硅酸盐类(如伊利石、蒙脱石和高岭石)。土壤中很多重要物理、化学过程和性质都与次生铝硅酸盐有着重要的关系。

在三种次生铝硅酸盐中,伊利石是一种风化程度较低的矿物,又称水云母,其特性是膨胀性小,含钾量高。蒙脱石为伊利石进一步风化的产物,是基性岩在碱性环境条件下形成的,其膨胀性强。高岭石为风化程度极高的矿物,主要存在于湿热的热带地区土壤中。高岭土膨胀性小,富含高岭土的土壤透水性较好。

在土壤形成过程中,原生矿物以不同的数量与次生矿物混合成为土壤矿物质。

2. 土壤有机质

土壤有机质是土壤中含碳有机化合物的总称。一般占固相总质量的10%以下,是土壤的重要组成部分,对土壤性质有很大的影响。进入土壤中的动植物残体是土壤有机质的重要来源,其中高等绿色植物占大多数,它们残体的转化靠土壤动物和微生物进行。

土壤有机质主要可以分为两大类:一类是动植物残体的组成部分以及有机质分解的中间产物,约占土壤有机质总量的10%~15%,如蛋白质、糖类、树脂、有机酸等;另一类是被称为腐殖质的特殊有机化合物,主要是动植物残体通过微生物作用发生复杂转化而成,包括腐殖酸、富里酸和腐黑物等。土壤腐殖质不是化学上单一的物质,而是结构上和性质上有共同特色、又有差异的一系列高分子化合物组成的一类有机质，通常含有羧基（—COOH）、羟基（—OH）、甲氧基（—OCH₃）和羰基（>C=O）等。腐殖质的分子量一般在 2 000～40 万，其对电解质的凝聚作用有很大稳定性。

3. 土壤水分

土壤水分是形成土壤的固-液-气三相中的一部分，是土壤的重要组成部分，主要来自大气降水、灌溉。在地下水位接近地面（2～3 m）的情况下，地下水也是土壤水分的重要来源。此外，空气中水蒸气冷凝也成为土壤水分的来源。水进入土壤以后，实际上是土壤中各种成分和污染物溶解形成的溶液，即土壤溶液。因此土壤水分既是植物养分的主要来源，也是进入土壤的各种污染物向其他环境圈层（如水圈、生物圈等）迁移的媒介。

4. 土壤空气

土壤空气组成和大气基本相似，但土壤中的 CO_2 含量通常比大气中高，而 O_2 的含量比大气中的低。这主要是由于土壤空气存在于相互隔离的土壤空隙中，是一个不连续的体系，生物呼吸作用和有机物分解产生的 CO_2 不能通过与大气中的浓度差的作用扩散。另外，土壤中通常还含有少量还原性气体，如 CH_4、H_2S、H_2、NH_3 等。

（二）土壤胶体与吸附性质

1. 土壤胶体

土壤中含有无机胶体和有机胶体以及有机、无机的复合胶体，是土壤形成过程中的产物，它们对污染物在土壤中的迁移、转化具有重要作用。

土壤胶体具有巨大的比表面和表面能。无机胶体中以蒙脱石类表面积最大，伊利石次之，高岭石最小。有机胶体的表面积与蒙脱石相当。土壤胶体的表面能指的是处于胶体表面的分子具有一定的自由能。土壤胶体比表面积越大，其表面能越大，进而表现出越强的吸附性。

土壤胶体带有一定的电荷，包括永久电荷、可变电荷。其中永久电荷来源于土壤黏土矿物晶格中的同晶置换，这类电荷通常不受环境（如 pH、电解质浓度等）的影响。土壤胶体的可变电荷是指胶体表面的部分电荷随 pH 变化而变化。可变电荷的产生是由于土壤固体表面上的羟基或土壤有机质的一些基团如—OH、—COOH、C_6H_4OH 和—NH₂ 等获得或失去质子所致。高岭石携带的可变电荷较多。总体来说，土壤的负电荷一般多于正电荷，所以自然条件下大多数土壤带有净的负电荷。

土壤胶体具有凝聚性和分散性，这是由于一方面胶体的比表面和表面能都很大，另一方面土壤胶体通常带有净的负电荷，使得胶体之间相互排斥，呈现出分散特性。土壤溶液中的阳离子可以中和土壤胶体表面的静负电荷，从而加强土壤的凝聚。不同阳离子的中和能力不同，常见顺序如下：$Na^+ < K^+ < NH^{4+} < H^+ < Mg^{2+} < Ca^{2+} < Al^{3+} < Fe^{3+}$。此外，土壤溶液中电解质浓度、pH 也影响其凝聚性能。

2. 土壤吸附

由于土壤胶体通常带有负电荷，因此在其表面上通过静电作用吸附较多的阳离子如 H^+、Al^{3+}、Ca^{2+}、Mg^{2+} 等，这些被吸附的离子可以和另一些阳离子进行交换，称为离子交换（如图 4-3）。

影响阳离子交换的因素包括离子电荷数、离子半径及水化程度等。离子电荷数越高，交换能力越强;同价离子中,离子半径越大,水化离子半径越小,交换能力越强。通常把每百克干土所含的全部交换性阳离子的毫克当量数称为土壤的阳离子交换量。把土壤胶体吸着的 H^+ 和 Al^{3+} 称为致酸离子,吸着的 Ca^{2+}、Mg^{2+}、K^+、Na^+ 等离子称为盐基离子。当土壤胶体上吸附的阳离子均为盐基离子,且已达到吸附饱和时的土壤,称为盐基饱和土壤。当土壤胶体上吸附的阳离子有一部分为致酸离子,则这种土壤为盐基不饱和土壤。在土壤交换性阳离子中盐基离子所占的百分数称为土壤盐基饱和度,计算如下:

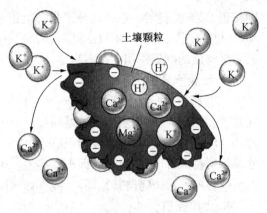

图 4-3 阳离子被土壤吸附于表面

$$盐基饱和度(\%)=\frac{交换性盐基总量(mol/kg)}{阳离子交换量(mol/kg)}\times100\%$$

一些土壤胶体可以带正电荷,因此可以吸附阴离子。各种阴离子被土壤吸附的顺序为:$F^->$草酸根$>$柠檬酸根$>$磷酸根$>HCO_3^->H_2BO_3^->CH_3COO^->SCN^->SO_4^{2-}>Cl^->NO_3^-$。此外,广义的吸附还包括范德华力吸附、氢键吸附、配位吸附等。

(三)土壤酸碱度

土壤酸碱度是土壤的重要理化性质之一,是土壤在其形成过程中受生物、气候、地址、水文等因素的综合作用所产生的重要属性。根据土壤的酸度可以将其划分为 9 个等级(如表 4-1)。我国土壤 pH 大多在 4.5~8.5 范围内,并且呈现"东南酸西北碱"的规律。

表 4-1 土壤酸碱度分级

酸碱度分级	pH	酸碱度分级	pH
极强酸性	<4.5	弱碱性	7.0~7.5
强酸性	4.5~5.5	碱性	7.5~8.5
酸性	5.5~6.0	强碱性	8.5~9.5
弱酸性	6.0~6.5	极强碱性	>9.5
中性	6.5~7.0		

1. 土壤酸度

根据土壤 H^+ 存在方式,土壤酸度可分为活性酸度和潜性酸度两类。活性酸度又称有效酸度,是土壤溶液中游离 H^+ 浓度直接反映出来的酸度。潜性酸度是由于土壤胶粒吸附的 H^+ 和 Al^{3+} 所造成的。当这些离子通过离子交换作用进入土壤溶液之后,即可增加土壤溶液的 H^+ 浓度,其中 Al^{3+} 是通过进入土壤溶液后发生水解作用产生 H^+。可见,只有盐基不饱和土壤才有潜性酸度。研究表明,Al^{3+} 是矿物质土壤中潜性酸度的主要来源。

2. 土壤碱度

土壤溶液中 OH^- 的主要来源,是 CO_3^{2-} 和 HCO_3^- 的碱金属及碱土金属的盐类。CO_3^{2-} 和 HCO_3^- 的总和称为总碱度。不同溶解度的碳酸盐和重碳酸盐对土壤碱度的贡献不同,其中 $CaCO_3$ 和 $MgCO_3$ 的溶解度很小,故富含 $CaCO_3$ 和 $MgCO_3$ 的土壤一般呈弱碱性,而 Na_2CO_3、$NaHCO_3$ 及 $Ca(HCO_3)_2$ 等是水溶性盐类,因此含这些盐的土壤碱性较强,高的可达 10 以上。

土壤胶体吸附交换性碱金属离子特别是 Na^+ 的饱和度大小,和土壤碱性程度常有直接关系。因为土壤胶体上交换性 Na^+ 的饱和度增加到一定程度后,会引起胶体上交换性离子的水解作用。例如:

$$\boxed{土壤胶体}—xNa^+ + yH_2O \rightleftharpoons \boxed{土壤胶体}\genfrac{}{}{0pt}{}{—(x-y)Na^+}{—yH^+} + yNaOH$$

当 Na^+ 占交换量 15% 以上时,土壤就呈强碱性,土壤颗粒高度分散,干时硬结,湿时泥泞,透水透气性差,不适于耕作。

3. 土壤的缓冲性

土壤缓冲性是指土壤具有自身抵抗土壤溶液中 H^+ 或 OH^- 浓度改变的能力,它可以保持土壤酸碱性的相对稳定,为植物生长和土壤生物的活动创造比较稳定的生活环境。

土壤自身具备缓冲作用的原因主要包括三个方面:① 土壤中弱酸及其弱酸强碱盐的作用,如碳酸类、磷酸类、腐殖酸类的酸及其盐类,对酸碱均有较强的缓冲作用;② 土壤中存在两性物质,如蛋白质、氨基酸等物质可对少量的酸碱性变化构成缓冲作用;③ 土壤中的吸附性阳离子构成缓冲作用,如 Ca^{2+}、Mg^{2+}、Na^+ 等代换性盐基离子,对酸构成缓冲作用,而 H^+、Al^{3+} 则对碱起缓冲作用。

4. 土壤的氧化还原性

氧化还原作用在土壤化学反应和土壤生物化学反应中占极其重要地位,是土壤中无机物和有机物发生迁移转化并对土壤生态系统产生重要影响的化学过程。

土壤溶液中的氧化作用,主要由自由氧、NO_3^- 和高价态金属离子所引起,还原作用是由土壤中的有机质分解产物、厌氧性微生物活动及低价态金属离子引起的。土壤氧化还原能力的大小可以用土壤的氧化还原电位(Eh)来衡量,其值是以氧化态物质与还原态物质的相对浓度比为依据的。由于土壤物质组成非常复杂,难以计算氧化还原电位,一般通过实际测量获得。

当土壤的 Eh>700 mV 时,土壤完全处于氧化条件,有机质将迅速分解;当 Eh 值在 400~700 mV 时,土壤中的氮素主要以 NO_3^- 形式存在;当 Eh<200 mV 时,反硝化作用发生,NO_3^- 开始消失,出现大量的 NH_4^+;当 Eh<-200 mV 时,H_2S 气体将大量产生,土壤处于极强还原性状态。

二、土壤污染物的来源及组成

近年来,由于土壤污染导致的环境污染事件频发,土壤污染有日益加剧趋势。土壤污染是人类活动产生的污染物进入土壤并积累到一定程度,引起土壤环境质量恶化,影响土壤利用功能的现象。土壤污染具有累积性、隐蔽性与长期性等特点，一旦遭到污染，较难恢复，直接关系到农产品的安全，因此被称为"化学定时炸弹"。土壤中的污染物可通过食物链等途径进入人体，危害人类身体健康。通常，土壤污染物主要包括：重金属、氮、磷等无机污染物；农药、多氯联苯类、多环芳烃类等持久性有机物；放射性污染物；病原菌污染物、抗生素等。

据统计，截止 20 世纪末我国污染农田数量达 2 000 万 hm^2，约占耕地总面积的 1/5，造成经济损失约 200 亿元，其中工业"三废"污染耕地 1 000 万 hm^2，由于重金属污染而引起的粮食减产达 1 000 万 t/a，直接经济损失达 100 多亿元，其中以镉、铅、汞、砷污染较为典型。另外，全国有近 1 600 万 hm^2 耕地受到农药的污染。大多数城市近郊土壤受到了不同程度的污染，许多地方粮食、蔬菜、水果等食物中镉、铬、铅等重金属含量超标或接近临界值。在北京、上海、广州、沈阳、南京、兰州等重点地区，由土壤污染导致癌症等疾病的发病率和死亡率比未污染对照区高数倍甚至 10 多倍。

土壤污染的来源很多，包括肥料使用、农药喷洒、污泥施用、大气沉降、污水灌溉、废弃物和农用物质的不合理使用等。

（一）化肥、农药使用对土壤的污染

农药、化肥是重要的农用物资，对农业生产的发展起着重大的推动作用，但长期不合理施用，也可以导致土壤污染。据统计，我国每年化肥施用量超过 4 100 万吨。长期大量使用氮、磷等化学肥料，会破坏土壤结构，造成土壤板结、耕地土壤退化、耕层变浅、保水保肥能力下降、生物学性质恶化，增加了农业生产成本，影响了农作物的产量和质量。残留在土壤中的氮、磷化合物，在发生地面径流或土壤风蚀时，可向其他地方转移，扩大了土壤污染范围。过量使用化肥还使饲料含有过多的硝酸盐，妨碍牲畜体内氧气的输送，使其患病，严重时导致死亡。此外，部分化肥中含有重金属铬、镉、铜等重金属离子，造成土壤污染。一般来说，氮、钾肥料中重金属含量较低，磷肥中含有较多的有害重金属，复合肥的重金属主要来源于母料及加工流程所带入，这些肥料中重金属含量的顺序一般为磷肥＞复合肥＞钾肥＞氮肥。Cd 是土壤环境中重要的污染元素，随磷肥进入土壤的 Cd 一直受到人们的关注。许多研究表明，随着磷肥及复合肥的大量施用，土壤有效 Cd 的含量不断增加，作物吸收 Cd 量也相应增加。

全国每年使用的农药量达 50 万～60 万吨，使用农药的土地面积在 2.8 亿 hm^2 以上。农药具有毒性强、危害大的特点，部分农药如杀虫剂、杀菌剂、杀鼠剂和除草剂等还含有重金属汞、砷等。喷施于作物体上的农药，除部分被植物吸收或逸入大气外，约有 1/2 左右散落于农田，这些污染物进入土壤后，大部分可被吸附，并通过生物和非生物的作用，形成不同的中间产物，构成农田土壤中污染物的一个重要来源。农作物从土壤中吸收农药，在植物根、茎、叶、果实和种子中积累，通过食物、饲料危害人体和牲畜的健康。

（二）污水灌溉对土壤的污染

利用污水灌溉是灌区农业的一项古老的技术，主要是把污水作为灌溉水源来利用。污水按来源和数量可分为城市生活污水、石油化工污水、工业矿山污水和城市混合污水等。我国污水灌溉农田面积超过 330 万 hm^2。生活污水中，含有氮、磷、钾等许多植物所需的养分,所以合理地使用污水灌溉农田,有增产效果。然而,工矿企业污水如未经分流直接排入下水道与生活污水混合排放,将造成污灌区土壤重金属 Hg、As、Cr、Pb、Cd 等含量逐年增加,造成灌区部分重金属含量远远超过当地背景值,在灌溉区域形成污染带。

随着污水灌溉进入土壤的重金属,以不同的方式被土壤截留固定并累积在土壤表层。研究报道,绝大部分的 Hg 可被土壤矿质胶体和有机质迅速吸附,As 进入土壤后被铁、铝氢氧化物及硅酸盐黏土矿物吸附,也可以和铁、铝、钙、镁等生成复杂的难溶性砷化合物,其他重金属 Pb、Cd、Cr 也很容易被土壤有机质和黏土矿物吸附,导致污灌区土壤重金属含量逐年累积。

(三) 大气沉降对土壤的污染

工业或民用煤的燃烧所排放出的废气中含有大量的酸性气体,如 SO_2、NO_2 等;汽车尾气中 NO_x 等经降雨、降尘而输入土壤,引起土壤酸化。来自于运输、冶金和建材行业生产产生的气体和粉尘还含有部分重金属。除汞以外,重金属基本上是以气溶胶的形态进入大气,经过自然沉降和降水进入土壤。重金属污染主要集中于土壤表层(0~5 cm),耕作土壤则集中于耕作层(0~20 cm)。大气沉降造成的土壤环境污染的特点是以大气污染源为中心呈椭圆状或条带状分布,长轴沿主风向伸长。污染面积和扩散距离取决于污染物质的性质、排放量以及排放形式。例如,含铅汽油燃烧产生的尾气和汽车轮胎磨损产生的粉尘可随风扩散并沉降在附近土壤中,在公路两侧形成铅污染带,且因距离公路、铁路、城市中心的远近及交通量的大小有明显的差异。煤和石油中含有的重金属如汞、铅、铬、钛等燃烧后,部分悬浮颗粒和挥发金属随烟尘进入大气,并沉降在距排放源十几千米的范围内。

(四) 固体废物对土壤的污染

固体废弃物种类繁多,成分复杂,不同种类其危害方式和污染程度不同。其中矿业和工业固体废弃物污染最为严重。一些矿产开采、选矿、冶炼导致的土壤污染日益严重。这类废弃物在堆放或处理过程中,由于日晒、雨淋、水洗重金属极易移动,以辐射状、漏斗状向周围土壤扩散。还有一些固体废弃物被直接或通过加工作为肥料施入土壤,造成土壤重金属污染。禽畜饲养场的厩肥和屠宰场的废物由于含有植物所需的 N、P、K 和有机质,通常被用作肥料,如果这些废物不进行物理和生化处理,则其中的寄生虫、病原菌和病毒等可引起土壤和水域污染,并通过水和农作物危害人群健康。另外,随着工业的发展以及城镇环境建设的加快,污水处理正在不断加强,导致大量污泥的产生,这些污泥中通常含有较高浓度的重金属离子。由于污泥含有较高的有机质和氮、磷养分,因此许多污泥被用作肥料,导致土壤被重金属离子所污染。

(五) 放射性物质对土壤的污染

土壤辐射污染的来源有铀矿和钍矿开采、铀矿浓缩、核废料处理、核武器爆炸、核试验、燃煤发电厂、磷酸盐矿开采加工等。原子能工业、核武器的大气层试验产生的放射性物质,可随降雨降尘而进入土壤,对土壤环境产生放射性污染。在放射性散落物中,^{90}Sr、^{137}Cs 的半衰期较长,易被土壤吸附,滞留时间长,因此危害较大。

第二节 土壤污染与生态安全

一、土壤重金属污染危害

土壤重金属污染是指在人类活动的影响下,土壤中的微量有害元素过量沉积而引起的含量过高,以至于超过背景值的现象。

土壤重金属污染已成为普遍的环境问题。由于农作物水稻的根系主要生长于25 cm之上的土壤表层中,而这一层也正好是重金属最富集的地方,因此土壤重金属污染越来越受到人们的关注。由于土壤重金属污染具有长期性、滞后性等特点,可以通过多种途径进入食物链累积放大,将严重影响人类健康,威胁人类的生命安全。

一般来说,引起土壤重金属污染的元素主要包括 Zn、Cu、Cr、Cd、Pb、Ni、Hg、As 八种元素。这些重金属来源较广,通过各种途径进入到土壤中(如图 4-4),归纳起来主要包括以下几个主要来源:① 工业污染源。主要是基础工业特别是采矿和冶炼业向环境中释放的重金属;② 生活污染源。生活垃圾中含有的重金属渗漏到土壤中,生活污水的灌溉导致的重金属污染;③ 农业污染源。主要是农药、化肥等农用物资的过量使用造成的土壤污染;④ 交通污染源。机车燃料中所含的重金属对土壤的污染;⑤ 自然污染源。土壤母质土中的重金属本身含量高,或由于火山喷发造成的土壤污染等。

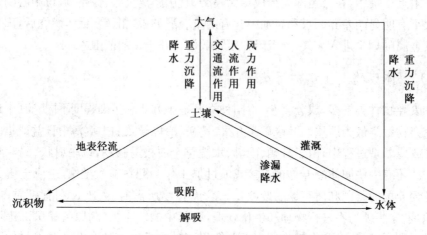

图 4-4 重金属在各环境因子中的迁移转化

（一）土壤重金属污染的特点

1. 累积性

土壤系统具有与大气、水体等生态系统不同的特性,重金属污染物在土壤中的扩散和稀释过程较慢,迁移难度大。因此,重金属很容易在土壤中不断积累,同时也使得土壤污染具有很强的地域性。

2. 隐蔽性和滞后性

大气、水体和废弃物污染等比较容易发现,而土壤污染不同,其具有隐蔽性,需要通过对土壤样品进行分析化验来发现。有些污染甚至需要通过研究对人畜健康状况的影响才能确定。因此,土壤重金属从产生污染到出现问题通常会滞后较长的时间。

3. 不可逆转性

重金属对土壤的污染基本上是一个不可逆转的过程。依靠自然作用过程很难在短时间内恢复,一般需要几十年甚至上百年的时间。

4. 难治理性

大气和水体受到污染后可以首先切断污染源降低污染程度,再通过稀释、自净以及人工方法使污染得到不断逆转,但积累在土壤中的重金属很难靠稀释作用和自净作用来消除。土壤污染一旦发生,除采取切断污染源的方法外,还需要靠换土、淋洗土壤、强化修复一系列理化修复方法才能得到缓解。因此,污染土壤治理通常成本高,治理周期亦较长。

(二)土壤重金属污染危害

1. 对植物的危害

低浓度的重金属离子在土壤中富集不会影响到植物的生长,但当浓度过高时,植物富集于体内的含量超过了本身的富集阈度值,植物就会发生中毒,甚至死亡。这是因为吸收到植物体内的重金属能诱导其体内产生某些对酶和代谢具有毒害作用和不利影响的物质,如 H_2O_2、C_2H_2 等物质。重金属的胁迫有时会引起大量营养的缺乏和酶有效性的降低。相关研究报道较高浓度的重金属含量有抑制植物体对 Ca、Mg 等矿物质元素的吸收和转运的能力。重金属污染胁迫可以危害植物的根系,造成根系生理代谢失调,生长受到抑制,受害根系的吸收能力减弱,导致植物体营养亏缺。研究表明土壤的含铜量超过 50 mg/kg 时,柑橘幼苗生长受到影响,当土壤含铜量达 200 mg/kg 时,小麦就会枯死。通过研究 Cd 污染条件下小白菜和菜豆幼苗生长趋势发现,30 μmol/L 的 Cd 可使小白菜和菜豆的生长受到抑制,表现为株高、主根长度下降,叶面积锐减等,其原因在于 Cd 对作物光合作用与蛋白质合成的干扰以及膜系统损伤造成的代谢紊乱等。此外,Cd 超过一定浓度后对叶绿素具有破坏作用,并促进抗坏血酸分解,使游离脯氨酸积累,抑制硝酸还原酶活性。Cd 还能减少根系对水分和养分的吸收,抑制根系对氮的固定。

2. 对土壤动物的危害

土壤动物对重金属具有一定的耐受限度,但当重金属含量超过这一限度时就会产生毒性效应,影响正常的生理功能和群落结构。近年来对土壤动物的生态毒理毒性研究已有相当广泛的报道,主要表现为对土壤动物个体和土壤动物群落结构的影响。对于土壤动物个体,其在各生理阶段对重金属的富集具有显著差异,因此对不同的生长和繁殖阶段产生的毒性影响也不尽相同。比如 Pb 污染对蚯蚓的繁殖并无显著影响,但对其生存力却影响很大,又如 Cu 可导致成体蚯蚓偏小。此外,重金属污染还能破坏动物组织细胞的微结构,使酶活动异常,影响 DNA 的修复能力,重金属对蚯蚓体壁、胃肠道及细胞微结构会产生严重损伤,并且能够抑制蚯蚓酯酶的活性,影响机体的正常生理功能,进而导致病变。此外,重金属污染对土壤动物群落结构和功能具有一定的制约性和破坏性,随着重金属污染的加重,群落结构呈现简单化和不稳定化,土壤动物的种类和数量逐渐减少,优势类群和常见类群也明显减少,土壤动物群落结构的变化可明显反映出土壤污染状况,对环境污染的早期预示具有重要的作用。

3. 对土壤酶的危害

土壤酶是一种生物催化剂,是反映土壤肥力的一个敏感性生物指标,更能直接反映土壤生物化学过程的强度和方向。由于土壤酶活性易受土壤物理性质、化学性质和生物活性的影响,环境污染对土壤酶活性影响较大,可在一定程度上灵敏地反映出土壤的环境状况。有研究用一元线性与非线性回归拟合模型,发现 Cu、Zn、Hg、Cd 对土壤脲酶活性、碱性磷酸酶和蔗糖酶的活性具有抑制作用,土壤脲酶和过氧化氢酶活性与土壤 Cd 含量之间呈指数负相关。Hg 对土壤中脲酶的抑制作用最为敏感。此外,土壤重金属元素对土壤的复合污染并不是各单元素污染的简单叠加,而是更为复杂,表现为协同、抑制、相加等特征。

4. 对人体健康的危害

土壤尤其是表层土壤中的重金属极易进入人体,直接对人体健康造成威胁。当人体摄入或吸入土壤中过量的重金属,会引起身体各器官一系列的病变。例如,Cd 可引发骨密度降低、骨折发生机率增加。Pb 能导致包括人类在内的各种生物的生殖功能下降、机体免疫力降低,当人体内血铅质量比达到 $600\sim800\ \mu g/g$ 时会表现为头晕、头疼、记忆力减退和腹疼等一系列症状。长期食用含 Cr 的食物,人体会出现不同程度的皮肤和呼吸道系统病变,并且出现溃疡和炎症。Ni 可以引起鼻癌、肺癌,并且可以引起接触性皮炎、肺炎等病症。当金属 Hg 进入人体后,可与体内酶或蛋白质中许多带负电的基团如巯基等结合,使蛋白质和核酸合成受到影响,从而影响细胞正常的功能和生长。研究表明,癌症的产生和发展与土壤环境中 Sn 元素质量分数有关,居住在 Sn 元素质量分数高的地区的人群癌症死亡率较高。

二、土壤农药及化肥污染危害

(一) 农药及化肥的危害

全世界每年有 4 万人因农药中毒而丧生,仅美国每年因农药污染引发的癌症就有 2 万例。据调查,因农药残留引起的中毒事件在食物中毒总数中呈现逐年递增的趋势,1998 年占 22.5%,1999 年占 39.7%,2000 年占 37.3%。其中使用最多的人工合成有机农药是有机氯农药和有机磷农药。有机农药在减少病虫害、杂草和增加农产品产量的同时,对环境及生态的影响也逐步显现出来。除了直接对土壤、水和大气环境造成污染外,还会通过食物链对生态平衡造成破坏。因此,联合国环境规划署和其他国际组织都明令禁止继续生产和使用一些危害很大的农药,如艾氏剂、氯丹、七氯、灭蚁灵、毒杀芬、DDT 等。1985 年,我国全部禁止六六六和滴滴涕等有机氯农药的生产和使用,有机氯农药禁用后,有机磷农药取而代之,成为杀虫剂的主导产品。目前,使用的化学农药中杀虫剂、杀菌剂、除草剂的比例为 75∶10∶15,而其中高毒害杀虫剂有机磷占 70% 以上。有资料表明,我国农药污染土壤达 1 600 万 hm²,主要农产品的农药残留超标率高达 16%～18%。粮食类中,六六六、DDT 等有机氯农药禁用 10 年后,水稻、小麦、玉米中仍可检测出。

化肥污染是指长期过量施用化肥或施用不当造成明显的环境污染或潜在性污染。随着农村经济建设的飞速发展,化肥施用量也越来越多,我国化肥使用量占世界的 35%,平均施用水平为 368 kg/hm²,大大超出发达国家为防止化肥对土壤和水体造成危害所设置的

$225\ kg/hm^2$的安全上限。目前我国氮肥当季利用率仅为$30\%\sim35\%$,磷肥利用率仅为$15\%\sim20\%$,钾肥利用率也不超过65%。此外,施用比例不合理,长期偏施氮肥,忽视磷肥、钾肥和有机肥的施用,使土壤营养元素结构性失调。施用方式不妥当,不能够完全按照作物生长发育需要和土壤肥力状况,合理地确定施肥种类、数量、时间和施肥方式,不能最大限度地提高化肥利用率,化肥不能完全起到节本增效、增产增收的作用。过度施用化肥已成一种掠夺性开发,不仅难以推动粮食增产,反而破坏了土壤的内在结构,造成土壤板结、地力下降,其造成的污染绝不亚于农药。由于长期单一施用化肥,有机质得不到及时补充而造成的土质恶化和土壤生产力减退外、化肥中的氮磷元素还会造成水体富营养化,使藻类等水生生物大量滋生,导致缺氧,使鱼类失去生存条件。氮肥的分解不仅污染大气,所产生的氮氧化物上升至平流层时,还会对臭氧层起破坏作用。此外,含氮量高的农业废物如畜禽屎尿、农田果园残留物和农产品加工废弃物等,也会造成水体富营养化,危害鱼类和多种水生生物。过度施用化肥能增加土壤重金属与有毒元素。制造化肥的矿物原料及化工原料中,含有多种重金属放射性物质和其他有害成分,它们随施肥过程进入土壤后不仅不能被微生物降解,而且可以通过食物链不断在生物体内富集,甚至可以转化为毒性更大的甲基化合物,通过食物链的作用,直接或间接地危害人类的生命和健康。过量化肥的使用导致土壤硝酸盐积累,破坏土壤结构,加速土壤酸化,降低土壤微生物活性。土壤微生物是个体小而能量大的活体,它们既是土壤有机质转化的执行者,又是植物营养元素的活性库,具有转化有机质、分解矿物和降解有毒物质的作用。当长期大量施用化学肥料时,土壤微生物的数量和活性将显著降低。化肥对土壤污染最大特点是隐蔽性强、实效性长,由于单位面积上的污染负荷小,人们往往忽视其宏观效应,但积累到一定临界点,释放时会产生巨大的累加效应,使农业环境质量下降。过磷酸钙、硫酸铵、氯化铵等都属生物酸性肥料,即植物吸收肥料中的养分离子后,土壤中氢离子增多,易造成土壤酸化。长期大量施用化肥,尤其是连续施用单一品种化肥时,在短期内即可出现这种情况,土壤酸化后会导致有毒物质的释放,或使有毒物质毒性增强,对生物体产生不良影响。土壤酸化还能溶解土壤中的一些营养物质,在降雨和灌溉的作用下,向下渗透至地下水,使得营养成分流失,造成土壤贫瘠化,影响作物的生长。

(二) 农药种类及其污染

在农田耕作过程中,使用农药的种类多样,一般按照农药的有机组成可以分为以下几类:

1. 有机氯农药

有机氯农药是第一代产品,一般用作杀虫剂、除草剂和杀菌剂,主要品种有滴滴涕(DDT)、六六六(HCH)、艾试剂、狄试剂、林丹、三氯杀螨醇等。氯取代基团性质稳定、脂溶性强、不易分解,在环境中停留时间长达几十年,易经食物链被生物有机体蓄积,并且有致癌、致畸、致突变效应,目前已被联合国环境署列为持久性有机污染物。自1983年禁用以来,在环境和人体中DDT和HCH的残留水平大大降低。2001年监测数据显示,HCH和DDT在人体中的残留水平较20世纪70年代平均下降了98.0%和97.1%,此类农药对人体的蓄积危害已经得到了有效控制。然而,近几年在水体和食品中相继发现该农药的输入和高残留,部分样品DDT含量甚至高达$1.84\ mg/kg$,说明违禁农药仍然通过多种途径流入市场。

2. 有机磷农药

有机磷农药属第二代产品，通常作为广谱杀虫剂和杀菌剂，包含敌百虫、甲胺磷、对硫磷和乐果等 60 余种化合物。相比有机氯农药，有机磷农药具有毒性低、易降解、见效快、遇碱易分解的性质。因此有机磷农药在我国的使用量逐年增多，约占农药总使用量的 70%。近年来，蔬菜中有机磷含量超标的现象不断发生，严重危害到居民生活健康。

3. 有机氮类农药

有机氮农药常见品种有西维因、呋喃丹、速灭威、叶蝉散、灭多威、残杀威、甲丙威和害扑威等，一般用作杀虫剂、除草剂和杀菌剂。大多数有机氮毒性较低、遇碱易分解，无生物累积性，因此有机氮农药对环境污染的危害较轻。

4. 拟除虫菊酯类农药

拟除虫菊酯类农药主要品种有溴氰菊酯、杀灭菊酯、氯氰菊酯、氟氰菊酯和氯菊酯等。此类药剂属于仿生杀虫剂，其杀虫活性高、用量少、残留量低，但对哺乳类动物有一定的内分泌干扰。它是我国提倡推广的一类农药产品，已有产品 50 多种，产量占农药总产量的 20% 左右。由于菊酯类杀虫剂目前还处在推广阶段，因此农药残留相关报道不多，但也应当控制施用量，以免造成人畜中毒。

总体来看，我国有机农药导致的土壤污染原因较为复杂，在农产品中的超标情况较严重，并且存在违禁农药仍在加工和使用的现象，危害居民健康和环境安全，需要加强监管。

（三）农药在土壤中的迁移转化

1. 吸附作用

土壤对化学农药有吸附作用。化学农药被土壤吸附后，其形态发生改变，随之其生理毒性也将改变。在通常使用的农药中，有 90% 可以在土壤和植物中形成结合残留，其结合残留量一般占施药量的 20%～70%，结合态农药中只有 1%～10% 是生物可以利用的。土壤对农药吸附能力的强弱与土壤质地、土壤黏土矿物种类、土壤有机质含量有关。

2. 降解作用

土壤中农药降解有化学降解、光解和生物降解等几种途径。农药进入土壤后，长时间受到太阳辐射和紫外线的照射，可引起光化学降解。土壤微生物一方面受到农药的抑制，另一方面也会利用有机农药作为能源进行降解作用，使农药分解为最终产物二氧化碳。农药的生物降解是农药转化和解毒的主要途径。

3. 农药在土壤中的挥发、扩散和转移

进入土壤中的农药，可通过气体流动、水淋溶在土壤中扩散移动。土壤对农药的吸附能力直接影响农药在土壤中的迁移。农药在土壤中的扩散有两种形式：一种是农药分子的运动引起的不规则扩散；另一种则是土壤中的农药受水流或重力作用的下渗过程，并在土壤中逐层分布。后一种形式是土壤中农药扩散的主要模式，农药在下渗过程中不断发生着吸附与解吸、迁移转化、降解和挥发等环境行为。

（四）农药污染对土壤环境和人类的影响

虽然土壤自身有一定的净化能力，但土壤对外来化学物质的环境容量是有限的，当进入土壤中的化学物质在数量和速度上超过土壤的环境容量时，就会导致土壤污染事件的发生。

1. 引起土壤的结构和功能的改变

过多的农药残留会改变土壤的结构和功能,引起土壤理化性质的改变,如土壤出现明显酸化,土壤养分随污染程度的加重而减少等现象。

2. 危害土壤中的生物,特别是生活在土壤中的有益生物

土壤中有一些大型土生动物(如蚯蚓和某些鼠类)以及一些小型动物种群(如线虫纲、弹尾类蚺蜙目等)。这些生物一方面对土壤中的农药有一定吸收和富集作用,导致农药随生物的移动而扩散;另一方面,土壤农药污染也会造成土壤生物的死亡。杀虫剂对蚯蚓具有较强的致死效应,低剂量药液可导致蚯蚓数量显著减少,而一些害虫的天敌也因农药中毒而死亡。农药对某些土壤微生物的影响是有选择性的。对于能利用污染物作碳源和能源的微生物来说,污染可能会刺激这些微生物的生长繁殖;而对于缺乏耐受性的微生物来说,农药会对其产生抑制作用。有些杀虫剂(如DDT)还会在食物链传播中层层富集,加重它在生物体内的残留浓度,对人类食品安全构成威胁。农药还会钝化土壤中部分酶类的活性。

3. 对人体的危害

环境中的农药一般可通过皮肤、呼吸道和消化道等途径进入人体,其中食物链是农药进入人体并导致中毒的重要方式,估计约占80%~90%。农药对人体的危害分为急性危害和慢性危害两种,其中急性危害的机理因农药种类不同而不同,主要体现为:有机磷农药可使人体神经末梢的乙酰胆碱酶磷酸化,使酶失活;有机氯农药由于较强的脂溶性可在人体脂肪中积累,对神经末梢产生不利影响;含砷农药可对神经系统、血管、肝、肾和其他组织产生毒性,出现蛋白尿、血尿、肾小管坏死等状态;有机锡农药主要对皮肤、眼睛、呼吸道有刺激作用,可造成脑和脊椎基质水肿,肝脏和造血细胞受损,引起头痛、眼花、肌肉抽搐、精神错乱、脚水肿等症状。

三、土壤石油污染危害

石油污染泛指原油和石油初加工产品(包括汽油、煤油、柴油、重油、润滑油等)及各类油的分解产物所引起的污染。全世界大规模开采石油是从20世纪初开始的,1900年全世界消费量约2 000万吨,100年来这一数量已增长百余倍,石油已成为人类最主要的能源之一。当今世界上石油的总产量,每年约有22亿吨,其中17.5亿吨是由陆地油田生产的。我国自1978年原油年产量突破1亿吨大关以来,目前勘探开发的油气田和油气藏已有400多个。我国部分油田区土壤受石油污染相当严重,其中在油井周围100 m范围内所采集的绝大多数土样中油含量远高于临界值。受石油污染的土壤中油类物质主要集中于土壤表层,且随深度的增加呈减少趋势。总体来说,石油对土壤的污染主要是在勘探、开采、运输以及储存过程中引起的,油田周围大面积的土壤一般都受到不同程度的污染,石油对土壤的污染多集中在20 cm左右的表层。近年来,我国石油污染土壤的事件屡有发生。2004年11月18日,陕西发生特大石油泄漏污染事故,输油管泄漏原油上千吨,数百亩农田被污染;2005年8月30日,一大型油罐车在黄张路发生事故,40余吨原油溢出。石油类物质进入土壤,可引起土壤理化性质的变化,改变土壤微生物群落、微生物区系的组成。

1. 破坏土壤及作物

石油污染物堵塞土壤孔隙,使土壤透水、透气性降低;改变土壤有机质的碳氮比和碳磷比;引起土壤微生物群落、区系的变化,破坏土壤微生态环境。

石油污染对作物生长发育的不利影响主要表现为：发芽出苗率降低，生育期限推迟，晚熟，结实率下降，抗倒伏、抗病虫害的能力降低等，最终导致作物的减产，并通过食物链影响人类的健康。如沈抚灌渠上游污灌区水稻出现生长缓慢、烂根、粒瘪等现象，出产的大米有浓重的石油味，感官指标极差。石油类污染物在作物中的主要残留成分是芳烃类。这些芳香烃类物质对人及动物的毒性极大，尤其是双环和三环为代表的多环芳烃毒性更大。多环芳烃类物质可通过呼吸、皮肤接触、饮食摄入等方式进入人和动物体内，影响其肝、肾等器官的正常功能，甚至引起癌变。

2. 污染水体

土壤中的石油向下渗漏污染地下水，或者被雨水携带至地表水体中，影响用水安全和农作物安全。例如，北京安家楼加油站和六里屯加油站近年来发生的漏油事故，使附近自来水厂一度停止运行。

3. 污染空气

土壤中的石油向空气中挥发、扩散和转移，使空气质量下降，直接影响人体健康、生命安全和后代繁衍。某些脂溶性物质能侵蚀中枢神经系统；一些挥发性组分在紫外线照射下与氧作用形成有毒性气体，危害人和动物的呼吸系统。

总体来看，土壤石油污染的隐蔽性大，潜伏期长，涉及面广，治理困难，危害日益凸现，已成为不容忽视的环境问题。

四、土壤退化危害

土壤退化是指土壤肥力衰退导致生产力下降或丧失的过程。土壤退化是土壤生态遭受破坏的最明显标志。由于自然的，特别是人为的原因，土壤生态系统的组成、结构和功能受到影响或破坏（如自然植被的破坏或丧失、土壤生物区种群的组成变化、物种的消失；土壤侵蚀、荒漠化、盐渍化、沼泽化或潜育化、酸化、肥力下降等）而使土壤固有的物理、化学和生物学特性和状态发生改变，导致土壤生态系统功能和环境质量的等级下降的现象，均属土壤退化。

土壤退化既有复杂的自然背景和原因（如全球环境变化，特别是全球气候变化），也有人为活动影响的诸多直接和间接的原因。如过度放牧和耕种、砍伐森林而导致的水土流失以及污染物的排放等都是造成土壤退化的原因。

据《世界资源》报道，自第二次世界大战以来 40 多年的时间里，全球 1/10 的耕地退化。受其影响的土地总面积约 $12 \times 10^8 hm^2$。我国是土壤退化严重的国家之一，并具有退化面积广、速度快、强度大、类型多等特点。据统计，我国受水土流失危害的耕地占我国耕地总面积的 1/3，每年流失土壤 50 亿吨，流失的土壤养分为 4 000 万吨化肥当量，流失的土壤相当于 10 mm 的土层。其中黄土高原水土流失面积 43 万平方千米，长江中上游水土流失面积达 80 万平方千米；东北平原水土流失面积 30 万～50 万平方千米。总体来说，我国因各种原因造成的土壤退化总面积约 4.6 亿公顷，占全国土地总面积 40%，是全球土壤退化总面积的 1/4。过去 30 年，我国荒漠化土地面积占我国土地总面积的 8%。土壤侵蚀面积的增长速率为 1.2%～2.5%，长江正成为中国的第二条"黄河"。

（一）土壤流失

土壤流失是土壤物质由于水力、重力或其他作用而被搬运移走的侵蚀过程，也称水土流失作用。衡量土壤流失的指标主要采用土壤侵蚀模数,即每年每平方千米土壤流失量。根据土壤侵蚀模数对区域划分流失强度等级。土壤侵蚀类型以外力性质为依据可划分为水力侵蚀、重力侵蚀、冻融侵蚀和风力侵蚀。其中水力侵蚀是最主要的一种形式,习惯上称为水土流失。

1. 水力侵蚀

水力侵蚀是指由降雨及径流引起的土壤侵蚀,简称水蚀。水力侵蚀分为面蚀、潜蚀、沟蚀和冲蚀。

(1) 面蚀:是片状水流或雨滴对地表进行的一种比较均匀的侵蚀,它主要发生在没有植被或没有采取可靠的水土保持措施的坡耕地或荒坡上,是水力侵蚀中最基本的一种侵蚀形式,面蚀又依其外部表现形式划分为层状、结构状、砂砾化和鳞片状面蚀等。面蚀所引起的地表变化是渐进的,不易为人们觉察,但它对地力减退的速度是惊人的,涉及的土地面积往往较大。

(2) 潜蚀:是地表径流集中渗入土层内部进行机械的侵蚀和溶蚀作用,千奇百怪的喀斯特溶岩地貌就是潜蚀作用造成的,在黄土地区相当普遍。

(3) 沟蚀:是集中的线状水流对地表进行的侵蚀,切入地面形成侵蚀沟的一种水土流失形式,按其发育的阶段和形态特征又可细分为细沟、浅沟、切沟侵蚀。沟蚀是由片蚀发展而来的,但它不同于片蚀,因为一旦形成侵蚀沟,土地即遭到彻底破坏,而且由于侵蚀沟的不断扩展,坡地上的耕地面积就随之缩小,使大片的土地被切割得支离破碎。

(4) 冲蚀:主要指沟谷中时令性流水的侵蚀。

2. 重力侵蚀

重力侵蚀是指斜坡陡壁上的风化碎屑或不稳定的土石岩体在重力为主的作用下发生的失稳移动现象,一般可分为泄流、崩坍、滑坡和泥石流等类型,其中泥石流是一种危害严重的水土流失形式。重力侵蚀多发生在深沟大谷的高陡边坡上。重力侵蚀表现为滑坡、崩塌和山剥皮。

3. 冻融侵蚀

主要分布在中国西部高寒地区,在一些松散堆积物组成的坡面上冬季出现冻结,春季表层首先融化,而下部仍然冻结,形成了隔水层,上部被水浸润的土体成流塑状态,顺坡向下流动、蠕动或滑塌,形成泥流坡面或泥流沟。所以此种形式主要发生在一些土壤水分较多的地段,尤其是阴坡。在青海东部一些高寒山坡、晋北及陕北的某些阴坡,常可见到舌状泥流,但一般范围不大。

4. 风力侵蚀

在比较干旱、植被稀疏的条件下,当风力大于土壤的抗蚀能力时,土粒就被悬浮在气流中而流失。这种由风力作用引起的土壤侵蚀现象就是风力侵蚀,简称风蚀。风蚀发生的面积广泛,除一些植被良好的地方和水田外,无论是平原、高原、山地、丘陵都可以发生,只是程度上有所差异。风蚀强度与风力大小、土壤性质、植被覆盖度和地形特征等密切相关。此外还受气温、降水、蒸发和人类活动状况的影响,特别是土壤水分状况是影响风蚀强度的重要因素。土壤含水量越高,土粒间的黏结力越强,而且一般植被也较好,抗风蚀能力强。风力侵蚀分悬移风蚀和推移风蚀。

5. 人为侵蚀

人为侵蚀是指人们在改造利用自然、发展经济过程中,移动了大量土体,而不注意水土保持,直接或间接地加剧了侵蚀,增加了河流的输砂量。对于现代土壤侵蚀来说,人为因素是主要影响因素。目前造成土壤流失的人为活动主要表现在采矿、修建各种建筑、公路、铁路、水利等工程过程中毁坏耕地、废弃物乱堆放,有的直接倒入河床,有的堆积成小山坡,再在其他力作用下产生侵蚀。人为侵蚀在黄土高原所产生的危害不容忽视,特别是一大批露天煤矿的开采使个别地区的水土流失近年来又有明显加剧的趋势。

土壤流失的防治主要包括:宣传和树立全民的"国土危机"意识;以防为主,标本兼治。

具体包括:严禁乱砍滥伐,加大植被保护的力度;尽快退耕还林和退耕还草,严格限制利用强度;按自然规律利用和开发土壤资源;宜耕则耕,宜林则林,宜草则草;实施科学的耕作法,如土壤保护耕作法;加大水土保护的工程投入等。

(二) 土壤荒漠化

荒漠化是指由于气候变化和人类不合理活动等因素造成的干旱半干旱和具有干旱特征的半湿润地区土地退化现象。广义的荒漠化包括风蚀荒漠化、水蚀荒漠化、冻融荒漠化和盐渍化。狭义的荒漠化主要指在沙漠边缘的干旱与半干旱草原地区,由于气候干旱、雨量稀少、蒸发量大,导致土地植被稀少,土壤受风蚀而逐渐演变为沙漠地带的现象。按地貌形态和地表组成可将荒漠分为岩漠(石漠)、砾漠(戈壁)、沙漠(沙质荒漠)、泥漠(泥质或黏质荒漠),其分布地区和特征见表 4-2。荒漠还可以按气候、植被、土壤、地理位置和成因等划分成不同类型。

表 4-2 土壤荒漠化类型及分布特征表

土壤荒漠化类型	分布地区	性状
岩漠化(石漠化)	岩性为火山岩、灰岩,坡角大于 40°～50°地区	基岩裸露,无植被,遭受强烈的剥蚀作用,零星有土壤体
砾漠化(戈壁滩)	平原,山地交接地带,洪流沟,山谷	块碎石、卵石裸露,风把砂和尘土吹走后留下的岩块,古老的砾石滩,侵蚀作用等使得颗粒几乎不存在,下游渐变为土壤体
沙漠化	风积沙丘、现代河谷干涸段、古河道	细砂、中砂颗粒组成,沙漠中的砂多成起伏状、波状、新月形沙丘,沙滩,岸堤沙丘,风蚀堆积作用生成
泥漠化	黄土区、白干土垅、岗地黄土台地、滨海及高水位次生盐渍地	地形切割强烈,片蚀、风蚀作用强烈,零星有草本植物分布;地形平坦,植被稀少,土壤中含有大量盐分

土壤荒漠化的过程是土壤质量不断下降的过程。土壤荒漠化使得土壤失去生产能力,农田、草地和林地被侵占,给人类带来重大损失。全球每年因土壤荒漠化造成的经济损失超过 420 亿美元。荒漠化的最严重结果是土壤功能完全丧失,形成荒漠。

荒漠化是全球性环境问题。1977 年联合国荒漠化大会中提出土壤荒漠化是当今世界上最严重的环境问题,并通过了《防治荒漠化行动计划》。1992 年在巴西里约热内卢召开的联合国环境与发展大会上,国际社会就如何防治世界荒漠化作为一项重要议题。大会赞成通过一种全新的方式解决荒漠化扩展问题,强调在全社会开展促进可持续发展的行动。遗憾的是,尽管国际组织和各国做了多种努力,但全球荒漠化问题仍在加剧。为了提高世界各国公众对防治荒漠化重要性的认识,唤起人们防治荒漠化的责任感,1994年12月第49届联大通过决议,自1995年起每年6月17日为"世界防治荒漠化和干旱日"。

1. 土壤荒漠化的原因

土壤荒漠化是自然因素和人为活动综合作用的结果。自然地理条件和气候变异形成荒漠化的过程是缓慢的,而人类活动则激发和加速了荒漠化的进程,成为荒漠化的主要原因。

(1) 自然原因

自然因素主要是指异常的气候条件,特别是严重的干旱条件,由此造成植被退化,风蚀加快,引起荒漠化。干旱、半干旱及亚湿润干旱地区一般位于大陆腹地,降水量少、蒸发量大、自然生态干旱脆弱。

(2) 人为原因

人口增长对土地的压力,是土壤荒漠化的直接原因。干旱土地的不合理开垦、过度放牧、粗放经营、滥伐森林、水资源的不合理利用、不合理开矿等是人类活动加速荒漠化扩展的主要表现。就全世界而言,过度放牧和不当的旱作农业是干旱和半干旱地区发生荒漠化的主要原因。此外,干旱和半干旱地区用水管理不善,引起大面积土壤盐渍化,也是一个十分严重的问题。从亚太地区人类活动对土地退化的影响构成来看,植被破坏占37%,过度放牧占33%,不可持续农业耕种占25%,基础设施建设过度开发占5%。防治土壤荒漠化的主要措施是:限制或禁止人们对易荒漠化地区的不合理开发,保护植被,增加绿化面积,合理调用水资源等。

2. 我国土壤荒漠化的原因和现状

(1) 过度放牧

导致我国沙化土地继续扩展的诸多原因中,过度放牧引起土地沙化的比例最大。例如,内蒙古自治区20世纪80年代中期全区草地的理论载畜量为4 215万个羊单位,而实际载畜量超载率为33%。特别是在干旱年份,草场生产力急剧下降,而牲畜数量却得不到及时调整。草场超载放牧,导致了大面积的土地沙化。我国北方荒漠化形成因素中过度放牧占30.1%。

(2) 过度开垦

据卫星遥感调查结果,黑龙江、甘肃、新疆、内蒙古四省(区)1986～1996年毁草垦荒1.17万平方千米,而其中一半在开垦几年后撂荒,成为新的荒漠化土地。河北坝上地区,20世纪50年代后期至70年代末,共进行了三次大规模的垦草种粮浪潮,草场面积由原来的7 330平方千米下降到2 260平方千米,耕地则由原来的4 250平方千米增加到8 710平方千米。由于违背自然规律的滥垦,使原本就十分脆弱的生态环境失去植被的保护,在干旱、大风等恶劣自然条件的影响下,土地因风蚀严重沙化。仅张家口坝上四县就有6 670平方千米的草场和农田变成沙化土地,占坝上总面积的57.2%。在我国北方荒漠化形成因素中,过度农垦占26.9%。

(3) 乱采滥伐

荒漠化地区的植被多是重要的薪柴和药材资源。据有关资料,柴达木盆地原有固沙植被2万多平方千米,到20世纪80年代中期,因樵采已毁掉三分之一以上。我国北方荒漠化形成因素中滥伐树木占32.7%。

（4）水资源的不合理利用

一些地区水资源的不合理利用导致了大面积的土壤荒漠化,如塔里木河下游地区因农业过度用水,使输往下游的水量急剧减少以至断流,造成大面积水土荒漠化。

土壤荒漠化的防治主要包括：营造防沙林带、实施生态工程、建立生态复合经营模式、合理开发水资源、控制农垦等。

（三）土壤盐渍化

土壤盐渍化是土壤荒漠化的一种形式。盐渍土是盐土和碱土以及各种盐化、碱化土壤的统称。盐土是指土壤中可溶盐含量达到对作物生长有显著危害程度的土壤。碱土则含有危害植物生长和改变土壤性质的大量交换性钠,又称钠质土。盐渍土的形成主要是可溶性盐类在土壤表层重新分配的结果。

盐渍化按其成因可分为原生盐渍化和次生盐渍化两种。造成土壤盐渍化的条件,概括地说有自然条件和人为因素两方面。由于自然环境因素如气候、地质、地貌、水文和土壤条件等导致的土壤盐渍化是原生盐渍化,而次生盐渍化是人类对土地资源和水资源不合理利用,如过垦、过牧、不合理的灌溉排水等人为因素引起的区域水盐不平衡的结果。灌溉农业高度发达地区出现盐渍土的现象较为普遍。盐渍土的盐主要来源于三个方面：岩石中盐类的溶解、工矿废水的注入和海水的渗入。干旱半干旱地区脆弱的生态地质环境是形成土壤盐渍化的客观基础。

1. 盐渍土地表主要盐分

（1）氯化物。主要包括 $MgCl_2$、$CaCl_2$、$NaCl$ 等。当土壤含有较多的 $MgCl_2$、$CaCl_2$ 时,地表呈暗褐色油泽感,俗称"黑油碱"、"卤碱"、"万年湿"。当土壤含有较多的 $NaCl$ 时,地表有一层盐结皮,人踩上去有破碎的响声,俗称"盐碱"。重度盐化和滨海盐土地表有盐霜及 $NaCl$ 结晶。

（2）硫酸盐。主要指芒硝（Na_2SO_4）。该类土地表呈白色、蓬松状,人踩上去有松软陷入感,俗称"水碱"、"白不咸"、"毛拉碱"。$NaCl$ 与 Na_2SO_4 混合的结壳蓬松盐渍土,人踩上去可发出"扑-扑"的声音,俗称"扑腾碱"。

（3）碳酸盐。主要包括苏打（Na_2CO_3）和小苏打（$NaHCO_3$）。苏打盐渍土地表呈浅黄色盐霜、盐壳,有的盐壳有浅黄褐色的渍印,这种土在雨后地面水呈黄色,俗称"马尿碱"。含小苏打的盐渍土地表发白、无盐霜,但地表也有一层板结壳,干时有裂缝,俗称"瓦碱"、"缸碱"、"牛皮碱"。

盐渍土的形成主要有以下几个原因：含盐的地表水蒸发形成;含盐的地下水通过毛细作用上升到地表蒸发形成;含盐的海水蒸发及由盐湖、沼泽退化而成;人类不合理的土地利用等。近年来,随着土地的不断开发,人们已经将注意力转向干旱半干旱地区。由于这些地区水资源匮乏,农业节水已成为水资源管理的重要问题,降雨、灌溉和蒸发的交替作用使得盐分在非饱和带土壤中不断积累,形成次生盐渍化。土壤盐渍化和次生盐渍化目前已经成为全世界共同面临的一个全球性环境问题。

2. 土壤盐渍化现状与危害

土壤盐渍化是困扰人类的重大问题之一。盐渍土分布广泛,其范围遍及除南极洲以外的各大洲,联合国粮农组织的资料表明,全世界盐渍土总面积约 9.5×10^8 ha,其中大洋洲占

37.5%,亚洲占 33.3%,美洲占 15.4%,非洲占 8.5%,欧洲占 5.3%,所有盐渍土面积占地球陆地面积的 7.26%。就国家而言,澳大利亚、俄罗斯、阿根廷、伊朗、印度、巴拉圭、印度尼西亚、埃塞俄比亚、美国、加拿大、埃及、智利等,都是盐渍土分布面积很大的国家。欧洲盐渍土的总面积尽管虽小,但是仍占各国总面积的 2%。

我国也是盐渍土分布广泛的国家,粗略计算约为 1.0×10^8 ha,主要分布于辽、吉、黑、冀、鲁、豫、晋、新、陕、甘、宁、青、苏、浙、皖、闽、粤、内蒙古及西藏等 19 个省(区)。按自然地理条件及土壤形成过程,划分为滨海湿润、半湿润海浸盐渍区,东北半湿润、半干旱草原、草甸盐渍区,黄淮海半湿润、半干旱旱作草甸盐渍区,甘新漠境盐渍区,青海极漠境盐渍区及西藏高寒漠境盐渍区等 8 个分区。

土壤出现盐渍化后,土壤溶液的渗透压增大,土体通气性、透水性变差,养分有效性降低,植物不能正常生长,农作物减产或绝收。因此盐渍土是一种低产土壤,甚至是不毛之地。但是盐渍土地区通常地势平坦,灌溉较为方便,因而可以加以改造。特别是随着工农业生产的飞速发展,人口的不断增加,粮食需求的日益高涨,以及耕地资源的愈趋贫乏,盐渍土的开垦利用更为众多国家或地区所高度重视。

据统计,盐渍土给我国每年造成的经济损失达 25.11 亿元。在国内的一些灌区,每年因盐渍土死于苗期的农作物占播种面积高达 10%~20%。如黄淮海平原轻度、中度盐渍土灌区造成农作物减产达 10%~50%;山东省 140.06 万公顷盐渍化土地中的 81.56 万公顷耕地,每年因盐渍化造成的经济损失达 15 亿~20 亿元;甘肃河西走廊地区因土地盐渍化损失的粮食每年超过 1 亿千克。严重的盐渍化,使土地的利用率降低,荒地增多,加深了人多地少的矛盾。

盐渍(碱)土对作物的危害机理:

(1) 水的胁迫作用

土壤盐渍化增加了土壤溶液可溶性盐分浓度,导致渗透压不断提高。植物从土壤中吸收水分能力减小,表现缺水。如果土壤溶液的渗透压大于植物细胞内渗透压,植物就不能吸收土壤中的水分,发生"生理干旱"而死亡。

(2) 盐分离子的生理毒害

盐渍环境中,植物的被迫吸收,使钠离子(Na^+)、氯离子(Cl^-)在体内增多,细胞膜上的 Ca^{2+} 可被 Na^+ 取代,产生膜的渗透现象,使细胞内的可溶性物质失去平衡,表现为 P、N、K 等营养物质的缺乏。

不同盐类对植物的毒害规律大致如下:盐类的溶解度越大,其危害性就越大;碱性越大,毒害也就越大;单一盐类的毒性比多种盐类危害性大,这是由于离子之间的聚抗作用引起的。

不同盐类危害性排序:$Na_2CO_3 > MgCl_2 > NaHCO_3 > NaCl > CaCl_2 > MgSO_4 > Na_2SO_4$。

第三节 土壤环境标准与法规

一、土壤污染防治法规的发展进程

由于土壤污染自身的累积性、隐蔽性与长期性等特点,再加上人类的土壤保护意识以及科学技术等方面的原因,使得土壤污染被人类所真正认识、了解往往要迟于大气污染与水污染,因此人类对土壤污染的重视与对土壤污染问题的立法也远远迟于对大气污染与水污染。但无论怎样,由于土壤污染问题的严重性,最终还是引起了全世界的高度关注。

土壤污染在 20 世纪 70 年代以后逐渐成为国际社会关注的热点问题。但遗憾的是在相当长一段时间内一直没有关于土壤污染方面的国际公约、协议、规定来警示、协调成员国之间的行动。这种状况直到 2004 年才有所改变,2004 年 11 月 17 日至 25 日在泰国曼谷举行了世界自然保护联盟第三届世界自然保护大会,会议通过了 100 项有关全球环境保护的决议,其中就包括旨在发展土壤可持续利用的国际手段,尤其是那些为了保护和保存生物多样性和维系人类生存而满足土壤生态需求和保护其生态功能的国际手段。此后,2006 年 11 月 13 日,国际自然保护联盟(IUCN)环境法委员会土壤法律专家小组草拟了《土壤保护和可持续利用议定书(草案)》,这是迄今为止国际社会最为重要的土壤污染防治方面的法律文件。该议定书的目标是:保存(保护)土壤及可持续利用且公正利用土壤。它要求任何缔约方应采取必要的和适当的法律、行政或其他措施以履行议定书中所规定义务。该议定书把 1992 年《里约环境与发展宣言》中第 15 条原则中的风险预防措施应用于土壤资源,使土壤遭受严重退化或丧失生态完整性威胁时,不得以缺乏科学上充分确实证据为理由延迟采取防止或减少该风险的措施。该议定书认可土壤资源在生态、遗传、社会、农业、经济、科技、教育、文化、娱乐和美学上的价值。所以保护和可持续利用土壤是全人类的共同关切。它注意到预测、预防和管理导致土壤严重退化对各缔约方来说是一项非常重要的工作。而最重要的是强调生物多样性方面的土壤资源的保护,通过保护土壤生态系统和土壤生态群落的本底来实现,并在可能的情况下保持及恢复土壤生态系统。该议定书认可在保护和可持续利用土壤中弱势群体的特殊需要,进而强调促进国家、政府、国际组织、非政府部门之间,在保护和可持续利用土地方面开展的国际和区域合作的重要性与必要性。另外,该议定书也注意到保护和可持续利用土壤对满足不断增长的世界人口对食品、健康和其他方面的需求至关重要。因此,获取并分享有关土壤资源的科技知识与技术也极为重要。为此,专门为发展中国家设置了特别条款,包括有关新的和额外的财政资源与合理获取相关技术以保护或改善土壤资源的生态功能等方面内容。该议定书分为序言、法律条款(49 条)与附录三个部分。其中 49 个法律条款已为各缔约方获准同意。主要包括以下内容:

(1) 管辖范围包括:全球土地资源和可能影响土壤保存(保护)和生物多样性的任何利用土地的方法和目的,也涉及对土壤环境生态完整性和人类健康构成威胁的各种风险。

(2) 各缔约方应遵循的原则:根据《联合国宪章》和国际法原则,各国拥有按照本国环境政策开发本国土壤资源的主权权利,并负有确保在其管辖范围内或在其控制下的活动不致损害其他国家或在各国管辖范围以外地区的土壤资源的责任。

(3) 缔约国应采取的一般措施:为保护和可持续利用土壤资源制定国家政策、计划或规划,或者为了该目的调整现有的政策、计划或规划,除特殊情况外它们应该反映该议定书对有关缔约国设定的措施;并且尽可能且适当地将保护和可持续利用生物多样性整合入相关部门或跨部门的计划、规划和政策中;各缔约国应确保国家用于保护和管理土地的立法包含建立适当的人事和制度支持系统。

(4) 建立土壤保护和可持续利用国际小组,利于科学、技术、信息与经验交流;在发展和增强有关保护和可持续利用土地的人力资源、制度能力和科学研究能力方面进行合作,加强这些方面的能力建设。各缔约方应确保采取行动增强有关土地资源保护的公众觉悟;各缔约方应促进公众保护和可持续利用土壤意识的提高,加强教育、确保公众的知情权、鼓励公众参与;缔约方应制定国家土壤资源战略,并为土壤主管机构的运作提供建议;另外,各缔约方应该指导土壤政策、收集与分析土壤信息、进行土壤评估与指导土壤计划、进行土壤保持研究、监测土壤状况、履行对其他缔约国告知义务等等。

(5) 土壤保护和可持续利用的原则:土地利用活动应遵守 1992 年《关于环境和发展的里约宣言》第 15 条确定的预防原则,如现有的活动不能达到生态土壤标准或对现有活动的修改可能严重破坏土壤资源生态完整性,则不能将其扩大或修改。除非采取了一切合理的保护措施,否则任何可致土壤环境破坏的活动将不被允许。保护措施应建立在可获得的最佳的土地保护技术之上。

二、国外土壤污染防治法规

在美洲,美国较早就有土壤污染防治方面的立法。1930 年的"黑色风暴"引起社会各界对土壤问题的关注。为此,农业部增设土壤保护局(现为自然资源保护局),加强对土壤的保护,并且于 1935 年通过了《土壤保护法》。但美国还是主要通过污染物和污染源控制法律以及相应联邦和州行动计划的制订和实施来进行土壤污染防治的法律控制。这方面主要有两部法律:① 美国于 1976 年制定的《固体废物处置法》,全面控制固体废物污染土地和其他环境,以后进行了几次修订,成为从污染物和污染源控制土壤污染的重要法律,重在预防危险物质污染环境和危害人体健康。② 1980 年的《综合的环境反应、补偿和责任法》,依据该法,美国政府建立了名为"超级基金"的信托基金,旨在对实施这部法律提供一定的资金支持,故常将该法称为"超级基金法"。该法规定了危险物质泄漏的治理责任,主要包括:危险物质泄漏事故的报告,优先治理顺序表、治理者、治理行动,治理费用的分担,基金、奖励和制裁等。该法在一定程度上是对《固体废物处置法》的补充。该法颁布后,针对环境问题发展过程中出现的新情况,美国也陆续颁布了一些修订版和补充法案,如《超级基金增补和再授权法案》以及《棕色地块法》。超级基金法是针对土地受污染后责任认定的法律。而在对超级基金法进行修改的基础上出现的《棕色地块法》阐明了污染的责任人和非责任人的界限、制定了评估标准、保护了土地所有者或使用者的权利,为促进棕色地块开发提供了法律保障。

加拿大主要依赖于一些相关法律来规范土壤污染。如 2003 年颁布的《土地保护与恢复法》,该法的第三部分就土壤的监测分析做出了相关规定。一些地方性法律也注重对土壤的修复与保护,如不列颠哥伦比亚省于 1977 年 9 月颁布、1996 年修订的《土壤保护法》(第 434章)。该法禁止没有许可的情形下移动土壤或把其他物质带入农业土地。此外,还有《环境管理法》第四部分"污染场地修复法"等都是有关土壤污染防治法规的内容。巴西、阿根廷等南美国家也就土壤污染的防治出台了相应的法规。如《防止土壤侵蚀的环境计划法令》、《环境政策法》、《森林、土壤与水保护(森林保护宣言)法令》、《土壤保护(苏格兰地区)法》等法规均对土壤保护做了相关规定。

在亚洲,直到 20 世纪 70 年代才有专门的土壤污染防治立法。90 年代后,相关立法开始变得完善起来。工业化较早的日本,1968 年的"痛痛病"事件直接导致了 1970 年《农用地土壤污染防治法》的出台,使得以清洁土壤为主要手段的土壤修复工程得以开展。1975 年在日本东京的部分地区被污染的土壤里面发现存在大量的六价铬，于是"城市型"土壤污染引起了全社会的关注，这导致了后来《土壤污染对策法》的制定。此外，日本还制定了其他一系列的法律法规以保护人们赖以生存与发展的土壤环境，如《市街地土壤污染暂定对策方针》(1986 年)、修改《水质污浊防止法》(1989 年)(追加规定防止排水向地下渗透)、《土壤污染环境标准》(1991 年)、修订《土壤污染环境标准》(1994 年)(追加三氯乙烯等 15 项监测指标)、《与重金属有关的土壤污染调查·对策方针》、《与有机氯化合物有关的土壤·地下水对策暂定方针》(1994 年)、修订《水质污浊防止法》(1996 年)(创立设定净化地下水措施命令制度)、《关于土壤·地下水污染调查·对策方针》(1999 年)、修订《土壤污染环境标准》(2001 年)(追加氟和硼 2 项监测指标)。其中《农用地土壤污染防治法》、《Dioxine 类物质对策特别措施法》、《土壤污染对策法》这三部法律是土壤方面的主要法律，构成了比较完善的防治土壤环境污染的法律法规体系。韩国于 1995 年 1 月 5 日颁布了《土壤环境保护法》，1997 年至 2004 年多次修订。该法只有单一的土壤污染整治功能，其内容限于对污染土壤的监测、调查及净化。它旨在防止由于土壤污染而导致对公众健康和环境的潜在危险或伤害，为此要恰当地维持与保护土壤，包括修复受污染土壤等。为了加强对该法的实施，于 1999 年 12 月 29 日颁布了《土壤环境保护法实施细则》，并于 2000 年至 2004 年多次修订，规定了执行方面的一些必要事项。

三、中国土壤污染防治法规

我国政府一直以来比较重视土壤污染问题。从 1979 年《环境保护法(试行)》颁布以来，就进行了一系列的立法对环境污染进行规范，其中也就土壤污染做了许多规定，既有全国性的法律、行政法规和规章，也有数量众多的地方性法规、规章。其中，我国的《环境保护法》(1989 年)对土壤污染做出纲领性、原则性的规定：第 2 条规定"土地"是环境的要素之一，第 20 条规定"各级人民政府应当加强对农业环境的保护，防治土壤污染"。在《土地管理法》(1986 年)中也有相类似的规定。此外，还有对土壤污染源进行控制的专门法律。《水污染防治法》(1984 年颁布、1996 年修订)第 37 条规定："向农田灌溉渠道排放工业废水和城市污水，应当保证其下游最近的灌溉取水点的水质符合农田灌溉水质标准。利用工业废水和城市污水进行灌溉，应当防止污染土壤、地下水和农产品。"《中华人民共和国水污染防治法实施细则》(2000 年)第 24 条规定："用工业废水和城市污水进行灌溉的，县级以上地方人民政府农业行政主管部门应当组织对用于灌溉的水质及灌溉后的土壤、农产品进行定期监测，并采取相应措施，防止污染土壤、地下水和农产品。《大气污染防治法》(1987 年颁布、2000 年修订)规定根据气象、地形、土壤等自然条件，划定酸雨控制区或者二氧化硫污染控制区，对防治酸雨污染、控制土壤酸化污染做出了规定。《固体废物污染环境防治法》(1995 年颁布、2004 年修订)是我国从污染物和污染源控制土壤污染的重要法律，重在预防危险物质污染土壤环境和危害人体健康。"还有《危险化学品安全管理条例》(1987 年颁布、2002 年修订)、《工业污染源监测管理办法(暂行)》(1991 年)、《城市生活垃圾管理办法》(1993 年颁布、2007 年修订)、《农药安全使用标准》(1990 年)、《农药管理条例》(1997 年颁布、2001 年修订)、《农药限制使用管理规定》(2002 年)、《废弃危险化学品污染环境防治办法》(2005 年)也都对土壤污染的预防做出了规定。《农业法》(1993 年颁布、2002 年修订)第 58 条规定："农民和农业生产经营组织应当保养耕地,合理使用化肥、农药、农用薄膜,增加使用有机肥料,采用先进技术,保护和提高地力,防止农用地的污染、破坏和地力衰退。"这是对防止土壤污染的预防性规定。《农产品质量安全法》(2006年)第三章专章规定了农产品产地,对农用土壤污染的预防与治理作出了规定。另外还有《水土保持法》(1991年)、《农用污泥中污染物控制标准》(1984年)、《农田灌溉水质标准》(1992年)、《基本农田保护条例》(1998年)、《土地复垦规定》(1998年)、《农产品产地安全管理办法》(2006年)等都有相关规定。

我国台湾地区于2000年2月2日颁布了"土壤与地下水污染整治法",旨在防止和清除土壤与地下水污染、确保可持续利用土地和地下水资源、改善生存环境与维护和加强人类健康。2001年10月17日颁布"土壤及地下水污染整治法实施细则",并于当年10月29日颁布"土壤与地下水污染整治费收费办法"。除此以外,台湾地区还发布了一系列的命令与行政规定,如,2001年7月发布的"土壤及地下水污染整治基金管理委员会组织规程"、11月发布的"土壤污染监督基准"与"土壤污染管制基准",2003年发布的"土壤及地下水污染控制场址初步评估办法"等。

虽然我国在许多法律法规、规章里面都有关于土壤污染防治方面的内容,尤其许多地方性法规、规章都有规定,但仍存在一些缺陷与不足。如我国大陆地区至今还没有土壤污染防治方面的专门立法,更没有一套系统的、完善的土壤污染防治法律法规体系。相关的法律法规中都只有一些零星规定,分散而不系统,大多只是些原则性规定,缺乏可操作性。关于土壤污染如何处理的内容,目前的法律法规都未做相应规定。虽然在1995年颁布了《土壤质量环境标准》,但标准制定得太过单一化、缺乏灵活性,不能适应我国土壤类型多样化的要求,无法满足我国土壤污染防治与土壤环境保护的需要。

针对农业土壤污染防治方面的法规也迫切需要建立。土壤直接跟农民的生存息息相关。而农业用地土壤更容易受到有机物的污染,也容易受到农药、化肥的污染。另外随着一些污染企业往城市郊区、农村迁移,带来了工业污染,尤其是一些致命的重金属污染。给农村的动植物生长、农民的生命健康带来了直接的危害。此外,我国缺乏企业搬迁的土壤污染防治的相关规定。随着社会的变化、经济的发展,尤其是近几年来我国进行产业结构调整和城市改造,每年都有成千上万的污染企业、工厂被强制搬走,已经并正在留下许多土壤污染防治问题,这些问题是我国现有法律法规所无法解决的,需要有专门的法律法规来解决由于企业搬迁所留下的土壤污染防治问题。庆幸的是,我国部分省市如江苏、四川省等已着手制定相关法规和条例。

此外,我国对污染土壤的清除与修复规定也很缺乏。已颁布的《水污染防治法》、《农业法》等法律法规虽然有一些土壤污染方面的规定,但那只是一些预防性的规定,更是一些原则性的规定,自然不能清除与修复已污染土壤。同时,对污染土壤进行清除与修复,会有一定的科学技术性和污染转移的风险,这都需要有专门的法律法规来进行规范。而我国现有的污染防治法显然对此无能为力,导致土壤污染的防治措施缺乏针对性,也无法建立科学的污染控制标准体系。另外,明确具体的执行机制与责任追究机制也需要迫切建立起来。我国现行的污染防治法都没有有效的执行手段与责任追究机制。污染企业与个人往往能够逍遥法外。政府部门因为职责不清、分工不明,使得对污染者处罚力度偏小。

第四节 土壤污染修复技术

近年来,土壤修复技术得到了越来越多的关注,相关的物理修复技术、化学修复技术、生物修复技术,以及在土壤的退化防治方面的技术也迅速发展起来。

一、物理修复技术

物理修复作为一类污染土壤修复技术,近年来得到全方位的发展,主要包括物理分离修复、蒸汽浸提修复、固化稳定化修复、玻璃化修复、低温冰冻修复和热力学修复等技术。

(一)物理分离修复技术

污染土壤的物理分离修复技术是依据污染物和土壤颗粒的特性,借助物理手段将污染物从土壤中分离出来的技术,该技术工艺简单。依据颗粒物的大小、密度、表面特性和磁性等可以采用不同的物理方法实现对污染物的分离。

表 4-3 主要的物理分离修复技术

类别	粒径分离	水动力学分离	密度分离	泡沫浮选分离	磁分离
优点	设备简单,费用低廉,可持续高处理产出	设备简单,费用低廉,可持续高处理产出	设备简单,费用低廉,可持续高处理产出	适合于细粒级的处理	采用高梯度磁场,可以修复较宽范围的污染介质
局限性	筛子易堵、易损坏、产生粉尘	土壤中有较大比例的粘粒、粉粒和腐殖质存在时很难操作	土壤中有较大比例的粘粒、粉粒和腐殖质存在时很难操作	颗粒须以较低浓度存在	处理费用比较高
装备	筛子、过滤器、矿石筛	澄清池、淘析器、水力旋风器	震荡床、螺旋浓缩器	空气浮选室或塔	电磁装置

物理分离的主要过程包括:

(1)针对不同土壤颗粒粒级(如粗砂、细砂和粘粒等)、粒径或形状,可通过不同大小、形状网格的筛子进行分离;

(2)依据水动力学原理,将不同密度的颗粒,通过其重力作用进行分离;

(3)根据颗粒表面特征的不同,采用浮选法,将其中一些颗粒吸引到泡沫上进行分离;

(4)一些污染物质具有磁感应特征,可通过在电磁场作用下进行分离。

(二)土壤蒸气浸提修复技术

土壤蒸气浸提修复技术是指通过降低土壤空隙的蒸气压,把土壤中的污染物转化为蒸气形式而加以去除的技术,该技术可去除不饱和土壤中挥发性有机组分(VOCs),适用于高挥发性化合物污染土壤的修复,如汽油、苯和三氯乙烯等污染的土壤。该技术应用条件见表4-4。

表 4-4　土壤蒸气浸提技术的应用条件

	项目	有利条件	不利条件
污染物	存在形态	气态	被土壤强烈吸附或呈固态
	水溶解度	<100 mg/L	>100 mg/L
	蒸气压	$>1.33 \times 10^4 Pa$	$<1.33 \times 10^3 Pa$
土壤	温度	>20℃	<10℃
	湿度	<10%	>10%
	组成	均一	不均一
	空气传导率	$>10^{-4} cm/s$	$<10^{-6} cm/s$
	地下水位	>20 m	<1 m

土壤蒸汽浸提技术可分为不同种类：

1. 原位土壤蒸汽浸提技术

通过向不饱和土壤层中导入气流，促使挥发性和半挥发性的有机物挥发，随空气进入真空井，气流经过后，土壤得到了修复。

该技术主要用于挥发性有机卤代物或非卤代物的修复，有时也应用于去除土壤中的油类及其有机物、多环芳烃或二噁英等污染物。

2. 异位土壤蒸汽浸提技术

异位土壤蒸汽浸提技术是指将污染土壤挖出集中堆积，通过布置在堆积土壤中的管道网络向土壤中引入气流，促使挥发性和半挥发性的污染物挥发，促使土壤与污染物分离。此技术通常还包括尾气处理系统。

3. 多相浸提技术

多相浸提技术是在土壤蒸汽浸提技术进行革新基础上发展起来的，是蒸汽浸提技术的强化，可以同时对地下水和土壤蒸汽进行提取。主要用于处理中、低渗透性地层中的挥发性有机物。多相浸提技术可具体细分为两相（TPE）和两重浸提（DPE）两种方法。

（三）固定化修复技术

固定化修复技术包括固化和稳定化两个概念。固化是指利用水泥一类的物质与土壤相混合将污染物包被起来，使之呈颗粒状或大块状存在，进而使污染物处于相对稳定的状态。固化技术基本不涉及固化物或固化的污染物之间的化学反应。稳定化技术属于化学修复技术范畴，但其不一定改变污染物及其污染土壤的物化性质。

固定化技术适用于多种土壤污染类型，其主要优点包括：可以处理多种复杂金属废物；费用低廉；设备容易转移；固化物稳定性强。但该技术在应用过程中的影响因素也较多，例如土壤中水分及有机污染物的含量、土壤性质等都会影响到技术的有效性，并且该技术只是暂时地降低了土壤的毒性，并没有从根本上去除其污染物，当外界条件改变时，这些污染物质还有可能释放出来污染环境。另外，在固定化过程中，可能导致封装后污染物的泄漏、处理过程中过量的处理剂导致的泄漏或应用固化剂/稳定剂产生挥发性有机污染物等问题。

（四）玻璃化修复技术

玻璃化技术包括原位和异位玻璃化两个方面。其原理是对土壤固体组分进行高温处理（1 600℃～2 000℃），使有机物和一部分无机化合物如硝酸盐、磷酸盐和碳酸盐等得以挥发或热解去除。原位玻璃化技术适用于含水量低、污染物深度不超过 6 m 的土壤。它对污染土壤的修复时间较长，一般为 6～24 个月。

二、化学修复技术

（一）化学淋洗修复技术

化学淋洗修复技术是指借助能促进土壤环境中污染物溶解或迁移作用的化学/生物化学溶剂，在重力作用下或通过水压推动淋洗液，将其注入被污染土层中，然后把含有污染物的液体从土层中抽提出来，进行分离和污水处理的技术。淋洗液通常具有增溶、乳化效果，能改变污染物的界面性质，提高污染土壤中污染物的溶解性和它在液相中的可迁移性。到目前为止，化学淋洗技术主要围绕着用表面活性剂处理土壤中有机污染物，用螯合剂或酸处理土壤中重金属污染物。该技术既可以进行原位修复，也可进行异位修复。

化学淋洗修复技术适用于各种类型污染物的治理。如重金属、放射性元素，具有低辛烷/水分配系数的有机化合物、石油烃、羟基类化合物、易挥发有机物、多氯联苯以及多环芳烃等。该技术最适用于多孔隙、易渗透的土壤，不太适用于非水溶态液态污染物、强烈吸附于土壤的呋喃类化合物、极易挥发的有机物。

（二）溶剂浸提修复技术

溶剂浸提修复技术是一种利用溶剂将有害化学物质从污染土壤中提取出来或去除的技术。主要用于去除不溶于水的化学物质如多氯联苯、油脂类等。溶剂浸提技术的设备组件运输方便，可以根据土壤的体积调节系统容量，一般在污染地点就地开展。溶剂浸提修复技术通常将污染土壤挖掘出来并放置在一系列提取箱（出口外密封很严的容器）内，在其中进行污染物的解吸、溶解等过程，再借助泵的力量将浸出液抽出提取箱并引导到溶剂再生系统中。按照这种方式重复提取，直到目标土壤中污染物水平达到标准。同时，对处理后的土壤引入活性微生物群落和富营养介质，快速降解残留的浸提液。湿度＞20％的土壤要先风干，避免水分稀释提取液而降低提取效率，黏粒含量高于 15％的土壤不适于采用这项技术。

（三）原位化学还原修复技术

原位化学还原修复技术主要用于地下水中含氯污染物的去除。当土壤中被该类化合物污染时，也可先采取淋洗土壤方式将污染物洗至地下水中，然后通过构建化学活性反应区或反应墙，使污染物通过这个特殊区域的时候被降解或固定，从而使污染物在土壤环境中的迁移性和生物可利用性降低。目前该技术在欧美等发达国家逐渐兴起。该方法的核心是在可渗透反应区填充化学还原剂或吸附剂，修复地下水中对还原或吸附作用敏感的污染物如铀、铬酸盐和一些氯代试剂。渗透反应区通常设在污染土壤的下方或污染源附近的含水土层中。常用的还原剂有单质铁、双金属单质等。吸附剂包括活性铝、铁铝氧石等。污染物通过还原、离子交换、表面络合、表面沉淀等不同机制被降解、吸附固定。

（四）化学改良修复技术

土壤化学改良技术是指对于污染程度较轻的土壤，可以根据污染物在土壤中的存在特性，向土壤中施加某些化学改良剂和吸附剂，如石灰、磷酸盐、堆肥、硫磺、高炉渣、铁盐以及黏土矿物等，修复被重金属和有机物污染的土壤的一种技术。当利用磷酸盐、硫化物和碳酸盐等作为污染物的稳定剂，将有害化学物质转化成毒性较低或迁移性较低的物质时，又称为稳定化技术。该方法可使重金属形成沉淀以减少植物对重金属的吸收，同时增加土壤对有机、无机污染物的吸附能力。美国曾于 1998 年 9 月在俄亥俄州用改良技术修复被铅污染的土壤。现场修复结果表明，土壤中铅的浓度从 382 mg/L 降到 1.4 mg/L，降幅达 99%。

（五）电动力学修复技术

电动力学修复技术的基本原理类似电池，利用插入土壤的两个电极在污染土壤两端加上低压直流电场，在低强度直流电的作用下，水溶的或者吸附在土壤颗粒表层的污染物根据各自所带电荷的不同而向不同的电极方向运动，打破污染物与土壤的结合键，大量的水以电渗透方式在土壤中流动，将溶解到土壤溶液中的污染物吸收浓缩至特定地方得以去除。污染物去除过程主要涉及电迁移、电渗析、电泳等电动力学现象。

电动力学修复技术包括：① 原位修复。直接将电极插入受污染土壤，污染修复过程对现场的影响最小；② 序批修复。污染土壤被输送至修复设备分批处理；③ 电动栅修复。受污染土壤中依次排列一系列电极用于去除污染物。

三、生物修复

生物修复技术是利用生物的生命代谢活动减少土壤环境中有毒有害物的浓度或使其完全无害化，从而使污染了的土壤环境能够部分地或完全地恢复到原初状态的过程。通过调节合适的温度及营养物质条件促进微生物繁殖并降解有机污染物或通过植物吸收，从而达到修复土壤的目的。

（一）微生物修复

微生物修复是常用的污染土壤生物修复技术，它主要是指利用微生物的作用对进入土壤环境中的难降解物质如大分子有机污染物、重金属等进行处理，通常把这种狭义的微生物修复技术称为土壤的生物修复。

1. 生物通风法

生物通风工艺是一种强化污染物生物降解的修复工艺。一般是在受污染的土壤中至少打两口井或三口井，安装鼓风机和真空泵，将新鲜空气强行压入土壤中，然后再抽出，土壤中的挥发性毒物也随之去除。在通空气时，有时加入一定量的 NH_3 或营养液，为土壤中的降解菌提供氮素营养，从而达到强化污染物降解的目的。

生物通风法常用于处理受地下储罐泄漏造成的少量污染土壤。该方法的显著优点是操作费用低,缺点是操作时间长,受到土壤中微生物种类的限制。

2. 泵出生物法

泵出生物法是将污染场地的地下水抽出经地表处理后与营养液按一定比例配比后注入土壤,促进土壤中的微生物最大限度地降解污染物。该法适用于处理污染时间较长、状况已基本稳定的地区或受污染面积较大的地区。

3. 生物堆肥

生物堆肥是利用生物的生命代谢活动使土壤中污染物降解或无害化的过程。在进行生物堆肥时,通常把污染土壤砌成堆,调节合适的温度及营养物质条件促进微生物繁殖,加速污染物的生物降解过程,通常微生物可把污染物分解为水及二氧化碳等无害物质。

4. 土壤耕作

在非透性垫层和砂层上,将污染土壤以 10～30 cm 的厚度平铺其上,并淋洒营养物、水及降解菌株接种物,定期翻动充氧,以满足微生物生长的需要,达到污染物的清除。处理过程产生的渗滤液可再回淋于土壤。该技术已成功用于处理受五氯酚、杂酚油、焦油或农药等污染的土壤。此外,微生物修复技术还有预备床、投菌法、生物搅拌等。

(二) 植物修复

植物修复是指将某种对土壤中污染元素具有特定吸收富集能力的植物种植在污染的土壤上,调节合适的温度及营养物质条件促进植物生长,然后将植物移除并无害化处理(如灰化回收),达到污染治理与生态修复的目的。植物修复应用范围广泛,可处理重金属、杀虫剂、除草剂、多环芳烃、多氯联苯、矿物油等污染物,该技术为从根本上解决土壤污染提供了一条重要的修复途径,是一种绿色环保技术,在土壤污染治理中具有独特的作用和意义。

植物修复技术主要途径有:

1. 植物稳定

即在污染区种植对污染物富集能力较强的植物,通过吸收和运转的过程,将污染物转移并储存在植物部分,最终通过移除植物并进行集中处理来达到减少土壤污染物含量的目的。

2. 植物转化

指利用植物吸收和植物根际作用使土壤中污染物转化为相对无害物质。在这一过程中,土壤中污染物的性质和含量发生根本性变化。

3. 植物挥发

指通过植物的吸收促进某些化合物转为可挥发态并将之挥发出土壤和植物表面。

4. 根际过滤

指利用植物庞大的根系和巨大的表面积过滤吸收、富集重金属元素。

不同的生物修复技术各具特点,见表 4-5。

表 4-5　生物修复技术特点

生物修复方法	特　点
微生物修复	不破坏植物生长所需的土壤环境； 可最大限度地降低污染物浓度，无二次污染； 污染物可在原地被降解清除； 操作简便，处理费用低，是现有传统的化学、物理修复费用的 30%～50%； 修复时间相对较长。
植物修复	植物固化作用对土壤环境扰动小，治理过程表现为原位性； 植物修复治理成本低，表现出环境与美学的兼容性； 植物修复存在植物处置问题，处理不当易导致二次污染。

　　总体来说，目前国际上土壤修复技术主要处于实验小试和中试阶段，大规模的实地应用还是十分有限。在通常情况下，都是根据污染物类型和土壤特征选择相应的修复方法。在国内，有关污染土壤修复的研究和应用尚在发展阶段，探索一条经济有效的修复途径对于不容乐观的国内土壤质量状况具有非常重要的现实意义。

参考文献

　　[1] 戴树桂. 环境化学[M]. 北京：高等教育出版社，2006.

　　[2] 王晓蓉. 环境化学[M]. 南京：南京大学出版社，1993.

　　[3] 朱利中. 环境化学[M]. 北京：高等教育出版社，2011.

　　[4] 王红旗，刘新会，李国学. 土壤环境学[M]. 北京：高等教育出版社，2007.

　　[5] 陈怀满. 环境土壤学[M]. 北京：科学出版社，2010.

　　[6] 孙铁珩. 土壤污染形成机理与修复技术[M]. 北京：科学出版社，2005.

　　[7] 洪坚平. 土壤污染与防治[M]. 北京：中国农业出版社，2005.

　　[8] 李发生，谷庆宝，桑义敏. 有机化学品泄露场地土壤污染防治技术指南[M]. 北京：中国环境科学出版社，2012.

　　[9] 葛晓立. 典型地区土壤污染演化与安全预警系统[M]. 北京：地质出版社，2007.

　　[10] 林玉锁. 土壤环境安全及其污染防治对策[J]. 环境保护，2007，1A：35—38.

　　[11] 曹斌，何松洁，夏建新. 重金属污染现状分析及其对策研究[J]. 中央民族大学学报（自然科学版），2009，18(1)：29—33.

　　[12] 刘惠君，刘维屏. 农药污染土壤的生物修复技术[J]. 环境污染治理技术与设备，2001，2(2)：74—80.

　　[13] 于颖，周启星. 污染土壤化学修复技术研究与进展[J]. 环境污染治理技术与设备，2005，6(7)：1—7.

　　[14] 詹研. 中国土壤石油污染的危害及治理对策[J]. 环境污染与防治，2008，30(3)：91—96.

　　[15] 骆永明，滕应. 我国土壤污染退化状况及防治对策[J]. 土壤，2006，38(5)：505—508.

第五章　固体废物安全处理与处置

第一节　固体废物概述

固体废物(固体废弃物)是指人类在日常生活、生产建设和其他非生产性活动中产生,在一定时间和地点又无法利用而被丢弃的对环境具有污染性的固态、半固态废弃物质。在修订后的《中华人民共和国固体废物污染环境防治法》中明确提出:固体废物,是指在生产、生活和其他活动中产生的丧失原有价值或者未丧失利用价值但被抛弃或者放弃的固态、半固态和置于容器中的气态的物品、物质及法律、行政法规规定纳入固体废物管理的物品、物质。人类在生产和生活中难以把资源全部转化为产品,不能有效利用的剩余部分就会成为固体废物,而且所有产品一旦超过使用寿命就成为固体废物;同时,科学技术的飞速发展使得产品更新换代时间越来越短,固体废物产生量也越来越大。

固体废物一般具有如下四个特性:

(1)"资源"和"废物"的相对性

从固体废物的定义可知,它是在一定时间和地点被丢弃的物质,是放错地方的资源,因此,此处的"废",具有明显的时间和空间的特征。

从时间方面看:固体废物仅是在目前的科技水平和经济条件下暂时无法加以利用的物质。但随着时间的推移,科技水平的提高,经济的发展,资源滞后于人类需求的矛盾也日益突出,今天的废物势必会成为明日的资源。

从空间角度看:废物仅仅相对于某一过程或某一方面没有使用价值,但并非在一切过程或一切方面都没有使用价值,某一过程的废物,往往会成为另一过程的原料,例如,煤矸石发电、高炉渣生产水泥、电镀污泥中回收贵重金属等。

事实上,进入经济体系中的物质,仅有 10%～15% 以建筑物、工厂、装置器具等形式积累起来,其余都变成了所谓"废物"。因此,固体废物成为一类量大而面广的新的资源将是必然趋势。"资源"和"废物"的相对性是固体废物最主要的特征。近代许多国家已把固体废物视为"二次资源"或"再生资源",把利用废物代替天然资源作为可持续发展战略中的一个重要组成部分。

(2)成分的多样性和复杂性

固体废物成分复杂、种类繁多、大小各异,既有无机物又有有机物,既有非金属又有金属,既有有味的又有无味的,既有无毒物又有有毒物,既有单质又有合金,既有单一物质又有聚合物,既有边角料又有设备配件,其构成可谓五花八门、琳琅满目。有人说,"垃圾为人类提供的信息几乎多于其他任何东西。"

(3)危害的潜在性、长期性和灾难性

固体废物对环境的污染不同于废水、废气和噪声,它呆滞性大、扩散性小,对环境的影响主要是通过水、大气和土壤进行的。其中污染成分的迁移转化是一个比较缓慢的过程,如浸出液在土壤中的迁移,其危害可能在数年以至数十年后才能发现,从某种意义上讲,固体废物特别是有害废物对环境造成的危害可能要比废水、废气造成的危害严重得多。

（4）污染"源头"和富集"终态"的双重性

废水和废气既是水体、大气和土壤环境的污染源,又是接受其所含污染物的环境。固体废物则不同,它们往往是许多污染成分的终极状态。例如一些有害气体或飘尘,通过治理最终富集成废渣;一些有害溶质和悬浮物,通过治理最终被分离出来成为污泥或残渣;一些含重金属的可燃固体废物,通过焚烧处理,有害金属浓集于灰烬中。但是,这些"终态"物质中的有害成分,在长期的自然因素作用下,又会转入大气、水体和土壤,又成为大气、水体和土壤环境污染的"源头"。正是由于固体废物具有这种污染"源头"和"终态"的特征,使得对固体废物的控制成为世界各国关注的热点。

一、固体废物来源及分类

1. 固体废物的来源

我国固体废物的产生主要来自工农业生产所产生的固体废物和城市生活产生的生活垃圾两大方面。自 20 世纪 80 年代以来,随着我国经济、社会和文化的快速发展,人民生活水平得到极大提高,工业、农业固体废物和城市生活垃圾数量成倍增长,危险性固体废物也明显增多。

2. 固体废物分类

城市固体废物种类繁多、组成复杂、性质多样,因而有多种分类方法。

按组成可分为有机废物和无机废物;按其危害状况可分为有害废物(指腐蚀、腐败、剧毒、传染、自燃、锋刺、爆炸、放射性等废物)和一般废物;按其形状可分为固体废物(粉状、粒状、块状)和泥状废物(污泥)。通常按其来源分为工业固体废物、矿业固体废物、农业固体废物、有害固体废物和城市垃圾五类(见表 5-1)。

表 5-1　固体废物的分类、来源和主要组成物

分类	来　源	主　要　组　成　物
矿业废物	矿山选冶厂等	废石、尾矿、金属、废木、砖瓦、灰石、水泥、沙石等
工业废物	冶金、交通、机械、金属结构等工业	金属、矿渣、砂石、模型、芯、陶瓷边角料、涂料、管道、绝热和绝缘材料、黏结剂、废木、塑料、橡胶、烟尘、各种废旧建筑材料等
	煤炭	矿石、木料、金属、煤矸石等
	食品加工	肉类、谷物、果类、蔬菜、烟草
	橡胶、皮革、塑料等工业	橡胶、皮革、塑料、布、线、纤维、染料、金属等
	造纸、木材、印刷等工业	刨花、锯木、碎木、化学药剂、金属填料、塑料填料、塑料等
	石油化工	化学药剂、金属、塑料、橡胶、陶瓷、沥青、油毡、石棉、涂料等
	电器、仪器仪表等工业	金属、玻璃、木材、橡胶、塑料、化学药剂、研磨料、陶瓷、绝缘材料等
	纺织服装业	布头、纤维、橡胶、塑料、金属等
	建筑材料	金属、水泥、黏土、陶瓷、石膏、石棉、砂石、纸、纤维等
	电力工业	炉渣、粉煤灰、烟灰

分类	来　源	主　要　组　成　物
城市垃圾	居民生活	食物垃圾、纸屑、布料、庭院植物修剪物、金属、玻璃、塑料、陶瓷、燃料、灰渣、碎砖瓦、废器具、粪便、杂品
城市垃圾	商业、机关	管道碎砌体、沥青及其他建筑材料，废汽车、废电器、废器具、含有易爆、易燃、腐蚀性、放射性的废物，以及类似居民生活栏内的各种废物
城市垃圾	市政维护、管理部门	碎砖瓦、树叶、死禽畜、金属锅炉灰渣、污泥、脏土等
农业废物	农林	稻草、秸秆、蔬菜、水果、果树枝条、糠秕、落叶、废塑料、人畜粪便、禽粪、农药
农业废物	水产	腥臭死禽畜、腐烂鱼、虾、贝壳、水产加工污水、污泥等
有害废物	核工业、核电站、放射性医疗单位、科研单位	金属、含放射性废渣、粉尘、污泥、器具、劳保用品、建筑材料
有害废物	其他有关单位	含有易燃、易爆和有毒性、腐蚀性、反应性、传染性的固体废物

国外固体废物的分类，美国与我国大致相同，而日本通常分为产业废物和一般废物两大类。

（1）工业固体废物（废渣）

工矿业固体废物是指在工业生产、加工过程中产生的废渣、粉尘、碎屑以及在采矿过程中产生的废石、尾矿等。

（2）矿业固体废物

矿业固体废物主要包括废石和尾矿。废石是指各种金属、非金属矿山开采过程中从主矿上剥离下来的各种围岩；尾矿是在选矿过程中提取精矿以后剩下的尾渣。

（3）城市垃圾

城市垃圾是指居民生活、商业活动、市政建设与维护、机关办公等过程产生的固体废物。包括生活垃圾、城建渣土、商业固体废物、粪便等。

（4）农业固体废物

农业固体废物是指农业生产、畜禽饲养、农副产品加工以及农村居民生活活动排出的废物，如秸秆、人和禽畜粪便等。

（5）危险固体废物

这类废物除了放射性废物以外，还指具有毒性、易燃性、反应性、腐蚀性、爆炸性、传染性，因而可能对人类的生活环境产生危害的固体废物。这类固体废物的数量约占一般固体废物量的 1.5%～2.0%，其中大约一半为化学工业固体废物。

二、固体废物排出的国内外现状

1. 世界废物排出情况

随着经济的不断增长和人民生活水平的不断提高，废物排出量与日俱增。一些工业化国家的工业固体废物排放量，每年平均以 2%～4% 的增长率增长，如美国为 5%，欧洲经济共同体国家生活垃圾平均增长率为 3%，德国为 4%，瑞典为 2%。目前全世界工业生产每年产生的固体废物高达 70 亿吨，其中美国约占一半。危险废物和放射性废物的产生量亦在逐年上升。

随着工业化国家的城市化和居民消费水平的提高,城市生活垃圾的增长也十分迅速。发达国家城市垃圾增长率为 3.2%～4.5%,发展中国家为 2%～3%。全球年产城市垃圾超过 100 亿吨,其中美国年产垃圾量就达 30 亿吨。

2. 我国废物排出情况

我国固体废物的产生量,随着经济的发展和人民生活水平的不断提高也在急剧地增加。2004 年,全国工业固体废物产生量为 12.0 亿吨,危险废物产生量 963.0 万吨。2010 年,全国工业固体废物产生量 24.1 亿吨,全国危险废物产生量 1 587 万吨,分别是 2004 年的 2 倍和 1.6 倍。我国固体废物的排放问题具有产生量大、占地多、危害大和回收利用率低等特点。

我国城市垃圾的产出量近几年增长也较快,1990 年为 7 000 多万吨,2008 年达到 1.55 亿吨。目前,全国城市垃圾的年增长率平均为 10%。此外,我国城市垃圾的无机成分多于有机成分,不可燃成分高于可燃成分(据统计,我国城市垃圾中有机成分约为 27%,无机成分约为 67%),所以热值低;又因我国城市垃圾是混合收集,故成分复杂。相比较国外垃圾,在处理上有其特殊性和更大的难度。

三、固体废物的危害

固体废物是各种污染物的终态,特别是从环境工程设施排出的固体废物,浓集了许多污染物成分。固体废物与废水、废气污染不同,其呆滞性大、扩散性小,它对环境的污染主要是通过水、气和土壤进行的。通常,工矿业固体废物所含化学成分能形成化学物质型污染。化学物质型污染途径如图 5－1 所示。人畜粪便和生活垃圾是各种病原微生物的孳生地和繁殖场,能形成病原体型污染,病原体型污染途径如图 5－2 所示。

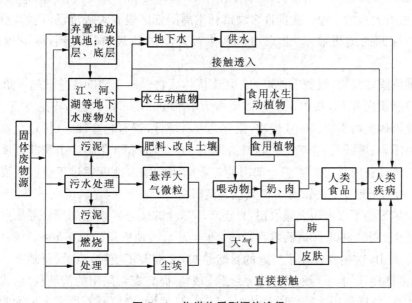

图 5－1　化学物质型污染途径

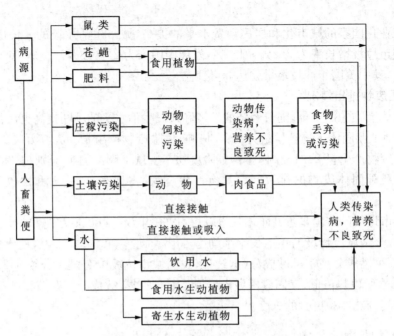

图 5-2 人畜粪便传播疾病途径

可见,城市固体废物在一定的条件下会发生物理的、化学的或生物的转化,对周围环境造成一定的影响。如果采取的处理方法不当,有害固体废物就会通过土壤、水、空气以及食物链等途径危害环境与人体健康。

1. 侵占土地和对生态系统的影响

目前,我国固体废物产出量大,综合利用率低,固体废物不像废气、废水那样到处迁移和扩散,必须占有大量的土地。我国许多城市利用周围郊区设置垃圾堆场,例如,根据北京市高空远红外探测的结果显示,北京市区几乎被环状的垃圾群所包围,同时也侵占了大量农田。

大量堆放固体废物,浪费土地资源。城市固体废物侵占土地的现象日趋严重。据1994年中国环境状况公报称,我国工业固体废物历年堆存量为 64.6 亿 t,占地 $5.57×10^8$ m^2。我国的工业固体废物不包括矿业废物,据有关资料统计,仅有色金属矿、黑色金属矿和煤矿的开采剥离围岩、煤矸石、选矿尾矿等就占地 $1.347×10^9$ m^2(化工矿山和非金属矿山的废石和尾矿未统计在内),仅上述三个部门的矿业固体废物占地就超过工业固体废物占地的14倍以上,所占土地很大一部分可以复垦为良田。

大量固体废物不仅占用大量农田,且还破坏当地的生态系统。如兖济滕矿区矸石排放系数平均约 15.2%,2005 年矸石堆存量约 2 900 万 t,占地面积约 1.1 km^2。堆存的煤矸石成了一座座大山,这些既破坏了当地的自然景观,又摧毁了植被(森林、草地等),还破坏了动、植物的多样性,影响了当地的生态系统。如果不提高煤炭采出的清洁程度,提高煤矸石的综合利用率,拓展利用途径,矸石的堆存量将与日俱增,堆放矸石所需土地面积也会越来越大。不仅会对环境带来更大的危害和污染,而且会进一步加深工矿企业与当地农民之间的矛盾。

2. 对土壤环境的影响

未经处理或未经严格处理的生活垃圾直接用于农田时,由于固体废物中含有大量玻璃、金属、碎砖瓦、碎塑料薄膜等杂质,会破坏土壤的团粒结构和理化性质,致使土壤保水保肥能力降低,后果严重。当固体废物中含有重金属时,可以抑制植物生长和发育,若在缺少植物的地区,这一过程会使土层因侵蚀作用导致表面剥离,土壤退化。

固体废物在填埋时,如果没有适当的防渗措施也会严重污染处置地的土壤。因为固体废物中的有害组分在风化、雨雪淋溶、地表径流的渗透作用下通过土壤孔隙向四周和纵深的土壤迁移。在此过程中,由于土壤的吸附能力和吸附容量很大,吸着渗滤水的迁移,使有害成分在土壤中呈现不同程度的积累,导致土壤成分和结构的改变,而且还会杀死土壤中的微生物,破坏土壤的腐解能力,改变土壤的性质和结构,阻碍植物根系的发育和生长,有些土地甚至无法耕种。在 20 世纪 80 年代,我国内蒙古包头市的某尾矿堆积如山,造成坝下游的大片土地被污染,使一个乡的居民被迫搬迁。

固体废物中的部分难降解有毒有害物质不仅在土壤里难以挥发消解,还会在植物体内积蓄。如法国某冶炼厂附近的土壤中,铜、铅、锌的含量分别达到了土壤正常含量的 3～232 倍、5～43 倍和 6～48 倍,其植物中的含量为正常植物含量的 30～50 倍、260 倍和 26～800 倍。我国曾经有一些稻田因含镉废渣掺入土壤受到镉的污染,所产稻米含镉量超标,无法食用。

3. 对水环境的影响

固体废物不但含有病原微生物,在堆放腐败过程中还会产生大量的酸性和碱性有机污染物,并会将废物中的重金属溶解出来,是有机物、重金属和病原微生物三位一体的污染源。任意堆放或简易填埋的固体废物,其内含的水量和淋入的雨水所产生的渗滤液流入周围地表水体和渗入土壤,会造成地表水和地下水的严重污染。固体废物若直接排入河流、湖泊或海洋,又能造成更大的水体污染——妨害水生生物的生存和水资源的利用。即使无害的固体废物排入河流、湖泊,也会造成水体污染,河床淤塞,水面减少,甚至导致水利工程设施的效益减少或废弃。

如果将有害废物直接排入江、河、湖、海等地,或是露天堆放的废物被地表径流携带进入水体,或是飘入空中的细小颗粒,通过降雨的冲洗沉积和凝雨沉积以及重力沉降和干沉积而落入地表水系,水体都可溶解出有害成分,毒害生物,造成水体严重缺氧,富营养化,导致鱼类死亡等。

固体废物排入江河或在雨水的淋溶下,使金属离子、酸、碱、盐和有害成分进入水体,当水中污染物超过允许浓度时,就破坏了原有水体的用途,甚至危及生态系统,对居民健康、工农业生产和鱼类、水生物等造成危害。如我国锦州铁合金厂 20 世纪 50 年代堆存的铬渣,由于缺乏防渗措施,数年后周围 30 余平方千米范围内的水体均遭到 $Cr(Ⅵ)$ 的污染,使 7 个自然屯的 1 800 口井水不能饮用,耕牛不能下田,花费了 1 000 多万元进行治理。我国某锡矿山的含砷废渣长期堆放,随雨水渗透进入地下水,污染水井,曾一次造成 308 人中毒,6 人死亡。2009 年 10 月,南盘江附近堆放的大量固体废物导致弥勒县段雷打滩水库突然变黑,造成 569 t 鱼死亡,12 家养殖户损失惨重。2011 年 6 月,云南省陆良化工实业有限公司的 5 000 余吨剧毒铬渣被两名承运人非法倾倒在云南曲靖市麒麟区农村,造成附近农村 77 头牲畜死亡。全国有色金属冶炼厂一年约有 5 000 t 砷、500 t 镉、50 t 汞从废水中流失,危害非常严重。另外,生活垃圾未经无害化处理任意堆放,也已经造成许多城市地下水污染。哈尔滨市韩家洼子垃圾填埋场,地下水中的多项指标均超过规定标准,如锰含量超过3倍,汞含量超过29倍,细菌总数超过4.3倍,大肠杆菌超过41倍。贵阳市两个垃圾堆场使其邻近的饮用水源大肠菌值超过国家标准70倍以上,为此,该市政府拨款20万元治理,并关闭了这两个堆场。

我国沿河流、湖泊建立的一部分企业,每年向附近水域排入大量灰渣,有的排污口外形成的灰滩已延伸到航道中心,导致灰渣在航道中大量淤积;有的湖泊由于排入大量灰渣造成水面面积缩小,使其排洪和灌溉能力有所降低。据我国有关单位的估计,由于江湖中排进固体废物,20世纪80年代的水面较之于50年代减少约2 000多万亩。目前,我国在不同地区每年仍有成千上万吨的固体废物直接倾入江湖中,其所产生的严重后果是不言而喻的。

4. 对大气环境的影响

固体废物一般通过以下途径污染大气:① 一些有机固体废物在适宜的温度和湿度下被微生物分解,释放出有毒有害气体,造成堆放区臭气冲天,老鼠成灾,蚊蝇孳生;② 以细粒状存在的废渣和垃圾,在大风吹动下会随风飘逸,扩散到很远的地方,造成大气的粉尘污染;③ 固体废物在运输和处理(如焚烧)过程中,产生有害气体和粉尘;④ 由固体废物进入大气的放射尘,一旦侵入人体,还会由于形成内辐射引起各种疾病。

由于堆积的固体废物中某些物质的分解和化学反应,可以不同程度上产生毒气或恶臭,造成地区性空气污染,美国有3/4的垃圾堆散发臭气造成大气污染。固体废物填埋场中逸出的沼气,在一定程度上会消耗其上层空间的氧,从而使植物衰败。

堆放的固体废物中的细微颗粒、粉尘等可随风飞扬,从而对大气环境造成污染。北方地区的废石场、尾矿库、粉煤灰堆场等尤为严重。据研究表明:当风力达到4级以上时,在粉煤灰或尾矿堆表层的Φ1~1.5 cm以上的粉末将出现剥离,其飘扬的高度可达20~50 m以上。在风季期间可使平均视程降低30%~70%。如金川有色金属公司的尾矿库,在4~5级风下,形成长达数公里的三条"黄龙"。

固体废物的自燃或采用焚烧法处理固体废物,也会污染大气。如煤矸石含有黄铁矿,含硫量大于1.5%时能在空气中自燃,并产生SO_2、CO、CO_2、NH_3等气体,造成严重的大气污染。辽宁、山东、江苏三省的112座矸石堆中,自燃起火的有42座。据报道,美国约有2/3固体废物焚烧炉由于缺乏空气净化装置而污染大气。有的露天焚烧炉排出的粉尘在接近地面处的浓度达到0.56 g/m^3。据统计,美国大气污染物中有42%来自固体废物处理装置。我国的部分企业,采用焚烧法处理塑料排出Cl_2、HCl、二噁英和大量粉尘,也造成严重的大气污染。一些电厂和民用锅炉,由于收尘效率低,每年从烟囱逸入大气的灰尘共计1 500多万t。由于垃圾随意倾倒,露天焚烧,散发臭气而污染环境的事件更是屡见不鲜。

作为农业大国,秸秆焚烧造成的大范围严重大气污染也是一个亟待解决的问题。中科院广州能源所所长吴创之曾在讲座上透露,每年我国仅秸秆就地焚烧量约1.5亿吨,就地焚烧排放大量的一氧化碳、甲烷、悬浮颗粒物等有害物质,并影响居民健康、甚至高速公路、民航的通行。中国科大谢周清教授等近期发表在国际刊物《大气环境》中的一项研究结果表明,秸秆焚烧可能导致空气PM10、PM2.5中蛋白质含量增加,这类物质组成的"大气气溶胶",可能成为过敏源或者传播疾病的载体。近几年来,在河北、河南、安徽、山东等小麦主产区,麦收季节秸秆焚烧导致的烟雾乃至灰霾,年年如期而至;四川、湖北、江苏等省份,也不时会"感受"一下秸秆焚烧的"威力"。环保部发布的 2012 年第 23 期《全国秸秆焚烧分布遥感监测结果》显示,6 月 11 日,仅安徽、河北、河南、江苏、辽宁、内蒙古、山东、山西、天津等省(市),共发现秸秆焚烧火点 503 个。其中,河南 92 个、安徽 174 个、山东则有 188 个。以湖北为例,6 月 11 日,武汉市大气复合污染物实验室的 PM2.5 监测值最高达到 589 $\mu g/m^3$,接近国家二级标准的 6 倍。武汉及周边数个城市的空气质量达到重污染或中度重污染级别。

5. 对生命财产的影响

生活在环境中的人,以大气、水、土壤为媒介,可以将环境中的有害废物直接由呼吸道、消化道或皮肤摄入人体,使人致病。一个典型例子就是美国的罗芙运河(love canal)污染事件。1930～1953 年期间,美国胡克化学工业公司在纽约州尼亚加拉瀑布附近的罗芙运河废河谷掩埋了 2 800 多吨桶装的有害固体废物;1953 年填平覆土,在上面兴建了学校和住宅;1978 年大雨和融化的雪水造成有害固体废物外溢,并陆续发现该地区井水变臭,婴儿畸形,居民得怪异疾病。经化验分析研究当地空气、用作水源的地下水和土壤中都含有六六六、三氯苯、三氯乙烯、二氯苯酚等 82 种有毒化学物质,其中列在美国环保局优先污染清单上的就有 27 种,被怀疑是人类致癌物质的多达 11 种。许多住宅的地下室和周围庭院里渗进了有毒化学浸出液,迫使总统在 1978 年 8 月宣布该地区处于"卫生紧急状态",封闭住宅,关闭学校,先后两次近千户被迫搬迁,并拨款 2 700 万美元进行治理,造成了极大的社会问题和经济损失。

不少固体废物和垃圾含有毒有害物质以及病原体,除通过水、气的媒介传播外,还通过生物来传播。英国在 20 世纪 40 年代出现的鼠疫流行都与垃圾的处置不当有关。目前我国 90% 以上的粪便、垃圾未经无害化处理,直接倾倒,而且医院、传染病院的粪便、垃圾也混入普通粪便、垃圾之中,广泛传播肝炎、肠炎、痢疾以及各种蠕虫病(寄生虫病)等,成为环境的严重污染源。

除了上述危害外,由于废物堆积年久,还可能造成塌方、滑坡或泥石流等,造成人身伤亡。堆存的固体废物中以尾矿库对人的生命财产威胁最大。1985 年首届国际灭灾分析协会通过 93 种技术性灾害分析,认为尾矿库灾害居首位。英国的威尔士阿伯芬渣堆,曾突然发生滑坡事故,废渣和碎石瞬间倾泻而下,造成 800 多人伤亡的惨剧。

1988 年 4 月 13 日,金堆城钼业公司栗西沟尾矿库排洪隧道发生塌陷事故,致使库内 136 万 m^3 尾矿水携带大量尾砂泻出,导致一场特大的污染事故,含有多种有害物质的污染水沿西峪河、西麻坪河、洛河、伊洛河顺流而下直至山东,流程 1 000 多千米,上述河床淤积了厚 10～40 cm 的尾砂,洛南县受灾最重,受害麦田 4.907×10^5 m^2,树木 235 万株,水井 118 口,企业停产 16 个月,死亡牲畜家禽共 6 885 头(只),沿河 8 800 人饮水困难,河南损失没有精确统计,要求赔偿 2 100 万元。

第二节　固体废物的管理

一、概述

防治固体废物污染环境是环境保护的一项重要内容。由于固体废物污染环境的滞后性和复杂性,人们对固体废物污染防治的重视程度不如对废水和废气那样深刻,长期以来尚未形成一个完整的、有效的固体废物管理体系。近年来,随着固体废物对环境污染程度的加剧,人们环境意识的不断加强,社会对固体废物污染环境问题的越来越关注,建立完整有效的固体废物管理体系显得日益迫切。1995 年 10 月 30 日,经过十余年的讨论修改,《中华人民共和国固体废物污染环境防治法》(以下简称《固体法》)在第八届全国人大常委会第十六次会议上获得通过,于 1996 年 4 月 1 日起施行。《固体法》的实施为固体废物管理体系的建立和完善奠定了法律基础。

《固体法》中,首先确立了固体废物污染防治的"三化"原则,即固体废物污染防治的"减量化、资源化、无害化"原则。减量化是指减少固体废物的产生量和排放量,是防止固体废物污染环境的优先措施;资源化是指采取管理和工艺措施从固体废物中回收物质和能源,加速物质和能量的循环,创造经济价值的广泛的技术方法;无害化是指对已产生又无法或暂时尚不能综合利用的固体废物,经过物理、化学或生物方法,进行对环境无害或低危害的安全处理、处置,达到废物的消毒、解毒或稳定化,以防止并减少固体废物的污染危害。

《固体法》确立了对固体废物进行全过程管理的原则。所谓全过程管理是指对固体废物的产生、收集、运输、利用、贮存、处理和处置的全过程及各个环节都实行控制管理和开展污染防治。由于这一原则包括了从固体废物的产生到最终处置的全过程,故亦称为"从摇篮到坟墓"的管理原则。

根据这些原则,确立了我国固体废物管理体系的基本框架。

二、固体废物管理体系

我国固体废物管理体系是以环境保护主管部门为主,结合有关的工业主管部门以及城市建设主管部门,共同对固体废物实行全过程管理。《固体法》对各个主管部门的分工有着明确的规定。

(1) 各级环境保护主管部门对固体废物污染环境的防治工作实施统一监督管理。其主要工作包括:

指定有关固体废物管理的规定、规则和标准;

建立固体废物污染环境的监测制度;

审批产生固体废物的项目以及建设贮存、处置固体废物的项目的环境评价;

验收、监督和审批固体废物污染环境防治设施的"三同时"及其关闭、拆除;

对与固体废物污染环境防治行关的单位进行现场检查;

对固体废物的转移、处置进行审批、监督;

进口可用作原料的废物的审批;

制定防治工业固体废物污染环境的技术政策,组织推广先进的防治工业固体废物污染环境的生产工艺和设备;

制定工业固体废物污染环境防治工作规划;

组织工业固体废物和危险废物的申报登记;

对所产生的危险废物不处置或处置不符合国家有关规定的单位实行行政代执行审批、颁发危险废物经营许可证;

对固体废物污染事故进行监督、调查和处理。

(2) 国务院有关部门、地方人民政府有关部门在各自的职责范围内负责固体废物污染环境防治的监督管理工作。其主要工作包括：

对所管辖范围内的有关单位的固体废物污染环境防治工作进行监督管理；

对造成固体废物严重污染环境的企事业单位进行限期治理；

制定防治工业固体废物污染环境的技术政策，组织推广先进的防治工业固体废物污染环境的生产工艺和设备；

组织、研究、开发和推广减少工业固体废物产生量的生产工艺和设备，限期淘汰产生严重污染环境的工业固体废物的落后生产工艺、落后设备；

制定工业固体废物污染环境防治工作规划；

组织建设工业固体废物和危险废物贮存、处置设施。

(3) 各级人民政府环境卫生行政主管部门负责城市生活垃圾的清扫、贮存、运输和处置的监督管理工作。其主要工作包括：

组织制定有关城市生活垃圾管理的规定和环境卫生标准；

组织建设城市生活垃圾的清扫、贮存、运输和处置设施，并对其运转进行监督管理；

对城市生活垃圾的清扫、贮存、运输和处置经营单位进行统一管理。

三、固体废物管理制度

根据我国国情并借鉴国外的经验和教训，《固体法》制定了一些行之有效的管理制度。

(1) 分类管理制度：《固体法》确立了对城市生活垃圾、工业固体废物和危险废物分别管理的原则，明确规定了主管部门和处置原则。

(2) 工业固体废物申报登记制度：《固体法》要求实施工业固体废物和危险废物申报登记制度，使主管部门掌握各类固体废物的种类、产生量、流向以及环境影响等情况，进而有效防治固体废物对环境的污染。

(3) 固体废物污染环境影响评价制度及其防治设施的"三同时"制度：《固体法》进一步重申了环境影响评价和"三同时"制度这一我国环境保护的基本制度。

(4) 排污收费制度：排污收费制度也是我国环境保护的基本制度。《固体法》规定，"企业事业单位对其产生的不能利用或者暂时不利用的工业固体废物，必须按照国务院环境保护主管部门的规定建设贮存或者处置的设施、场所"。固体废物排污费针对的是那些在按照规定和标准建成或改造完成工业固体废物贮存或者处置的设施、场所之前产生的工业固体废物。

(5) 限期治理制度：《固体法》规定，"没有建设工业固体废物贮存或者处置设施、场所，或者已建设但不符合环境保护规定的单位，必须限期建成或者改造"。实行限期治理制度是为了解决重点污染源污染环境问题。

(6) 进口废物审批制度：《固体法》明确规定，"禁止中国境外的团体废物进境倾倒、堆放、处置"；"禁止经中华人民共和国过境转移危险废物"；"国家禁止进口不能用作原料的固体废物，限制进口可以用作原料的固体废物"。为贯彻这些规定，国家环保局与外经贸部、国家工商局、海关总局、国家商检局于 1996 年 4 月 1 日联合颁布了《废物进口环境保护管理暂行规定》以及《国家限制进口的可用作原料的废物名录》。

(7) 危险废物行政代执行制度：《固体法》规定，"产生危险废物的单位，必须按照国家有关规定处置；不处置的，由所在地县以上地方人民政府环境保护行政主管部门责令限期改正；逾期不处置或者处置不符合国家有关规定的，由所在地县以上地方人民政府环境保护行政主管部门指定单位按照国家有关规定代为处置,处置费由产生危险废物的单位承担"。

(8) 危险废物经营单位许可证制度:《固体法》规定,"从事收集、贮存、处置危险废物经营活动的单位,必须向县级以上人民政府环境保护行政主管部门申请领取经营许可证"。

(9) 危险废物转移报告单制度:危险废物转移报告单制度的建立,是为了保证危险废物的运输安全,防止危险废物的非法转移和非法处置,保证危险废物的安全监控,防止危险废物污染事故的发生。

四、固体废物管理和污染控制标准

我国固体废物管理工作起步较晚,管理体系包括标准体系均在建立之中。在《固体法》实施之前,国家、行业主管部门、地方人民政府颁布了一些有关固体废物的标准,如《含氰废物污染控制标准》(GB 12502—90)、《含多氯联苯废物污染控制标准》(GB 13015—91)、《有色金属工业固体废物污染控制标准》(GB 5085—85)等。《固体法》实施后,国家对旧有标准进行了整理、修订,并陆续组织编写、制定了有关固体废物的各类标准。随着这些标准的制定、颁布和实施,我国将基本形成自己的固体废物标准体系。

我国的有关固体废物的标准主要分为固体废物分类标准、固体废物监测标准、固体废物污染控制标准和固体废物综合利用标准四类。

1. 固体废物分类标准

这类标准主要包括前面曾经叙述过的《国家危险废物名录》、《危险废物鉴别标准》(GB 5085.1~3—1996)以及《城市垃圾产生源分类及垃圾排放》(CJ/T 3033—1996)中关于城市垃圾产生源分类及其产生源的部分,《进口废物环境保护控制标准(试行)》(GB 16487.1~12—1996)等。

目前已经制定颁布的《危险废物鉴别标准》(GB 5085.1~3—1996)中包括腐蚀性鉴别、急件毒性初筛和浸出毒性鉴别三类,其中浸出毒性鉴别以无机重金属为主,而有机物的浸出毒性鉴别目前还没有制定。根据规定,"凡《名录》中所列废物类别高于鉴别标准的属危险废物,列入国家危险废物管理范围;低于鉴别标准的,不列入国家危险废物管理"。

《城市垃圾产生源分类及垃圾排放》(CJ/T 3033—1996)规定了城市垃圾的分类原则和产生源的分类,包括居民垃圾产生场所、清扫垃圾产生场所、商业单位、行政事业单位、医疗卫生单位、交通运输垃圾产生场所、建筑装修场所、工业企业单位和其他垃圾产生场所,共九类。

《进口废物环境保护控制标准(试行)》(GB 16487.1~12—1996)是根据《固体法》和《废物进口环境保护管理暂行规定》的要求以及为遏制"洋垃圾"入境而紧急制定的。这一标准根据《国家限制进口的可用作原料的废物名录》分为 12 个分标准,即骨废料、冶炼渣、木及木制品废料、废纸或纸板、纺织品废物、废钢铁、废有色金属、废电机、废电线电缆、废五金电器、供拆卸的船舶及其他浮动结构体、废塑料。这一标准根据进口废物中夹带废物的种类制定了废物的进口标准,不符合这一标准的废物禁止进口。进口废物中的夹带废物分为三类,即严格禁止夹带的废物、严格限制夹带的废物和一般夹带废物。

2. 固体废物监测标准

这类标准主要包括固体废物的样品采制、制备,以及分析方法的标准,目前还未制定有关固体废物成分分析的标准方法。《固体废物浸出毒性测定方法》(GB/T 15555.1~11—1995)、《固体废物浸出毒性浸出方法》(GB 5086—1997)、《工业固体废物采样制样技术规范》(HJ/T—1998),正在制定中的《固体废物监测技术规范》、《生活垃圾分拣技术规范》均属于这类标准。《危险废物鉴别标准急性毒性初筛》(GB 50852—1996)中附录 A《危险废物急性毒性初筛试验方法》、《城市生活垃圾采样和物理分析方法》(CJ/T 3039—95)、《生活垃圾填埋场环境监测技术标准》(CJ/T 3037—1995)也属于这类标准。

3. 固体废物污染控制标准

这类标准是固体废物管理标准中最重要的标准,是环境影响评价、三同时、限期治理、排污收费等一系列管理制度的基础。

固体废物污染控制标准分为两大类,一类是废物处置控制标准,包括《含多氯联苯废物污染控制标准》(GB 13015—91)、《城市垃圾产生源分类及垃圾排放》(CJ/T 3033—1996)中有关城市垃圾排放的内容。

另一类标准是设施控制标准,目前已经颁布或正在制定的标准大多属这类标准,如《生活垃圾填埋污染控制标准》(GB 16889—1997)、《城镇生活垃圾焚烧污染控制标准》、《一般工业固体废物贮存、处置场污染控制标准》、《危险废物安全填埋污染控制标准》、《危险废物焚烧污染控制标准》、《危险废物贮存污染控制标准》。这些标准规定了各种处置设施的选址、设计与施工、入场、运行、封场的技术要求、释放物的排放标准以及监测要求。

此外,《小型焚烧炉》(HJ/T18—1996)、《垃圾分选机垃圾滚筒筛》(CJ/T 5013.1—1995)、《锤式垃圾粉碎机》(CJ/T 3051—1995)等国家环境保护部和建设部制定并颁布的一些设备、设施的行业性技术标准也应归入这一类。

4. 固体废物综合利用标准

目前,尚未颁布关于固体废物资源化的相关标准。首批将要制定的综合利用标准的固体废物包括电镀污泥、含铬废渣、磷石膏等。以后,还将根据技术的成熟程度陆续制定其他各种废物综合利用的标准。

第三节　固体废物收集与储运

一、固体废物的收集

1. 收集原则

固体废物产生地点较分散,有固定源,也有移动源,因此给收集工作带来了许多困难,特别是城市生活垃圾收集更加复杂。目前,我国城市生活垃圾采用混合收集法,分类收集还没有完全得到推广;其他固体废物通常采用分类收集法。

对固体废物进行分类收集时,一般应遵循以下原则:① 工业废物与城市生活垃圾分开;② 危险废物与一般废物分开;③ 可回收利用物质与不可回收利用物质分开;④ 可燃性物质与不可燃性物质分开。

2. 收集方法

按不同的标准,收集方式有不同的分类:根据收集方式,固体废物的收集方法可分为混合收集和分类收集;根据收集的时间,可分为定期收集和随时收集。

(1) 混合收集与分类收集

混合收集是指统一收集未经任何处理的原生废物的方式。该方法的主要优点是收集费用低,简便易行;缺点是各种废物相互混杂,增加了再生利用和后续处理的难度。从当前的趋势来看,该种方式正在逐渐被淘汰。

分类收集的优点是有利于固体废物的资源化,还可以减少固体废物处理与处置费用及对环境的潜在危害。

（2）定期收集与随时收集

定期收集是指在限定条件下按固定的周期收集规定期间产生的废物,其优点是可将不合理的暂存危险降到最小,能有效的利用资源,管理和处理处置更方便。

随时收集是根据废物产生者的要求随时收集废物,适用于废物产生量无规律的企业。

二、固体废物的运输与管理

1. 包装容器的选择

固体废物的运输要根据废物的特性和数量选择合适的包装容器。包装容器的选择原则为容器及包装材料应与所盛废物相容,有足够的强度,贮存及装卸运输过程中不易破裂,废物不扬散、不流失、不渗漏、不释放出有害气体与恶臭异味。常用包装容器有汽油桶、纸板桶、金属桶、油罐等,这些容器在贮存运输时易发生损坏,应经常检查。

2. 运输方式

固体废物的运输可以是直接外运,也可以是通过收集站或转运站中转后外运。固体废物的运输方式主要有公路、铁路、水运或航空运输。

对于非危险性固体废物,可用各种容器盛装,用卡车、铁路货车或船舶运输。对于危险废物,应使用专用公路槽车或设有防腐衬里的铁路搭车。对于要进行远洋焚烧处置的固体废物,选择专用的焚烧船运输。

3. 运输管理

对于固体废物的运输,应按技术标准和规范要求,根据具体情况,以安全、方便、经济为原则进行具体处理。

从事固体废物的运输者必须向当地环境保护行政主管部门申请,接受专业培训,经考核合格后,领取经营许可证,方能从事固体废物的运输工作。禁止无证非法或不按经营许可证规定从事危险废物收集、贮存、处置的经营活动。禁止将危险废物提供或委托给无证单位进行收集、贮存、处置。

固体废物在运输前,经营者要认真验收运输的废物是否与运输货单相符,绝不容许有互不相容的废物混入;检查包装容器是否符合要求,查看标记是否清楚准确,尽可能熟悉产生者提供的偶然事故的应急处理措施。运输者必须按有关规定装载和堆积废物,若发生撒落、泄漏及其他意外事故,运输者必须立即采取应急补救措施,妥善处理,并向环境保护行政主管部门呈报。在运输完后,经营者必须认真填写运输货单,以便接受主管部门的监督管理。

第四节　固体废物处理与处置

固体废物处理是指通过物理、化学和生物等方法,使固体废物形式转换、资源化利用及最终处置的一种过程。固体废物处理按采用的方式可分为物理处理、化学处理和生物处理。物理处理包括压实、破碎、分选、沉淀和过滤等;化学处理包括焚烧、焙烧热解及溶出等;生物处理包括好氧分解和厌氧分解等方式。按处理目的可分为预处理、资源化处理和最终处置等。预处理是通过压实、破碎和分选等方法对固体废物进行预加工;资源化处理有热化学处理法(焚烧热回收利用、热解燃料化和湿式氧化等)和生物处理法(好氧堆肥、厌氧发酵沼气化等);最终处置主要方法有海洋处置和陆地填埋处置等。

一、预处理技术

固体废物预处理是指采用物理、化学或生物方法,将固体废物转变成便于运输、贮存、回收利用和处置的形态。预处理常涉及固体废物中某些成分的分离和浓集,因此也是一种回收材料的过程。

1. 压实技术

压实是利用外界压力作用于固体废物,达到增大容重、减小表观体积的目的,以便于降低运输成本、延长填埋场寿命的预处理技术。这种方法通过对废物施加 $200\sim250$ kg/cm^2 的压力,将其做成边长约 1 m 的固化块,外面用金属网捆包后,再涂上沥青层。这种处理方法不仅可以大大减少废物的容积,还可以改善废物运输和填埋操作过程中的卫生条件,并可以有效地防止填埋场的地面沉降。但是,对于含水率较高的废弃物,在进行压实处理时会产生污染物浓度较高的废液。

压实技术适用于处理压缩性能大而恢复性小的固体废物,如金属加工工业排出的各种松散废料(车屑等),后来逐步发展到处理城市垃圾如纸箱、纸袋等。

2. 破碎技术

固体废物破碎技术是利用外力使大块固体废物分裂为小块的过程。通常用作运输、贮存、资源化和最终处置的预处理。其目的是使固体废物的容积减少,便于运输;为固体废物分选提供所要求的入选粒度,以便回收废物的其他成分;使固体废物的比表面积增加,提高焚烧、热分解、熔融等作业的稳定性和热效率;防止粗大、锋利的固体废物对处理设备的损坏。经破碎后固体废物直接进行填埋处置时,压实密度高而均匀,可以加快填埋处置场的早期稳定化。

破碎的方法主要有挤压破碎、剪切破碎、冲击破碎以及由这几种方式组合起来的破碎方法。这些破碎方法各有优缺点,对处理对象的性质也有一定程度的限制。如挤压破碎结构简单,所需动力消耗少,对设备磨损少,运行费用低,适于处理混凝土等大块物料,但不适于处理塑料、橡胶等柔性物料;剪切破碎适于破碎塑料、橡胶等柔性物料,但处理容量小;冲击破碎适于处理硬质物料,破碎块比较大,对机械设备磨损也较大。对于复合材料的破碎可以采用压缩-剪切或冲击-剪切等组合式破碎方式。

这些破碎方式都存在噪声高,振动大,产生粉尘等缺点,对环境有不利的一面。近年来,为了减少和避免上述缺点,提出了低温破碎的方法——将废物用液氮等制冷剂降温脆化,然后再进行破碎。但目前在处理成本方面还存在较多的问题,有待进一步解决。

3. 分选技术

固体废物分选是实现固体废物资源化、减量化的重要手段,通过分选可以提高回收物质的纯度和价值,有利于后续加工处理。根据物质的粒度、密度、磁性、电性、光电性、摩擦性、弹性以及表面润湿性等特性差异,固体废物分选有多种不同的分选方法。常用的分选方法有以下几种:

（1）筛分：利用废物之间粒度的差别通过筛网进行分离的操作方法。

（2）重力分选：利用废物之间重力的差别对物料进行分离的操作方法。按介质的不同，重力分选又可以分为重介质分选、淘汰分选、风力分选和摇床分选等。

（3）磁力分选：利用铁系金属的磁性从废物中分离回收铁金属的操作方法。

（4）涡电流分选：将导电的非磁性金属置于不断变化的磁场中，金属内部会发生涡电流并相互之间产生排斥力。由于这种排斥力随金属的固有电阻、导磁率等特性及磁场密度的变化速度及大小而不同，从而起到分选金属的作用。

（5）光学分选：利用物质表面对光反射特性的不同进行分选的操作方法。

4. 脱水和干燥

固体废物的脱水主要用于废水处理厂排出的污泥及某些工业企业所排出的泥浆状废物的处理。脱水可达到减容及便于运输的目的，便于进一步处理。常用的脱水有机械脱水和自然干化脱水两种。前者应用较多，有转鼓真空过滤机、离心式脱水机等。

当固体废物经破碎、分选之后对所得的轻物料需进行能源回收或焚烧处理时，必须进行干燥处理。常用的干燥器有转筒式干燥器等。

二、资源化处理技术

1. 热化学处理

热化学处理是利用高温破坏和改变固体废物的组成和结构，使废物中的有机有害物质得到分解或转化的处理，是实现有机固体废物处理无害化、减量化、资源化的一种有效方法。尤其是在热化学可回收处理过程中产生的余热或有价值的分解产物而使废物中的潜在资源得到再生利用。目前，常用的热化学处理技术主要有焚烧、热解、湿式氧化等。

（1）焚烧

焚烧法是对固体废物高温分解和深度氧化的综合处理过程。固体废物的焚烧是处理可燃固体废物时，同时实现减量、无害和资源化的一种重要处理方法，它比以加热为目的的燃烧过程要复杂得多。这是由于固体废物的物理性质和化学性质相当复杂，其组成、热值、形状、燃烧状况等均随时间和区域的不同而有较大的变化，同时焚烧后产生的尾气和灰渣也会随之改变。因此，固体废物的焚烧设备要求适应性强，操作弹性大，有一定程度的自动调节功能。

焚烧法的优点是可以回收利用固体废物燃烧产生的热能，大幅度地减少可燃性废物的体积（一般可减少 $80\% \sim 90\%$），彻底消除有害细菌和病毒，破坏有毒废物，使其最终成为化学性质稳定的无害化灰渣。它的缺点是只能处理含可燃物成分高的固体废物，否则必须添加助燃剂，使运行费提高；容易造成二次污染，特别容易产生二噁英，为了减少二次污染，要求焚烧设施必须配置控制污染的设备，这又进一步提高了设备的投资和处理成本。

适合焚烧的废物主要是那些不适于安全填埋或不可再循环利用的有害废物，如医院和医学实验室产生的需特别处理的带菌废弃物、难以生物降解的、易挥发和扩散的、含有重金属及其他有害成分的有机物等。

（2）热解

热解技术利用了多数有机物的热不稳定性的特征。当这些有机物在高温（500℃～1000℃）缺氧条件下时会发生裂解，转化为分子量较小的组分。工业中木材和煤的干馏、重油的裂解就是应用了热解技术。

用热解法处置固体有机废物是较新的方法。热解的结果将会产生三种相态的物质：气态产物有氢、甲烷、碳氢化合物、一氧化碳等可燃气体；液态产物有焦油、燃料油以及丙酮、醋酸、乙醛等成分；固态产物主要为固体碳。

该法的主要优点是能够将废物中的有机物转化为便于贮存和运输的有用燃料，而且尾气排放量和残渣量较少，是一种低污染的处理与资源化技术。城市垃圾、污泥、工业废料如塑料、树脂、橡胶以及农林废料、人畜粪便等含有机物较多的固体废物都可以用热解方法处理。

（3）湿式氧化

湿式氧化法又称湿式燃烧法，适用于有水存在的有机物料。流动态的有机物料用泵送入湿式氧化系统，在适当的温度和压力条件下进行快速氧化，排放的尾气中主要含二氧化碳、氮、过剩的氧气和其他气体，残余液中包括残留的金属盐类和未完全反应的有机物。由于有机物的氧化过程是放热过程，所以，反应一旦开始，过程就会在有机物氧化放出的热量作用下自动进行，不需要再投加辅助燃料。

湿式氧化法的优点是可以不经过污泥脱水过程就能有效地处理污泥或高浓度有机废水；不产生粉尘和煤烟；灭毒除毒比较彻底；有利于生物化学处理；氧化液的脱水性能好，氨、氮含量较高；氧化气不含有害成分；耗热量小，反应时间短。不足之处是设备费用和运转费用较高。

2. 生物处理

生物处理技术是利用微生物对有机固体废物的分解作用。它不仅可以使有机固体废物转化为能源、食品、饲料和肥料，还可以从废品和废渣中提取金属，是固体废物处理资源化的有效而又经济的技术方法。目前应用比较广泛的有：堆肥化、沼气化、废纤维素糖化、生物浸出等。

（1）好氧生物转化——堆肥化处理

堆肥是依靠自然界广泛分布的细菌、放线菌、真菌等微生物，人为地促进可生物降解的有机物向稳定的腐殖质转化的生化过程。堆肥化的产物称作堆肥，是一种土壤改良肥料。它又有改良土壤结构、增大土壤容水性、减少无机氮流失、促进难溶磷转化为易溶磷、增加土壤缓冲能力、提高化学肥料的肥效等多种功效。

根据堆肥化过程中微生物对氧的需求可分为厌氧堆肥与好氧堆肥两种。厌氧堆肥原理类似于废水处理中的厌氧消化过程，可保留较多氮素，工艺亦简单，但堆制周期过长（10 个月以上）。好氧堆肥因具有堆肥温度高、基质分解比较彻底、堆制周期短、异味小等优点而被广泛采用。按照堆肥方法的不同，好氧堆肥又可分为露天堆肥和快速堆肥两种方式。

好氧堆肥技术通常由前处理、主发酵（一次发酵）、后处理、后发酵（二次发酵）、贮藏五个工序组成，工艺流程简图如图 5-3 所示。

① 前处理。通过预选、磁选、振动筛选除去粗大物料，回收有用物质，调整碳氮质量比（C/N=30～50）和水分（50％左右），接种菌种等。

② 一次发酵。采用机械通风，发酵期 10 天，60℃以上（最高可达 70℃～80℃）高温保持5 天。此阶段内可杀死大部分病原体、寄生虫和蚊、蝇卵，同时氧化降解有机物，达到堆肥无害化。此为整个生产过程的关键，应控制好通风、温度、水分、C/N 比、C/P 比及 pH 等发酵条件。

③ 后处理。用筛分、磁选等方法去除堆肥中残存的塑料、玻璃、金属等非堆腐物。

④ 二次发酵。经一次发酵的堆肥除去杂质后,送去二次发酵仓进行二次发酵,其中未被分解的有机物继续分解,同时可脱水干燥。20天左右达到"熟化"。

⑤ 脱臭与贮藏。在堆肥过程中应采用臭气过滤装置除臭以减少对周围环境的影响。熟化后的堆肥可加工成颗粒贮藏。

二次发酵的堆肥化技术需要建造许多发酵仓,一次性投资较大。我国的城市垃圾处理中已广泛应用该技术来处理城市生活垃圾。

(2) 厌氧消化法——沼气化处理

厌氧消化法的基本原理是在完全隔绝氧气的条件下,利用多种厌氧菌的生物转化作用使废物中可生物降解的有机物分解为稳定的无毒物质,同时获得以甲烷为主的沼气,是一种比较清洁的能源,而沼气液、沼气渣又是理想的有机肥料。

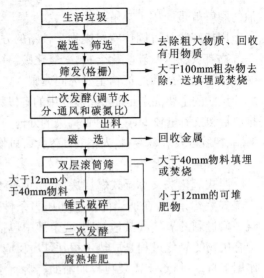

图5-3 二次发酵的堆肥化技术工艺流程

该技术在城市下水污泥、农业固体废物、粪便处理中得到广泛应用。据估计我国农村每年产农作物秸秆5亿多吨,若用其中的一半制取沼气,每年可生产沼气500亿～600亿 m^3,除满足8亿农民生活用燃料之外,还可余60亿～100亿 m^3。所以,厌氧处理技术是控制污染、改变农村能源结构的一条重要途径。

(3) 废纤维素糖化技术

废纤维素糖化是利用酶水解技术使纤维素转化为单体葡萄糖,然后通过生化反应转化为单细胞蛋白及微生物蛋白的一种新型资源化技术。

天然纤维素酶水解顺序如下:

(水合聚酐葡萄糖链)

$$天然纤维素(C_6H_{10}O_5)_n \xrightarrow{C_1} 纤维素碎片 \xrightarrow{C_x} 纤维素二糖 \xrightarrow{\beta-葡萄糖化酶} 葡萄糖$$

$$变形纤维素 \xrightarrow{C_x}$$

结晶度高的天然纤维素在纤维素酶 C_1 的作用下分解成纤维素碎片(降低聚合度),经纤维素酶 C_x 的进一步作用分解成聚合度小的低糖类,最后靠 β-葡萄糖化酶作用分解为葡萄糖。

据估算,世界纤维素年净产量约1000亿吨,废纤维资源化是一项十分重要的世界课题。日本、美国已成功地开发了废纤维素糖化工艺流程。目前在技术上可行,经济效果还需论证。如何开发成本低的预处理方法,寻找更好的酶种,提高酶的单位生物分解能力,改善发酵工艺等问题有待进一步探索。

（4）细菌浸出

化能自养细菌能把亚铁氧化为高铁、把硫及还原性硫化物氧化为硫酸从而取得能源，同时从空气中摄取二氧化碳、氧以及水中其他微量元素（如 N、P 等）合成细胞质。这类细菌可生长在简单的无机培养基中，并能耐受较高浓度的金属离子和氢离子。利用化能自养菌的这种独特生理特性，可以从矿物废料中将某些金属溶解出来，然后从浸出液中提取金属。这个过程称为细菌浸出。该法主要用于处理以铜的硫化物和一般氧化物（Cu_2O，CuO）为主的铜矿和铀矿废石，回收铜和铀。对锰、砷、镍、锌、钼及若干种稀有元素也有应用前景。目前，细菌浸出在国内外得到大规模工业应用。

三、最终处置

固体废物的处置是指最终处置或安全处置，是固体废物污染控制的末端环节，是解决固体废物的归宿问题。固体废物处置对于防治固体废物的二次污染起着十分关键的作用。一些固体废物经过处理与资源化，总会有部分残渣很难再加以利用，这些残渣往往又富集了大量有毒有害成分；还有些固体废物，目前尚无法利用，它们都长期地保留在环境中。为了控制其对环境的污染，必须进行最终处置，使之最大限度地与生物圈隔离。

固体废物处置可分为海洋处置和陆地处置两大类。

1. 海洋处置

海洋处置主要分为海洋倾倒与远洋焚烧两种方法。近年来，随着人们对保护环境生态重要性认识的加深和总体环境意识的提高，海洋处置已受到越来越多的限制。

（1）海洋倾倒

利用海洋的巨大环境容量，将废物直接投入海洋的处置方法。海洋处置需根据有关法规，选择适宜的处置区域，结合区域的特点、水质标准、废物种类与倾倒方式，进行可行性分析、方案设计和科学管理，以防止海洋受到污染。

（2）远洋焚烧

利用焚烧船将固体废物运至远洋处置区进行船上焚烧的处置方法。远洋焚烧船上的焚烧炉结构因焚烧对象而异，需专门设计。废物焚烧后产生的废气通过净化装置与冷凝器，冷凝液排入海中，气体排入大气，残渣倾入海洋。这种技术适于处置易燃性废物，如含氯有机废物等。

2. 陆地处置

陆地处置主要包括土地耕作、土地填埋以及深井灌注几种。

（1）土地耕作处置

土地耕作处置是利用表层土壤的离子交换、吸附、微生物降解以及渗滤水浸出、降解产物的挥发等综合作用机制处置工业固体废物的一种方法。该技术具有工艺简单、费用适宜、设备易于维护、对环境影响小、能够改善土壤结构、增长肥效等优点，主要用于处置含盐量低、不含毒物、可生物降解的有机固体废物。

（2）深井灌注处置

深井灌注是指把液状废物注入地下与饮用水和矿脉层隔开的可渗性岩层内。一般废物和有害废物都可采用深井灌注方法处置。但主要还是用来处置那些实践证明难于破坏、难于转化、不能采用其他方法处理处置或者采用其他方法费用昂贵的废物。深井灌注处置前，需使废物液化,形成真溶液或乳浊液。

深井灌注处置系统的规划、设计、建造与操作主要分废物的预处理、场地的选择、井的钻探与施工,以及环境监测等几个阶段。

(3) 土地填埋处置

土地填埋是从传统的堆放和填地处置发展起来的一项最终处置技术。工艺简单、成本较低、适于处置多种类型的废物,填埋后的土地可重新用作停车场、游乐场、高尔夫球场等,目前已成为一种处置固体废物的主要方法。该法的主要缺点是:填埋场必须远离居民区;回复的填埋场将因沉降而需不断地维修;埋在地下的固体废物,通过分解可能会产生易燃、易爆或毒性气体,需加以控制和处理。

土地填埋处置种类很多,采用的名称也不尽相同。按填埋地形特征可分为山间填埋、土地填埋、废矿坑填埋;按填埋场的状态可分为厌氧填埋、好氧填埋、准好氧填埋;按法律可分为卫生填埋和安全填埋等。随填埋种类的不同其填埋场构造和性能也有所不同。填埋场主要包括:废弃物坝、雨水集排水系统(含浸出液体集排水系统、浸出液处理系统)、释放气处理系统、入场管理设施、入场道路、环境监测系统、飞散防止设施、防灾措施、管理办公设施、隔离设施等。其技术关键是填埋场的防渗漏系统,以保证将废物永久安全地与周围环境隔离。

卫生土地填埋适于处置一般固体废物。用卫生填埋来处置城市垃圾,不仅操作简单、施工方便、费用低廉,还可同时回收甲烷气体,产生的甲烷经脱水—预热—去除二氧化碳后可作为能源使用。所以卫生土地填埋法已在国内外得到广泛采用。

卫生土地填埋场除着重考虑防止浸出液的渗漏外,还需解决降解气体的释出控制、臭味和病原菌的消除等问题。垃圾填埋后,会产生甲烷和二氧化碳气体,以及硫化氢等有害或有臭味的气体。当有氧存在时,若甲烷气体浓度达到 $5\%\sim15\%$ 就可能发生爆炸,所以必须及时排出所产生的气体。卫生土地填埋采用两种排气方法:可渗透性排气和不可渗透阻挡层排气。如图 5-4(a)为可渗透性排气,在填埋物内利用比周围土壤容易透气的砾石等物质作为填料建造排气通道,产生的气体先水平方向运动,然后通过此通道排出。图 5-4(b)为不可渗透阻挡层排气,在不透气的顶部覆盖层中安装排气管,排气管与设置在浅层砾石排气通道或设置在填埋物顶部的多孔集气支管相连接,可排出气体。

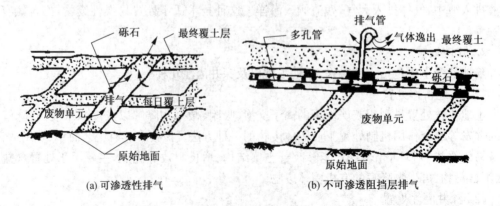

(a) 可渗透性排气　　　　　　　　(b) 不可渗透阻挡层排气

图 5-4　卫生土地填埋场的两种排气系统

安全土地填埋是一种改进的卫生填埋方法,主要用来处置危险废物,它对防止填埋场地产生二次污染的要求更为严格。图 5-5 为典型的已经完成并已关闭的安全土地填埋场结构剖面图。可以看出,填埋场内必须设置人造或天然衬里,下层土壤或土壤同衬里结合渗透率小于 10~8 cm/s;最下层的填埋物要位于地下水位之上;要采取适当措施控制和引出地表水;要配备浸出液收集、处理及监控系统;如果需要,还要采用覆盖材料或衬里以防止气体释出;要记录所处置废物的来源、性质及数量,将不相容的废物分开处置,以确保其安全性。安全土地填埋在国外进行了多年的研究,已成为危险废物的主要处置方法。

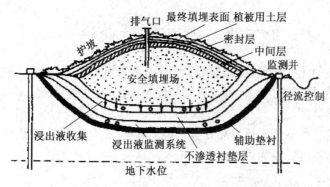

图 5-5　安全土地填埋场示意图

参考文献

[1] 钱易,唐孝炎. 环境保护与可持续发展[M]. 北京:高等教育出版社,2000.

[2] 何品晶,邵立明. 固体废物管理[M]. 北京:高等教育出版社,2004.

[3] 赵由才. 生活垃圾资源化原理与技术[M]. 北京:化学工业出版社,2000.

[4] 杨永杰. 环境保护与清洁生产[M]. 北京:化学工业出版社. 2002.

[5] 郝吉明,马广大. 大气污染控制工程[M]. 北京:高等教育出版社,2004.

[6] 徐新华,吴忠标,陈仁. 环境保护与可持续发展[M]. 北京:化学工业出版社,2000.

[7] 王绍文,梁富智,王纪曾. 固体废弃物资源化技术与应用[M]. 北京:冶金工业出版社,2003.

[8] 徐亚同,史家梁. 污染控制微生物工程[M]. 北京:化学工业出版社,2001.

[9] 徐晓军,宫磊,杨虹. 恶臭气体净化原理与技术[M]. 北京:化学工业出版社,2005.

[10] 王华,胡建抗,王海瑞. 城市生活垃圾直接气化熔融焚饶技术[M]. 北京:冶金工业出版社,2004.

[11] 李国学,张福锁. 固体废物堆肥化与有机复混肥生产[M]. 北京:化学工业出版社,2000.

[12] 赵由才主编. 危险废物处理技术[M]. 北京:化学工业出版社,2003.

[13] 张颖,王晓辉. 农业固体废弃物资源化利用[M]. 北京:化学工业出版,2005.

第六章　危险化学品管理与应急处置

第一节　危险化学品概述

化学品是指各种化学元素、由元素组成的化合物及其混合物,包括天然的或人造的。危险化学品具有易燃、易爆、有毒、有害及有腐蚀性等特性,对人员、设施、环境易造成伤害或损害的属于危险化学品。

危险化学品的分类是危险化学品安全管理的基础,也是开展危险化学品固有危险性评估和专项安全评价不可缺少的内容之一。

一、危险化学品的分类

根据《危险货物分类和品名编号》(GB 6944—2005)按危险化学品的性质将危险化学品分为以下九类。

第 1 类　爆炸品

爆炸品包括:爆炸性物质、爆炸性物品、为产生爆炸或烟火实际效果而制造的前两项中未提及的物质和物品。

本类划分为以下 6 项。

第 1.1 项　有整体爆炸危险的物质和物品。

第 1.2 项　有迸射危险,但无整体爆炸危险的物质和物品。

第 1.3 项　有燃烧危险并有局部爆炸危险或局部迸射危险或这两种危险都有,但无整体爆炸危险的物质和物品。本项包括:可产生大量辐射热的物质和物品或相继燃烧产生局部爆炸或迸射效应或两种效应兼而有之的物质和物品。

第 1.4 项　不呈现重大危险的物质和物品。本项包括运输中万一点燃或引发时仅出现小危险的物质和物品;其影响主要限于包件本身,并预计射出的碎片不大、射程也不远,外部火烧不会引起包件内全部内装物的瞬间爆炸。

第 1.5 项　有整体爆炸危险的非常不敏感物质。本项包括有整体爆炸危险性,但非常不敏感以致在正常运输条件下引发或由燃烧转为爆炸的可能性很小的物质。

第 1.6 项　无整体爆炸危险的极端不敏感物品。本项包括仅含有极端不敏感起爆物质,并且其意外引发爆炸或传播的概率可忽略不计的物品(该项物品的危险仅限于单个物品的爆炸)。

第 2 类　气体

气体类包括:在 50℃时,蒸气压力大于 300 kPa 的物质;或 20℃时在 101.3 kPa 压力下完全是气态的物质,包括压缩气体、液化气体、溶解气体和冷冻液化气体、一种或多种气体与一种或多种其他类别物质的蒸气的混合物、充有气体的物品和烟雾剂。

标准根据气体在运输中的主要危险性分为 3 项。

第 2.1 项　易燃气体,包括在 20℃ 和 101.3 kPa 条件下,与空气的混合物按体积分数占 13% 或更少时可点燃的气体;或不论易燃下限如何,与空气混合,燃烧范围的体积分数至少为 12% 的气体。

第 2.2 项　非易燃无毒气体,指在 20℃ 和压力不低于 280 kPa 条件下运输或以冷冻液体状态运输的气体,并且是:

(1) 窒息性气体——会稀释或取代通常在空气中的氧气的气体;

(2) 氧化性气体——通过提供氧气比空气更能引起或促进其他材料燃烧的气体;

(3) 不属于其他项别的气体。

第 2.3 项　毒性气体,本项包括:已知对人类具有的毒性或腐蚀性强到对健康造成危害的气体;或半数致死浓度值 LC_{50} 不大于 5 000 mL/m^3,因而推定对人类具有毒性或腐蚀性的气体。

具有两个项别以上危险性的气体和气体混合物,其危险性先后顺序为第 2.3 项优先于其他项,第 2.1 项优先于第 2.2 项。

第 3 类　易燃液体

本类包括以下 2 种。

(1) 易燃液体。在其闪点温度(其闭杯试验闪点不高于 60.5℃,或其开杯试验闪点不高于 65.6℃)时放出易燃蒸气的液体或液体混合物,或是在溶液或悬浮液中含有固体的液体。本项还包括:在温度等于或高于其闪点的条件下提交运输的液体;或以液态在高温条件下运输或提交运输,并在温度等于或低于最高运输温度下放出易燃蒸气的物质。

(2) 液态退敏爆炸品。

第 4 类　易燃固体、易于自燃的物质和遇水放出易燃气体的物质

本类划分为以下 3 项。

第 4.1 项　易燃固体,包括容易燃烧或摩擦可能引燃或助燃的固体;可能发生强烈放热反应的自反应物质;不充分稀释可能发生爆炸的固态退敏爆炸品。

第 4.2 项　易于自燃的物质,包括发火物质和自热物质。

第 4.3 项　遇水放出易燃气体的物质,指与水相互作用易变成自燃物质或能放出危险数量的易燃气体的物质。

第 5 类　氧化性物质和有机过氧化物

本类划分为以下 2 项。

第 5.1 项　氧化性物质,指本身不一定可燃,但通常因放出氧或起氧化反应可能引起或促使其他物质燃烧的物质。

第 5.2 项　有机过氧化物,指分子组成中含有过氧基的有机物质,该物质为热不稳定物质,可能发生放热的自加速分解。该类物质还可能具有以下一种或数种性质:① 可能发生

爆炸性分解;② 迅速燃烧;③ 对碰撞或摩擦敏感;④ 与其他物质发生危险反应;⑤ 损害眼睛。

第 6 类　毒性物质和感染性物质

本类划分为以下 2 项。

第 6.1 项　毒性物质,指经吞食、吸入或皮肤接触后可能造成死亡或严重受伤或健康损害的物质。毒性物质的毒性分为急性口服毒性、皮肤接触毒性和吸入毒性。分别用口服毒性半数致死量 LD_{50},口服、皮肤接触毒性半数致死量 LD_{50},吸入毒性半数致死浓度 LC_{50} 衡量。标准规定经口摄取半数致死量:固体 $LD_{50} \leqslant 200$ mg/kg,液体 $LD_{50} \leqslant 500$ mg/kg;经皮肤接触 24 h,半数致死量 $LD_{50} \leqslant 1\,000$ mg/kg;粉尘、烟雾吸入半数致死浓度 $LC_{50} \leqslant 10$ mg/L 的固体或液体为毒性物质。

第 6.2 项　感染性物质,指含有病原体的物质,包括生物制品、诊断样品、基因突变的微生物、生物体和其他媒介,如病毒蛋白等。

第 7 类　放射性物品

放射性物质是指有放射性核素且其放射性活度浓度和总活度都分别超过 GB 11806 规定的限值的物质。

第 8 类　腐蚀品

腐蚀性物质是指通过化学作用使生物组织接触时会造成严重损伤,或在渗漏时会严重损害甚至毁坏其他货物或运载工具的物质。腐蚀性物质包含与完好皮肤组织接触不超过 4 h,在 14 d 的观察期中发现引起皮肤全厚度损毁,或在温度 55℃时,对 S235JR＋CR 型或类似型号钢或无覆盖层铝的表面均匀年腐蚀率超过 6.25 mm/年的物质。

第 9 类　杂项危险物质和物品

杂项危险物质和物品是指其他类别未包括的危险物质和物品,如危害环境物质、高温物质、经过基因修改的微生物或组织。

二、危险化学品标示

1. 化学品安全标签及其表示形式

安全标签是指用于标示化学品所具有的危险性和安全注意事项的一组文字、象形图和编码组合,它可粘贴、拴挂或喷印在化学品的外包装或容器上,是传递化学品安全信息的一种载体。

安全标签是《工作场所安全使用化学品规定》和国际 170 号《作业场所安全使用化学品公约》要求的预防和控制化学危害基本措施之一,主要是对市场上流通的化学品通过加贴标签的形式进行危险性标识,提出安全使用注意事项,向作业人员传递安全信息,以预防和减少化学危害,达到保障安全和健康的目的。

安全标签用简单明了、易于理解的文字、图形表述有关化学品的危险特性及安全处置注意事项,而有关该化学品的更详细的安全信息资料,应从其化学品安全技术说明书中获得,因此化学品安全技术说明书和化学品安全标签必须齐备,缺一不可。

2. 化学品安全标签的内容

化学品安全标签包括以下 8 个方面的内容。

（1）化学品标识用中文和英文分别标明化学品的化学名称或通用名称。名称要求醒目清晰,位于标签的上方。名称应与化学品安全技术说明书中的名称一致。

对混合物应标出对其危险性分类有贡献的主要组分的化学名称或通用名、浓度或浓度范围。当需要标出的组分较多时,组分个数以不超过 5 个为宜。对于属于商业机密的成分可以不标明,但应列出其危险性。

（2）象形图采用 GB 20576～GB 20599、GB 20601、GB 20602 规定的象形图。当某种化学品具有两种及两种以上的危险性时,物理危险象形图的先后顺序根据《危险货物品名表》（GN12268）中的主次危险性确定,未列入《危险货物品名表》的化学品,以下危险性类别的危险性总是主危险：爆炸物、易燃气体、易燃气溶胶、氧化性气体、高压气体、自反应物质和混合物、发火物质、有机过氧化物。其他主危险性的确定按照联合国《关于危险货物运输的建议书 规章范本》危险性先后顺序确定方法确定。

（3）信号词根据化学品的危险程度和类别,用"危险"、"警告"两个词分别进行危害程度的警示。警示词位于化学品名称的下方,要求醒目、清晰。根据 GB 20576～20599、GB 20601～GB 20602,选择不同类别危险化学品的警示词。

（4）危险性说明。简要概述化学品的危险特性,居警示词下方。根据 GB 20576～20599、GB 20601～GB 20602,选择不同类别危险化学品的危险性说明。

（5）防范说明。表述化学品在处置、搬运、储存和使用作业中所必须注意的事项和发生意外时简单有效的救护措施等,要求内容简明扼要、重点突出。该部分必须包括安全预防措施、意外情况（如泄漏、人员接触或火灾等）的处理、安全储存措施及废弃处置等内容。各类化学品安全标签防范说明可从《化学品安全标签编写规定》中查到。

（6）供应商标识。包括供应商名称、地址、邮编、电话等。

（7）应急咨询电话。填写化学品生产商或生产商委托的 24 h 化学事故应急咨询电话。国外进口化学品安全标签上至少有一家中国境内的 24 h 化学事故应急咨询电话。

（8）资料参阅提示语。提示化学品用户应参阅安全技术说明书。

三、危险化学品的危害

凡是具有各种不同程度的燃烧、爆炸、毒害、腐蚀、放射性等危险性的物质,受到摩擦、撞击、震动、接触火源、日光曝晒、遇水受潮、温度变化或遇到性能有抵触的其他物质等外界因素的影响,而引起燃烧、爆炸、中毒、灼伤等人身伤亡或使财产损坏的物质,都属化学危险品。在化学清洗过程中,也涉及多种化学危险品,因此,了解化学危险品危害及安全注意事项,有利于化学清洗过程安全、顺利地进行。

1. 氧化剂

（1）特性及危害

凡能氧化其他物质而自身被还原,即在氧化还原反应中得电子的物质为氧化剂。按氧化性的强弱可分为一级氧化剂和二级氧化剂。按氧化性的强弱可分为一级氧化剂和二级氧化剂,按其组分可分为无机氧化剂和有机氧化剂。

一级无机氧化剂包括碱金属(锂、钠、钾等)或碱土金属(镁、钙等)的过氧化物和盐类、过氧化物(如过氧化钠,过氧化氢等)、氯的含氧酸及其盐类(如高氯酸钠、氯酸钾等)、硝酸盐类(如硝酸钾、硝酸钠等)、高锰酸盐类(如高锰酸钾、高锰酸钠等),及其他氧化剂(如银、铝催化剂等)。

二级无机氧化剂是除一级以外的所有无机氧化剂。包括亚硝酸盐(如亚硝酸钾、亚硝酸钠等)、过氧化物(如过硼酸钠等)、卤素含氧酸及其盐类(如溴酸钠、高碘酸等)、高价态金属及其盐类(如铬酸、重铬酸钠等)和其他氧化剂(如氧化银、五氧化二碘等)。

一级有机氧化剂大多数为有机过氧化物或硝酸化合物(如氧化苯甲酰、硝酸脲等)。

二级有机氧化剂均为有机过氧化物(如过醋酸等)。

(2) 安全注意事项

有机氧化剂都是性质不稳定的易燃物质,遇氧能加强燃烧,故无机氧化剂与有机氧化剂不能混合储存;一级氧化剂的氧化能力很强,与易燃气体接触容易引起燃烧或钢瓶爆炸,因此,不得与压缩气体、液化气体存放在一起;亚硝酸盐、次氯酸盐等虽然也属于氧化剂,但它们能被氧化剂中多数氧化剂所氧化,存储时应与其他氧化剂分开;毒害性物质大多数是有机物,与无机氧化物接触能引起燃烧,氧化物与某些氧化物混合后能发生爆炸,砷被氧化后有毒,与氧化剂接触后毒性更大,故氧化剂与毒害物质不得混在一起存放;有机氧化剂与溴、过氧化氢、硝酸等酸性物质接触,能发生剧烈反应;另外,硝酸与硫酸、发烟硫酸等接触,都会发生化学反应,不能混合储存。

2. 压缩气体和液化气体

(1) 特性及危害

气体经施加压力或降低温度,使气体中分子与分子之间的距离大大缩小就成为压缩气体。对压缩气体继续加压,有时还需降低温度,压缩气体就变成液体状态,称为液化气体。另外,有的气体极不稳定,需要溶于溶剂中,如乙炔需要溶解在丙酮中并贮存于钢瓶中,称为溶解气体。根据气体的性质,可分为剧毒气体、易燃气体、助燃气体和不燃气体。剧毒气体毒性极强,侵入人体能引起中毒甚至死亡,如氯、二氧化硫、氨、氟化氢、硫化氢等。易燃气体容易燃烧,有的也有毒性,如一氧化碳、甲烷、乙炔、丙烯、丁二烯等。助燃气体虽本身不燃烧,但却有助燃能力,有引起火灾的危险,如氧、压缩空气等。不燃气体性质稳定,不会引起燃烧,而且无毒,但对人有窒息的危害,如二氧化碳、氮气等。

(2) 安全注意事项

压缩气体和液化气体必须与爆炸物质、氧化剂、易燃物质、自燃物质和腐蚀性物质隔离存放;易燃气体不得与助燃气体、剧毒气体混合存放,如乙烷、乙炔等不得与氧、压缩空气等助燃气体混合存储;易燃气体和剧毒气体也不能与腐蚀性物质如硝酸、盐酸、硫酸混合存放,因为这些酸有较强的腐蚀性,能使钢瓶受到损坏;氧气不得与油脂(包括动、植物性油)、矿物油(如润滑油、松节油等)混合存放,因为氧的氧化作用能使油脂氧化而产生热量,以至使其燃烧,在燃烧中产生高温而引起气体受热膨胀后的爆炸。

3. 易燃物质

(1) 特性及危害

常温下以液体状态存在,极易挥发和燃烧,其闪点在45℃以下的物质为易燃液体;燃点较低,遇明火、热源、受摩擦、撞击或氧化剂接触能引起急剧燃烧的固体物质称为易燃固体。

清洗用化学品属易燃类的多为易燃液体。

易燃液体闪点较低，通常在45℃以下，汽化热较小，极易挥发。易燃液体挥发出来的易燃蒸气与空气混合，达到爆炸极限范围，遇明火会立即爆炸。易燃液体受热后，本身体积膨胀，同时蒸气压增加，部分挥发成蒸气，体积膨胀更为迅速，如夏季盛装易燃液体的铁桶，在阳光下曝晒，常常会出现鼓桶或爆裂的现象。此外，易燃液体大部分黏度较小，容易流动。除醇、酮、醛等可以与水相溶外，多数易燃液体不溶于水。易燃液体的大部分都是电的不良导体，如醚、酮、酯、芳香烃、石油及其产品。在贮罐、管道、槽车等的罐装、输送、喷溅和流动过程中，由于摩擦接触很容易产生静电，当静电荷聚积到一定程度时，就会放电而产生火花，引起燃烧和爆炸。

（2）安全注意事项

易燃液体有易燃、易挥发和受热膨胀流动扩散的特性，其蒸气与空气混合成一定比例，遇火即能发生爆炸，现场堆放应注意通风、防晒，与明火保持一定的距离，并严禁烟火。储存温度以25℃左右为宜，最高不宜超过35℃。清洗时，循环泵电机应选用防爆电机，并安装可靠的接地装置，注意消除静电，防止泄漏。

易燃固体有燃点低、燃烧快、并能放出大量有毒气体等性质。因此，存放时应注意通风、阴凉，避免阳光照晒，远离火种。易燃固体多属还原剂，遇氧反应激烈，应与氧和氧化剂隔离，有些易燃固体有毒，不仅皮肤接触能引起中毒，其粉尘被人体吸入也会引起全身中毒，使用时应穿好工作服、戴上口罩及手套等。

4. 毒害物质

（1）特性及危害

凡少量进入人、畜体内或接触皮肤能与有机体组织发生作用，破坏正常生理功能，引起机体暂时或永久性病理状态甚至死亡的物质，称为毒害物质。毒害物质的种类很多，按其化学结构可分为有机毒物及无机毒物；按毒性大小可分为剧毒品和有毒品。但通常按性质和作用区分比较适宜，一般可分为刺激性毒物、窒息性毒物和麻醉性毒物。刺激性毒物如酸的蒸气、氢、氨、二氧化硫等，所有刺激性气体或蒸气，尽管在物化性能上有所不同，但它们作用到组织上时，都能引起组织发炎；窒息性毒物，如氮、氢、一氧化碳等；麻醉性毒物，如芳香族化合物、醇类、脂肪族硫化物、苯胺等，这类毒物主要对神经系统有麻醉的作用；无机化合物及金属有机化合物，即凡对人体有毒害作用而不能归于上述三类的气体和挥发性毒物均属于此类，如金属蒸气、砷与锑的有机化合物等。

（2）安全注意事项

毒害物质的主要危险是浸入人体体内或接触皮肤引起中毒，有些毒害物质具有腐蚀性、易燃性、遇水燃烧性、挥发性等。储放时应注意干燥、通风、避免日晒、雨淋、远离火源，与酸类及食品隔离，如有包装破损或洒漏时，应尽快用土或锯木屑掩盖，然后清扫洗刷。使用时，操作人员应按规定穿戴防护用具，如工作服、口罩、手套等，加强对呼吸器官、眼、口和皮肤的保护，禁止用手直接接触毒害物质。在使用现场应有中毒急救、清洗、中和、消毒用的药物等以备急用。对毒害物质污染的处理主要是用有一定压力的水进行喷射冲洗，或用热水冲洗，也可用蒸气熏蒸，或用药物中和、氧化或还原，以破坏或减弱其危害性。

5. 腐蚀性物质

（1）特性及危害

凡能使人体、金属或其他物质发生腐蚀的物质，都属于腐蚀性物质。按腐蚀性强弱及酸碱性，可将腐蚀性物质分类如下：

一级无机酸性腐蚀性物质具有强烈的腐蚀性，主要是一些具有氧化性的强酸，如硝酸、硫酸、氯磺酸等。还有遇水能生成强酸的物质，如二氧化硫、三氧化硫、五氧化二磷等。

一级有机酸性腐蚀物质是具有强腐蚀性及酸性的有机物，如甲酸、溴乙酸等。

二级无机酸性腐蚀物质主要是一些氧化性较差的强酸，如盐酸；中强酸，如磷酸；以及与水接触能部分生成酸的物质，如四氯化锡等。

二级有机酸性腐蚀物质是一些较弱的有机酸，如乙酸、氯乙酸等。

无机碱性腐蚀物质主要是一些碱性较强的腐蚀物质，如氢氧化钠、氢氧化钾等，以及与水作用生成碱性腐蚀物质，如硫化钠、氧化钙、硫化钙等。

有机碱性腐蚀物质是具有碱性的有机腐蚀物质，主要是有机碱金属化合物和胺类，如丙醇钠、二乙醇等。

其他无机腐蚀物质，如氯酸钙、次氯酸钠等。

其他有机腐蚀物质，如苯酚、甲醛等。

（2）安全注意事项

腐蚀性物质种类较多，性能各异，使用及储存要求也各不相同。在腐蚀物质中，有的易挥发，有的易分解，还有的易吸潮、怕晒、怕冻等。存贮时，应注意干燥、通风、防晒、防雨、防冻，包装容器应有相应的防腐蚀性能。使用时，应根据各类腐蚀性物质的物化性质配备相应的防护用具，如工作服、手套、靴、口罩和护目镜等。对易挥发的腐蚀性物质，使用场所应有良好的通风条件，操作人员应站在上风头位置，并佩戴相应的防护面具。

第二节　危险化学品管理标准及法规

一、危险化学品经营的安全管理条例

1. 经营企业开业条件和技术要求

2000年1月1日颁布的《危险化学品经营企业开业条件和技术要求》（GB 18265—2000），对危险化学品经营从业人员技术的要求、企事业经营条件、储运条件、废弃物处理以及经营许可证等作出了明确要求。

（1）从业人员技术要求

① 危险化学品经营企业的法定代表人或经理应经过国家授权部门的专业培训，取得合格证书方能从事经营活动。

② 企业业务经营人员应经国家授权部门的专业培训，取得合格证书方能上岗。

③ 经营剧毒物品企业的人员，除满足①②要求外，还应经过县级以上（含县级）公安部门的专门培训，取得合格证书方能上岗。

（2）企业经营条件

1）危险化学品经营企业的经营场所应坐落在交通便利、便于疏散处。

2）危险化学品经营企业的经营场所的建筑物应符合建筑设计防火规范的要求。

3）从事危险化学品批发业务的企业，应具备经县级以上（含县级）公安、消防部门批准

的专用危险品仓库(自有或租用)。所经营的危险化学品不得放在业务经营场所。

4)零售业务只许经营除爆炸品、放射性物品、剧毒物品以外的危险化学品。并满足如下条件:

① 零售业务的店面应与繁华商业区或居住人口稠密区保持 500 m 以上距离;

② 零售业务的店面经营面积(不含库房)应不小于 60 m²,其店面内不得设有生活设施;

③ 零售业务的店面内只许存放民用小包装的危险化学品,其存放总质量不得超过 1 t;

④ 零售业务的店面内,危险化学品的摆放应布局合理,禁忌物料不能混放,综合性商场(含建材市场)所经营的危险化学品应有专柜存放;

⑤ 零售业务的店面内显著位置应设有"禁止明火"等警示标志;

⑥ 零售业务的店面内应放置有效的消防、急救安全设施;

⑦ 零售业务的店面与存放危险化学品的库房(或罩棚)应有实墙相隔,单一品种存放量不能超过 500 kg,总质量不能超过 2 t;

⑧ 零售店面备货库房应根据危险化学品的性质与禁忌,分别采用隔离储存、隔开储存或分离储存等不同方式进行储存;

⑨ 零售业务的店面备货库房应报公安、消防部门批准。

经营易燃易爆品的企业,应向县级以上(含县级)公安、消防部门申领易燃易爆品消防安全经营许可证。

2. 危险化学品经营许可证的申请和办理

《危险化学品管理条例》规定,国家对危险化学品的经营(包括仓储经营,下同)实行许可制度。据此,《危险化学品经营许可证管理办法》规定,凡经营销售危险化学品的单位应依法取得危险化学品经营许可证,并凭经营许可证向工商行政管理部门申请办理登记注册手续,未取得经营许可证和未经工商登记注册,任何单位和个人都不得经营销售危险化学品。

凡从事危险化学品经营活动的单位均应申领经营许可证。

依法设立的危险化学品生产企业在其厂区范围内销售本企业生产的危险化学品;不需要取得危险化学品经营许可证。

危险化学品许可经营范围包括:爆炸品、压缩气体和液化气体、易燃液体、易燃固体、自燃物品和遇湿易燃物品、氧化剂和有机过氧化物、有毒品和腐蚀品。具体品种依据原国家安全生产监督管理局发布的《危险化学品名录》确定。

危险化学品许可经营范围不包括:民用爆炸品、放射性物品、核能物质和城镇燃气(包括民用液化石油气)。个体工商户和百货商店(场)不得经营工业生产、农业生产、国防军工等使用的危险化学品和运输工具使用的成品油和液化气;个体工商户不得经营建筑装饰、科教卫生、家庭生活等使用的剧毒化学品;百货商店(场)不得经营家庭生活使用的危险化学品以外的危险化学品。

二、危险化学品重大危险源辨识

重大危险源是指长期地或者临时地生产、加工、使用或者储存危险物品,且危险物品的数量等于或超过临界量的单元。单元是指一个(套)生产装置,设施或场所,或同一工厂的且边缘距离小于 500 m 的几个(套)生产装置,设施或场所。临界量是界定危险源的数量,是指对某种或某类危险化学品构成重大危险源所规定的数量。

1. 法律、法规对重大危险源管理的规定

《安全生产法》和《危险化学品安全管理条例》根据重大危险源的危险特点分别对重大危险源的设施、化学品的存放和保管、安全评价、登记注册等方面提出了明确的规定和要求,同时违反重大危险源管理规定的处罚措施和政府的监督管理职能等方面也作出了明确的规定。

《安全生产法》第三十三条明确规定生产经营单位对重大危险源应当登记建档,进行定期检测、评估、监控,并制订应急预案,告知从业人员和相关人员在紧急情况下应当采取的应急措施。

生产经营单位应当按照国家有关规定将本单位重大危险源及有关安全措施、应急措施报有关地方人民政府负责安全生产监督管理的部门和有关部门备案。

《危险化学品安全管理条例》第十九条规定危险化学品生产装置或者构成重大危险源的储存设施与人口密集区域、公共设施、水源及水源保护区、交通干线、车站码头、地铁风亭及出入口、农牧渔等重点区域和生产基地、河流、湖泊、风景名胜区、自然保护区、军事禁区和军事管理区以及法律法规规定予以保护的其他区域的距离应符合国家标准或规定。

《危险化学品安全管理条例》第二十二条规定生产、储存危险化学品的企业,应当委托具备国家规定的资质条件的机构,对本企业的安全生产条件每 3 年进行一次安全评价,提出安全评价报告。安全评价报告的内容应当包括对安全生产条件存在的问题进行整改的方案。

生产、储存危险化学品的企业,应当将安全评价报告以及整改方案的落实情况报所在地县级人民政府安全生产监督管理部门备案。

《危险化学品安全管理条例》第二十四条规定危险化学品应当储存在专用仓库、专用场地或者专用储存室(以下统称专用仓库)内,并由专人负责管理;剧毒化学品以及储存数量构成重大危险源的其他危险化学品,应当在专用仓库内单独存放,并实行双人收发、双人保管制度。

危险化学品的储存方式、方法以及储存数量应当符合国家标准或者国家有关规定。

2. 重大危险源的辨识标准

依照《危险化学品重大危险源辨识》(GB 18218—2009)的规定,重大危险源的辨识依据是危险化学品的危险特性及其数量。若一种危险化学品具有多种危险性,按其中最低的临界量确定。单元内存放危险化学品的数量根据处理危险化学品种类的多少区分以下两种情况。

① 单元内存在的危险化学品为单一品种,则危险化学品的数量即为单元内存在危险化学品的数量,若等于或超过相应的临界量,则该单元定为重大危险源。

② 单元内存在的危险化学品为多品种时,则按下式计算,若满足下式,则单位定为重大危险源。

$$q_1/Q_1 + q_2/Q_2 + \cdots + q_n/Q_n \geqslant 1$$

式中 $q_1, q_2, \cdots, q_n$——每种危险化学品的实际存在量,t;

$Q_1, Q_2, \cdots, Q_n$——与各种危险化学品相应的临界量,t。

关于装置内的压力管道、锅炉、压力容器是否构成重大危险源,则依据《关于开展重大危险源监督管理工作的指导意见》的规定进行辨识,符合下列条件的属重大危险源。

（1）压力管道

符合下列条件之一的压力管道。

1）长输管道 输送有毒、可燃、易爆气体，且设计压力大于 1.6 MPa 的管道；输送有毒、可燃、易爆液体介质，输送距离大于等于 200 km 且管道公称直径≥300 mm 的管道。

2）公用管道 中压和高压燃气管道，且公称直径≥200 mm。

3）工业管道

① 输送 GB 5044 中毒性程度为极度和高度危害气体、液化气体介质，且公称直径≥100 mm的管道；

② 输送 GB 5044 中极度、高度危害液体介质、GB 50160 及 GB 50016 中规定的火灾危险性为甲、乙类可燃气体，或甲类可燃液体介质，且公称直径≥100 mm，设计压力≥4 MPa 的管道；

③ 输送其他可燃、有毒流体介质，且公称直径≥100 mm，设计压力≥4 MPa，设计温度≥400℃的管道。

（2）锅炉

符合下列条件之一的锅炉：

1）蒸汽锅炉 额定蒸汽压力大于 2.5 MPa，且额定蒸发量大于或等于 10 t/h。

2）热水锅炉 额定出水温度大于等于 120℃，且额定功率大于等于 14 MW。

3）压力容器 属下列条件之一的压力容器：

① 介质毒性程度为极度、高度或中度危害的三类压力容器；

② 易燃介质，最高工作压力≥0.1 MPa，且 PV≥100 MPa·m^3 的压力容器（群）。

企业在对重大危险源进行辨识和评价后，应针对每一个重大危险源制定出一套严格的安全管理制度，通过技术措施和组织措施，对重大危险源进行严格控制和管理，从而确保重大危险源的安全运行。

通常情况下，重大危险源的管理应符合下列要求：

① 企业构成重大危险源的单元，应制定严格的管理制度，制度中应列出具体管理要求，并建立档案，做好相关的检查、检测记录工作；

② 企业对每一个重大危险源应设置重大危险源标志，标志中应列出相关的安全资料和防范措施；

③ 企业应对每一个重大危险源编制应急预案，按规定组织预案演练，并把预案报相关部门备案；

④ 按国家规定，对重大危险源进行登记和安全评价，并把评价报告报相关部门备案；

⑤ 对构成重大危险源的危险化学品，必须在专用仓库内单独存放，实行双人收发、双人保管制度。

三、危险化学品行业及地方法规与标准

1.《危险化学品安全管理条例》

《危险化学品安全管理条例》（以下简称《旧条例》）为 1987 年国务院颁布的《危险化学品安全管理条例》修订而成，于 2002 年 1 月 9 日国务院第 52 次常务会议通过。2011 年 2 月 16 日国务院第 144 次常务会议修订通过，自 2011 年 12 月 1 日起施行修订后的《危险化学

品安全管理条例》(以下简称《条例》)。

《旧条例》是 2002 年 3 月 15 日起施行的。对于加强危险化学品安全管理,防止和减少危险化学品事故,保障人民生命和财产安全发挥了重要作用。但是,从实际情况看,危险化学品领域事故频发的状况还没有根本扭转,安全生产形势仍然严峻。近年来,危险化学品安全管理中出现了一些新情况新问题:一是 2003 年、2008 年国务院进行了两次机构改革,有关部门在危险化学品安全管理方面的职责分工发生了变化;二是危险化学品安全管理中暴露出一些薄弱环节,如使用危险化学品从事生产的企业发生事故较多,危险化学品运输环节的安全问题较为突出,可用于制造爆炸物品的危险化学品公共安全问题也较为突出等;三是执法实践中反映出现行条例的一些制度不够完善,如对有的违法行为的处罚机关规定不够明确,对有的违法行为的处罚与行为的性质和危害程度不完全适应等。对条例进行修改,就是为了适应这些新情况新问题,更加有效地加强对危险化学品的安全管理。

《条例》共 8 章 102 条,对在中华人民共和国境内生产、经营、储存、运输、使用危险化学品等方面,作出了具体的规定,为强化危险化学品的专项整治和管理提供了有力的依据。

2.《条例》所管辖的危险化学品的范围

条例所称危险化学品,是指具有毒害、腐蚀、爆炸、燃烧、助燃等性质,对人体、设施、环境具有危害的剧毒化学品和其他化学品。

危险化学品目录,由国务院安全生产监督部门会同国务院工业和信息化、公安、环境保护、卫生、质量监督检验检疫、交通运输、铁路、民用航空、农业主管部门,根据化学品危险特性的鉴别和分类标准确定、公布,并适时调整。国家另有规定的,依照其规定执行。

废弃危险化学品的处置,依照有关环境保护的法律、行政法规和国家有关规定执行。

3. 危险化学品的生产、储存的安全管理

《条例》第十条规定国家对危险化学品的生产、储存实行统筹规划、合理布局。

《条例》第十二条规定新建、改建、扩建生产、储存危险化学品的建设项目(以下简称建设项目),应当由安全生产监督管理部门进行安全条件审查。

《条例》第十四条规定危险化学品生产企业进行生产前,应当依照《安全生产许可证条例》的规定,取得危险化学品安全生产许可证。

生产列入国家实行生产许可证制度的工业产品目录的危险化学品的企业,应当依照《中华人民共和国工业产品生产许可证管理条例》的规定,取得工业产品生产许可证。

《条例》第十五条规定危险化学品生产企业应当提供与其生产的危险化学品相符的化学品安全技术说明书,并在危险化学品包装(包括外包装件)上粘贴或者拴挂与包装内危险化学品相符的化学品安全标签。化学品安全技术说明书和化学品安全标签所载明的内容应当符合国家标准的要求。

《条例》第十八条规定生产列入国家实行生产许可证制度的工业产品目录的危险化学品包装物、容器的企业,应当依照《中华人民共和国工业产品生产许可证管理条例》的规定,取得工业产品生产许可证;其生产的危险化学品包装物、容器经国务院质量监督检验检疫部门认定的检验机构检验合格,方可出厂销售。

对危险化学品生产、储存设施应当符合的国家有关规定在《条例》第十九至二十二条有详细规定。

《条例》第二十三条规定生产、储存剧毒化学品或者国务院公安部门规定的可用于制造爆炸物品的危险化学品(以下简称易制爆危险化学品)的单位,应当如实记录其生产、储存的剧毒化学品、易制爆危险化学品的数量、流向,并采取必要的安全防范措施,防止剧毒化学品、易制爆危险化学品丢失或者被盗;发现剧毒化学品、易制爆危险化学品丢失或者被盗的,应当立即向当地公安机关报告。

对危险化学品生产、储存场地、专用仓库、出入库及管理人员的管理在《条例》第二十四至二十六条有详细规定。

4. 危险化学品安全生产相关标准

安全生产标准是指需要统一的安全生产技术要求,是围绕如何消除、限制或预防劳动过程中的危险和有害因素,保护职工安全与健康,保障设备、生产正常运行而指定的统一技术性规定。

安全生产标准分为强制性标准和推荐性标准。内容涉及需要强制执行的安全生产条件、安全管理等为强制性标准;其他为推荐性标准。安全生产标准实施后需要上升为国家标准的,应当及时上升为国家标准。安全生产行业标准在相应的国家标准实施后,即行废止。近年来颁布的与危险化学品密切相关的安全标准如下。

(1)《危险化学品重大危险源辨识》(GB 18218—2009)

该标准由国家安全生产监督管理总局和国家标准化委员会于 2009 年 3 月 1 日联合发布,于 2009 年 12 月 1 日施行。

该标准分前言、范围、规范性引用文件、术语和定义、危险化学品重大危险源辨识共五部分。规定了辨识危险化学品重大危险源的依据和方法。适用于危险化学品的生产、使用、存储和经营等各企业或组织。

(2)《危险化学品从业单位安全标准化通用规范》(AQ3013—2008)

该标准由国家安全生产监督管理总局于 2008 年 11 月 19 日发布,于 2009 年 1 月 1 日施行。

该标准分前言、范围、规范性引用文件、术语和定义、要求、管理要素共六部分。明确了危险化学品从业单位开展安全标准化的总体原则、过程和要求。适用于指导危险化学品从业单位安全标准化系列标准的编制与实施。

(3)《危险化学品储罐区作业安全通则》(AQ3018—2008)

该标准由国家安全生产监督管理总局于 2008 年 11 月 19 日发布,于 2009 年 1 月 1 日施行。

该标准分前言、范围、规范性引用文件、术语和定义、基本要求、检维修作业共六部分。规定了危险化学品储罐区作用安全的基本要求。适用于指导危险化学品储罐区内的作业,不适用于装置一同布置的中间罐区、加装防爆材料储罐区、覆土罐区和洞罐区。

第三节 危险化学品的防火和防爆

危险化学品的防火和防爆是属于安全工程的一部分。本节在分析了火灾的危害、燃烧的基本理论、爆炸事故的发生及原因、爆炸的基本理论后,也就危险物质的燃爆特性、防火防爆安全措施进行了探讨。

一、防火技术概述

1. 火灾

一般认为,人类能用火是进入文明世界的一个重要标志。古人语,"善用之则为福,不能用之则为祸"。当人类认识燃烧、爆炸现象并学会应用以来,爆炸和燃烧现象给人类带来了巨大的益处,与人类结下了不解之缘。一方面燃烧、爆炸现象既可以服从人们的意志,造福于人类;另一方面也会违反人们的意志,给人类带来灾难。

凡是失去控制并对财产和人身造成损害的燃烧现象为火灾。以上定义是 1991 年由公安部、劳动部、国家统计局制定颁布的。

故凡是超出有效范围的燃烧都称为火灾。以下几种情况也被列入火灾统计范畴。

① 民用爆炸物品爆炸引起的火灾;

② 易燃可燃液体、可燃气体、蒸气、粉尘以及其他化学易燃易爆物品爆炸和由此引起的火灾(不包括地下矿井部分发生的爆炸);

③ 破坏性试验中引起的非实验体燃烧的事故;

④ 机电设备因内部故障导致外部明火燃烧需要组织扑灭的事故,或者引起其他物件燃烧的事故;

⑤ 车辆、船舶、飞机以及其他交通工具发生的燃烧事故,或者由此引起的其他物质的燃烧事故(飞机因飞行事故而引起的燃烧除外)。

火灾可按物质燃烧的特征、损失的程度和危险物质进行分类。

(1) 按物质燃烧的特征分类

A 类:固体物质火灾,如具有有机物性质的固体物质,一般在燃烧时能产生灼热的灰烬,如木材、棉、毛、麻、纸张火灾等;

B 类:液体和可熔化物质的火灾,如汽油、煤油、柴油、原油、甲醇、乙醇、沥青和石蜡等;

C 类:气体火灾,如煤气、天然气、甲烷、乙烷、丙烷、氢气等;

D 类:金属火灾,如钠、钾、镁、钛、锆、锂等。

(2) 按损失的程度分类

① 特大火灾:死亡 10 人以上,重伤 20 人以上,死亡、重伤 20 人以上,受灾 50 户以上,财产损失 50 万元以上;

② 重大火灾:死亡 3 人以上,重伤 10 人以上,死亡、重伤 10 人以上,受灾 30 户以上,财产损失 5 万元以上;

③ 一般火灾:不具有前两项情形的燃烧事故。

(3) 按危险物质分类

① 气体火灾:它是从管道或其他设备中泄露出来的可燃气体如煤气、天然气、液化石油气、乙炔气等,被火点燃而发生的火灾;

② 油品火灾:如原油、煤油、汽油、苯、酒精等易燃或可燃液体所发生的火灾,这种火灾大多是由贮罐或容器的泄漏引起的;

③ 可燃物火灾:如建筑物、家具、木材、纸张、纤维、纺织品、固体燃料等固体可燃物的火灾;

④ 电器火灾:电缆线、电动机、变压器等电器设备使用的绝缘材料发生的火灾;

⑤ 金属火灾：镁、铝、铬等金属粉在空气中具有燃烧性质，遇到点火源发生的火灾；

⑥ 其他火灾：如敞开的散装火药燃烧引起的火灾等。

2. 火灾的蔓延和变化

酝酿期、发展期、全盛期和熄灭期是火灾经历的四个发展阶段。

我们认为酝酿期是可燃物在热的作用下蒸发析出气体、冒烟的阴燃阶段，是火灾的初期。这一阶段以物质的热分解为主，如果及时采取措施，可控制火灾在萌芽阶段，是防止事态扩大的重要阶段。

发展期是火势由小到大的发展阶段，火苗蹿起，火势迅速扩大。由于热量释放的速率随时间呈平方非线性增加，发展速度非常快，它是火势不断扩大的重要阶段和时期。这一阶段及时采取措施可限制和缩小火势的范围，避免更大的损失。

全盛期出现火焰包围整个可燃物，可燃物全面着火，燃烧面积达到最大限度，燃烧速度最快，并放出大量的辐射热，温度最高，气体对流加剧。此阶段通风情况决定火势的大小和能否得以控制。

熄灭期由于可燃物质不断减少或灭火系统的作用，火势逐渐减弱，直至熄灭。

图 6-1 为典型火灾发展过程的示意图。

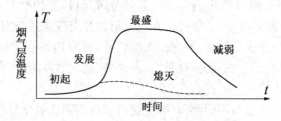

图 6-1　火灾发展过程示意图

国内外学者认为，影响火灾蔓延和变化的因素有以下几点：

（1）可燃物数量的影响

他们认为可燃物数量越多，火灾载荷密度越高，则火势发展越猛烈；如果可燃物较少，则火势发展较弱；若可燃物间不互相连接，则一处可燃物燃尽后，火灾会趋向熄灭。

（2）热传播的影响

可燃物燃烧时所产生的热能以热传导、热辐射和热对流三种方式向周围传播。热传导主要是依靠物体彼此接触而进行能量交换来实现的。在建筑物燃烧时，虽然某些房间与燃烧着的房间不相通，但常常因有穿墙的金属管、螺栓、钢梁等具有良好的金属介质，会引起相邻房间内可燃物的燃烧。热辐射是以热射线形式传播热能的一种现象，热辐射越强，热能传播得越快、越远，火灾发展的速度也就越快。热对流是依靠物质自身流动传播热能的现象。当热气流与可燃物接触时，可能引起着火。一般热气流流动的方向即火灾蔓延的方向。

（3）风和空气流量的影响

室内火灾开始时，在初起阶段的空气量足够时，燃烧就会不断发展。但是，随着火势的逐步扩大，室内空气量逐渐减少，这时只有不断从室外补充新鲜空气即增大空气流量，燃烧才能继续并不断扩大；空气供应量不足时，火势会趋向减弱阶段。风的大小对火灾蔓延有很大关系，大风天气发生火灾时，火势容易扩大和蔓延。

（4）蒸发潜热的影响

液体和固体需要吸收一定的热量才能蒸发,此热量称为蒸发潜热。一般固体的蒸发潜热大于液体的蒸发潜能,液体的蒸发潜能大于液化气体的蒸发潜能。蒸发潜热越大的物质越需要较多的热量才能蒸发,火灾发展速度亦较慢。反之,蒸发潜热较小的物质越容易蒸发,火灾发展速度相应也越快。因此,可燃液体或固体单位时间内蒸发产生的可燃气体与外界供给的热量成正比,与它们的蒸发潜热成反比。

(5) 风向、地理及建筑物的影响

有的时刻,由于风向、地理形态、建筑物的影响,火灾在蔓延过程中会形成旋转火焰,即火旋风,有垂直火旋风和水平火旋风之分,它的出现可使火的蔓延速度和强度大大增加。

(6) 室内燃烧状况的影响

一旦发生室内火灾,当火灾由局部火向大火转变,室内所有可燃物表面都开始燃烧;或室内燃烧由燃料控制向通风控制转变,这种转变会使火灾由发展期进入全盛期;在室内顶棚下方积聚的未燃气体或蒸气突然着火而造成火焰迅速扩展即轰燃。

(7) 燃烧温度的影响

燃烧区空气的上升是因为周围空气的流动,空气燃烧加强导致的。温度越高,空气上升的速度越快,周围的新鲜空气注入燃烧区的速度也越快。另外,由于开始时的燃烧过程以及燃烧后的高温环境,使室内可燃物仍然进行着热分解反应,室内会逐渐积聚大量的可燃气体,此时一旦通风条件得到改善,空气会以重力流形式补充进来并与室内可燃气体混合。当混合气被灰烬点燃时会形成高强度、快速的火焰传播,在室内燃烧的同时,在通风口外形成巨大的火球,同时对室内外造成危害,这种"死灰复燃"的现象称为"回燃"。

3. 燃烧基本理论

燃烧形式会因物质状态的不同而不同,燃烧机理也不同。氧化是物质与氧的反应,而燃烧是可燃物与氧之间的放热反应,通常会伴有火焰或可见光。燃烧与氧化的共同点在于是同一种化学反应,区别在于反应的速度和发生的物理现象不同。

燃烧可分为均一系燃烧和非均一系燃烧,是按照产生燃烧反应相的不同而分类的。均一系燃烧是指燃烧反应在同一相中进行,如氢气在氧气中的燃烧;非均一系燃烧则是指燃烧在不同相中进行的燃烧,如石油、木材和塑料的燃烧。

简单可燃物质的燃烧是与单质氧进行化合反应,如可燃性气体的燃烧,可分为扩散燃烧和混合燃烧两种。复杂可燃物质的燃烧则是先发生分解,然后与氧化剂发生化学反应生成 CO_2 和 H_2O,如很多固体和不挥发性液体的燃烧,像木材和煤等,又称分解燃烧;液态可燃物通常先蒸发成蒸气,再与氧化剂发生燃烧,这种燃烧称为蒸发燃烧。蒸发燃烧和分解燃烧均有火焰产生,因此属于火焰型燃烧。而含氧的含能材料的燃烧反应则属于分解反应燃烧。金属燃烧属表面燃烧,无气化过程,燃烧表面温度较高。根据燃烧反应进行的程度,还可分为完全燃烧和不完全燃烧。可燃物质的燃烧历程如图 6-2 所示。

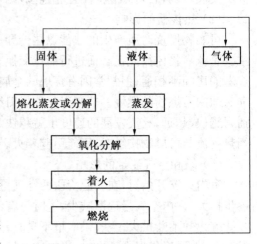

图 6-2 可燃物质的燃烧历程

典型的燃烧现象通常有闪燃、阴燃、燃烧、自燃和爆燃等。

可燃液体表面或容器内的蒸气与空气混合而形成可燃气体,遇火源即发生燃烧。液体表面有一定量的蒸气存在,蒸气的浓度取决于该液体的温度。

因此,闪燃是指可燃物表面或可燃液体上方形成的混合可燃气体在最低温度下、极短时间内重复发生的燃烧且仅出现瞬间火苗或闪光的现象。这种现象往往是持续燃烧的先光,当可燃烧体温度高于其闪点时,则随时都有被火点燃的危险。当可燃物受到外界火源直接作用而开始的持续火苗现象叫着火。

阴燃则是在没有火焰和可见光的情况下发出的燃烧现象,通常是处于燃烧初期的一种燃烧现象。

燃烧是可燃物质与氧化剂之间伴有火焰和可见光的一种放热反应现象。

自燃是指可燃物在没有外来能量或外界火源的刺激,常温下由于物质本身含有的内热源在一定的条件下的自发化学反应而使其达到自燃温度从而引起的燃烧现象,或是由于遇空气立即引起的一种快速发光的化学反应。

爆燃是火炸药或燃爆性气体混合物的一种快速燃烧现象,是伴有爆炸的一种以亚音速传播的燃烧波。发生爆燃的物质大多是含有较丰富的氧元素或氧气、氧化剂等的含能化合物或混合物,它燃烧时无需外界的氧参与反应。除非在特定条件下,其燃速很快,会在一瞬间而燃尽,甚至会从燃烧转变为爆炸。

4. 燃烧的条件

可燃物、氧化剂和点火源是发生燃烧时一定同时具备的构成燃烧的三要素。其中广义的可燃物又可分为易燃物、难燃物和不燃物。易燃物在火源作用下可点燃,移去火源可继续燃烧直到燃尽,如木材、煤、汽油、甲烷等;难燃物质则能被点燃并阴燃,移去火源不能继续燃烧;而不可燃物质在正常情况下也不能被点燃。氧化剂是具有较强的氧化性能并能与可燃物发生氧化反应的物质,如氧气、空气等。点火源则是具有一定温度和热量的能源或能引起物质着火的能源。常见的点火源有六类:

(1) 电点火源:电火花、静电火花、电磁感应、射频、雷击、电弧等;

(2) 高温点火源:高温表面、热辐射;

(3) 冲击点火源:冲击、摩擦、绝热压缩;

(4) 化学点火源:明火、自然着火;

(5) 光点火源:激光、凸透镜聚焦;

(6) 冲击波点火源:导爆管点火、雷管、导爆索。

发生燃烧必须满足三个基本条件即一定浓度的可燃物、一定体积分数的氧气和一定能量的点火源,并且三者相互结合、相互作用,燃烧才能发生和继续进行。一定浓度的可燃物是指一般可燃物在空气中必须达到一定浓度,否则即使燃烧也会熄灭,例如当氢气在空气中的体积分数低于4%时不能被点燃;20℃条件下,煤油气相中浓度较低时,接触明火也不会被点燃。一般可燃物质当空气中氧的体积分数低于14%时不会发生燃烧,即可燃物燃烧时有最低氧体积分数的要求,表6-1中列出了几种可燃物质燃烧时的最低氧的体积分数。一定能量的着火能量是指激发某一可燃物质所需的最小着火能量值,若点火源没有足够的点火能量,不会引起点火或燃烧。如一根火柴的热量不能点燃一根木材。某些可燃物的最小点火能量见表6-2。由表6-2可知,液体比气体的点火更难,即所需要的点火能量更大。

表 6 - 1　几种可燃物质燃烧所需氧的最低体积分数

可燃物名　称	氧的最低体积分数/%	可燃物名　称	氧的最低体积分数/%	可燃物名　称	氧的最低体积分数/%
汽油	14.4	乙醚	12.0	棉花	8.0
乙醇	15.0	二硫化碳	10.5	黄磷	10.0
煤油	15.0	乙炔	3.7	橡胶	12.0
丙酮	13.0	氢气	5.9	蜡烛	16.0

表 6 - 2　某些可燃物的最小着火能量

物质名称	最小着火能量/mJ	物质名称	最小着火能量/mJ	
			粉尘云	粉尘
汽油	0.2	铝粉	10	1.6
氢(28%~30%)	0.019	合成醇酸树脂	20	80
乙炔	0.019	硼	60	—
甲烷(8.5%)	0.28	苯酚树脂	10	40
丙烷(5%~5.5%)	0.26	沥青	20	6
乙醚(5.1%)	0.19	聚乙烯	30	—
甲醇(2.24%)	0.215	聚苯乙烯	15	—
呋喃(4.4%)	0.23	砂糖	30	—
苯(2.7%)	0.55	硫磺	15	1.6
丙酮(5.0%)	1.2	钠	45	0.004
甲苯(2.3%)	2.5	肥皂	60	3.84
醋酸乙烯(4.5%)	0.7			

5. 经典燃烧理论

一般认为,盛行于 18 世纪欧洲的燃烧素学说是最早的燃烧理论。该学说是唯心主义的。学术认为,物质之所以燃烧是由于物质内含有一种燃烧素,火是由无数细小活跃微粒构成的物质实体,由火微粒构成的火的元素就是燃烧素,物质不含燃烧素则不能燃烧。这一学说没有解释构成燃烧素的组成。

法国化学家拉瓦锡(Lavoisiser A. L. ,1743—1794)继普里斯特利发现氧气后,提出了"燃烧的氧学说",这是对燃烧科学的一大贡献。该学说认为,燃烧是可燃物与氧的化合反应,同时放出光和热,不存在所谓的燃烧素学说。燃烧的氧学说也只能用于解释简单可燃物的燃烧机理。

燃烧的分子碰撞理论认为,燃烧的氧化反应是由可燃物和助燃物两种气体分子的互相碰撞而引起的。例如,氢与氯的混合物在常温、避光贮存(碰撞次数达 10 亿次/s)时察觉不到任何反应。然而在不改变其温度和压力但置于日光照射下,两者却可以以极快的速度发生反应。因此,仅用分子碰撞次数解释气态下物质的反应速度是片面的。

活化能理论认为,要使燃烧反应发生,必须接受外界一定的能量,使普通分子变成活性分子。活化能是使普通分子变成活性分子所必需的能量,活性分子是指具有足够能量的而且在互相碰撞时会发生化学反应的分子。活化能理论的贡献在于指出了可燃物和助燃物发生氧化反应的可能性和条件。

$$Qv = \Delta E_2 - \Delta E_1$$

式中　ΔE_1——活化态 K 与反应物Ⅰ间的能量之差,为正反应的活化能;

　　　ΔE_2——活化态 K 与生成物Ⅱ间的能量之差,为逆反应的活化能。

以上公式表示,当系统接受可使物质状态从反应物(状态Ⅰ)到活化态的外界能量 ΔE_1 后,系统将发生反应生成新的、稳定的化合物(生成物Ⅱ)且能量降低至 ΔE_2,在此过程中放出热量 Qv。

过氧化物理论认为,分子在各种能量的作用下可以被活化。首先是氧分子被活化,形成过氧基—O—O—;然后与被氧化物或可燃物形成过氧化物,过氧化物具有很强的氧化性,能氧化分子氧难以氧化的物质。具体表达式如下:

$$A + O_2 \longrightarrow AO_2$$

$$AO_2 + A \longrightarrow 2AO$$

$$AO_2 + B \longrightarrow AO + BO$$

以 H_2 和 O_2 反应为例:

$$H_2 + O_2 \longrightarrow H_2O_2$$

$$H_2O_2 + H_2 \longrightarrow 2H_2O$$

式中,氢原子失去电子,两氧原子有 6 个核外电子,易获得 2 个电子形成稳定结构。对于 H_2O_2 而言,氢共能失去 2 个电子,而 2 个氧原子共计需要 4 个电子,电子供不应求,因此,H_2O_2 是极不稳定的分子。过氧化物理论在一定程度上解释了物质在气态下有被氧化的可能性以及原因。

巴赫曾经提出,易氧化的可燃物具有足以破坏氧中单键所需要的"自由能",所以并不是可燃物质本身被氧化,而是它的自由基被氧化。这一观点已成为近代关于氧化作用链式反应理论的基础。

谢苗诺夫提出链式反应理论,该理论认为物质的燃烧经历了以下过程:可燃物或助燃物先吸收外界能量而离解为游离基;然后游离基再与其他分子相互作用形成一系列的链锁反应并释放出热量。链锁反应机理分为三个阶段:

(1)链引发产生(游离基生成)阶段,在某种能源的作用下生成游离基或活化中心,开始链反应;

(2)链传递(链发展)阶段,在此阶段,游离基与其他化合物发生反应,同时产生新的游离基;

(3)链终止阶段,这一阶段,游离基消耗完毕,链锁反应结束即活化中心消失,链锁反应中止。

由此可知,链式反应不是两个分子之间的直接作用,而是分裂物(游离基中间物)之间进行的链式反应。链式反应又分直链反应(氯气与氢气)和支链反应(氢气与氧气)两种。直链反应即活化 1 个分子,产生 2 个活化中心,各自反应后,又各产生 1 个新的游离基;支链反应即一个活化中心参与反应后,在生成最终产物的同时还产生 2 个或 2 个以上的活化中心,并随着反应的进行,活化中心数逐渐增加,反应速度加快。

二、防爆技术概述

人们在生产活动中,由于尚未认识物质的危险特性或违反了正常生产操作,而意外地发生了突发性、大量能量的释放,这种由于人为、环境或管理上的原因而发生的,造成财产损失、设备破坏或人身伤亡的事故,并伴有强烈的冲击波、高温高压和地震效应的事故称为爆炸事故。

1. 爆炸事故的分类

爆炸事故可以分为物理爆炸事故、化学爆炸事故或物理化学爆炸事故。轮胎因打气过足而爆裂、锅炉因内部蒸气压力过高而爆裂、充气容器因结构缺陷或气体过量而爆裂、钢水或钢锭遇冷水使冷水急速气化而产生的局部高压爆炸等属物理爆炸事故。某些敏感性爆炸物如起爆药的意外爆炸、火炸药的爆炸事故、易燃气体与空气混合物的爆炸事故、易燃液体喷雾时的爆炸、可燃粉尘与空气混合物的爆炸等属于化学爆炸事故。燃料起火引起容器爆炸、失控化学反应引起容器爆炸等属于物理化学爆炸事故。

燃爆事故可分为三类:燃烧型、燃爆型和爆炸型。

燃烧型是指普通砖木结构建筑物发生的火灾,即普通可燃物而无化学易燃易爆物品引发的燃爆事故。

燃爆型事故又分为:① 燃料起火并引起盛装燃料的容器爆炸,如油库失火,引起密闭的油桶发生爆炸;② 易燃气体、蒸气或可燃粉尘与空气形成的混合物达到燃爆极限浓度范围,遇强点火能而引起的燃烧爆炸,如煤矿井瓦斯和煤尘与空气混合物的燃烧爆炸;③ 快速燃烧物质发生燃爆,如黑火药、硝化棉等遇到火花点燃时发生迅速的燃烧,在数量较多或密闭状态下,还会由燃烧转化为爆炸。

爆炸型事故可分为化学爆炸事故、物理化学爆炸事故。化学爆炸事故指如由雷管、炸药一类爆炸性物品发生的爆炸事故,氧化剂与可燃剂接触而发生的爆炸事故等;物理化学爆炸事故指如化工生产中因技术条件控制不好,容器中物料化学反应加速,温度上升,物料分解,蒸气压急剧升高,以致超过容器强度极限而发生的爆炸事故。

2. 爆炸事故的特点

爆炸事故往往与技术过程有关,来势迅猛,扑救不及时,事故迅速蔓延扩大甚至造成次生灾害。爆炸事故之后常伴随有燃烧和火灾事故,反之亦然。爆炸事故破坏性大,损失严重,人身伤亡惨重,恢复生产花费较大,时间较长。因此,爆炸事故的危害很大,由于爆炸时爆炸压力急剧上升,气体骤然膨胀,而产生强烈的空气冲击波,建筑物在受到冲击波作用后,会受到不同程度的损坏,严重时建筑物发生倒塌;人员受到冲击波的作用会使内脏受到挫伤,甚至死亡。另外,一般的爆炸事故常常是化学爆炸,因而伴有燃烧反应、分解反应和爆轰反应,反应产生的高温、高压、高能量密度气体相当于一个大的火球,它的迅速膨胀会对周围产生灼烧和冲击作用,导致起火,严重时还可能引起附近炸药的殉爆,造成更大的灾害。同时由于爆炸形成的飞散物如混凝土块、砖头或碎片等可击伤人员和损坏建筑物等,爆炸时引起的地震波会对附近的建筑物产生一定程度的破坏,爆炸产生的噪声对人体的健康也会产生巨大的危害。爆炸事故的特点具体表现在以下三个方面。

(1) 严重性

爆炸事故所造成的后果往往比较严重,易造成重大伤亡事故。例如,我国某市面粉厂粉尘爆炸事故,死亡 76 人,伤 181 人,15 000 m² 的建筑物被炸毁,3 个车间成了废墟。1977 年英国因雷击引起一个火药库发生大爆炸,死亡 3 000 人。2004 年,我国某县民爆厂乳化炸药爆炸,死亡 13 人。火灾和爆炸事故不仅会给国家财产造成巨大损失,而且还会迫使工矿企业停产,通常恢复生产需要较长的时间。1986 年,日本发生火灾、爆炸事故 62 272 起,共死亡 2 061 人,伤 7 617 人,总损失 1 532 亿日元,烧毁建筑物 50 365 栋。

(2) 复杂性

爆炸事故的原因往往比较复杂。例如,发生火灾和爆炸事故的点火源有明火、化学反应热、物质的分解自燃、热辐射、高温表面、撞击或摩擦、绝热压缩、电器火花、静电放电、雷电和日光照射等等。危险性可燃物的种类繁多,包括各种可燃气体、可燃液体和可燃固体,特别是化工原材料、化学反应中间产物和化工产品大多属于可燃物质。爆炸事故也有可能是由多种原因综合引起的。发生燃爆事故后,调查取证难度大,发生火灾爆炸事故后由于房屋倒塌、设备炸毁、人员伤亡,因此难以找到爆炸前的证据,给事故原因的调查分析带来很大的困难。

(3) 突发性

爆炸事故往往是在人们意想不到的时候突然发生。虽然存在事故征兆,但在缺少火灾和监测、报警等手段或可靠性、实用性和广泛应用等不理想的情况下,会导致事故意外发生。另外,在人员(包括操作者和生产管理人员)对火灾和爆炸事故的规律尚未掌握或对征兆不了解的情况下,也会导致事故的发生,且一旦达到燃烧爆炸的条件,危险源将在极短的时间发生快速反应并产生大量的高温高压气体、热辐射和冲击波等,来不及反应和撤离。例如某化工厂车间实验室的煤气管道因年久失修而漏气,操作工人竟然划火柴查找漏气的部位,结果引起管道爆炸,死伤 11 人,炸毁房屋 26 间和不少精密仪器。又如,某厂职工宿舍,夏天屋里有不少苍蝇,职工用液化石油气去喷射苍蝇,致使房间里扩散了较高浓度的液化石油气,划火柴点炉子时引起一场大火。

3. 爆炸事故的原因

如前所述,燃爆事故的原因具有复杂性,但生产过程中发生的工伤事故主要是由操作失误、设备缺陷、环境和物料的不安全状态、管理不善等引起的。因此,火灾和爆炸事故的主要原因基本上可以从人、设备、环境、物料和管理等方面加以分析。

(1) 人的原因

大量火灾与爆炸事故的调查和分析表明,有不少事故是由于操作者缺乏有关的科学知识、在火灾与爆炸险情面前思想麻痹、存在侥幸心理、不负责任、违章作业等引起。在事故发生之前漫不经心,事故发生时又惊慌失措。

(2) 设备的原因

设计错误且不符合防火防爆要求、选材不当或设备缺乏必要的安全防护装置、密闭不良、制造工艺缺陷等。

(3) 物料的原因

可燃物质的自燃、各种危险物品的相互作用、在运输装卸时受剧烈震动、撞击等。

（4）环境的原因

潮湿、高温、通风不良、雷击等。

（5）管理的原因

规章制度不健全，没有合理的安全操作规程，没有设备的检修计划制度；生产用窑、炉、干燥器以及通风、采暖、照明设备等年久失修；生产管理人员不重视安全，不重视宣传教育和安全培训等。

以上所述即人们通常所说的事故的四个要素，即 4M 要素：人（Men）——人的不安全行为；机（物）（Material Machine）——物的不安全状态；环（Media）——环境的不良影响；管（Manage）——管理欠缺。

三、危险化学品的燃爆特性

1. 爆炸品的燃爆特性

爆炸品是爆炸物质和以爆炸物质为原料制成的成品物质组成的物品的总称。爆炸品种类不同，爆炸产生的作用不同，其危险性和燃爆特性也不同。爆炸品分为军用爆炸品和民用爆炸品两大类。本书重点介绍军用爆炸品。军用爆炸品主要包括火炸药、火工品。火炸药包括单质炸药、混合炸药、起爆药、火药和烟火药等。火工品可分为引燃火工品、引爆火工品和其他火工品三大类。

炸药是在外部激发能作用下，能发生爆炸并对周围介质做功的化合物（单质炸药）或混合物（混合炸药）。炸药具有高体积能量密度、自行活化、亚稳态和自供氧等特点。单质炸药由于含有爆炸性基团而具有爆炸性，在外界能量作用下，会发生氧化-还原反应甚至燃烧或爆炸；而且由于炸药（包括混合炸药）中含有氧，即使与外界隔绝也可自身维持燃烧或爆炸的进行，放出大量的热和高温高压气体。一般来说，炸药对外界作用的敏感度较低（但粉状炸药对静电的感度比较高），但一旦被激发，会产生高温、高压、高能量密度产物、飞散物及冲击波，对周围介质、物体产生的破坏作用非常大，高温灼热颗粒对人造成严重的烧伤，冲击波可导致人员死亡等。在细度一定和敞开条件下，可由火焰点燃而燃烧，成长期较长；密闭条件下或有限容积内燃烧加快，形成爆燃，最终转为爆轰，爆速 2 000～10 000 m/s。常见的炸药有 TNT、RDX、HMX、PETN、B 炸药等。

2. 可燃性气体的燃爆特性

（1）气体的分类和燃烧形式

可燃性气体按爆炸极限可分为两类。一级可燃性气体即甲类火灾危险物质，爆炸下限≤10%，如氢气、甲烷、乙烯、乙炔、环氧乙烯、氯乙烯、硫化氢、水煤气、天然气等大多数可燃气体；二级可燃性气体即乙类火灾危险物质，爆炸下限≥10%，如氨、一氧化碳等少数可燃气体。

可燃性气体与液体不同。可燃性气体的燃烧没有相态的变化，它不需要蒸发、熔化等过程，燃烧所需的热量仅用于氧化或分解气体和将气体加热到燃点，因此比液体、固体更易燃烧。

可燃性气体燃烧形式按其引燃条件的不同有扩散式燃烧、爆炸式燃烧、喷流式燃烧三种形式。扩散式燃烧是可燃气体与空气混合过程中进行和发生的稳定燃烧，具有燃速较低的特点（小于 0.5 m/s），控制好不会发生火灾，如火炬燃烧、气焊和燃气加热等。爆炸式（动力)燃烧为可燃气体在燃烧前按一定比例与空气混合成预混气,遇火源发生的燃烧。喷流式燃烧是可燃气体处于压力下并受撞击、摩擦和其他着火源作用时发生的一种燃烧形式,如气井的井喷火灾,高压气体从燃气系统喷射出来时的燃烧等,一般难以扑救,只有设法断绝气源,才可彻底熄灭。

(2)可燃气体的燃爆危险特性及主要特性参数

可燃气体的燃爆危险特性表现在七个方面。

① 燃烧性:具有可燃烧、点火能量小、燃烧速度快的特点。

② 爆炸性:如在空气中遇明火发生爆炸式燃烧、来自高压气瓶的物理性爆炸和可燃气体的爆炸式燃烧。高压容器中可燃气体的临界温度越低,对热越敏感,蒸发越快,形成的压力越高,危险性越大;尤其是高压状态下受热冲击,压力急剧增大,有发生爆炸的可能性,一般钢瓶的工作压力大于 3.6 MPa。

③ 扩散性:可燃气体均具有较高的扩散性,扩散系数大,扩散速度越快,火灾蔓延的危险性就越大。比空气轻的气体易逸散在空气中,并与空气形成爆炸性混合物,遇火燃烧或爆炸并蔓延;比空气密度大的气体泄漏时,漂流在地面沟渠、厂房死角处,长期积聚不散,遇火燃烧或爆炸。一般地,扩散速度与气体密度的平方根成反比。

④ 化学活泼性:气体物质的化学活泼性越强,燃烧爆炸的危险性就越大。含叁键较双键和单键的气体化学活泼性强,危险性大。

⑤ 压缩性和可膨胀性:受温度、压力的升降而胀缩,比液体的胀缩幅度大。故存于气瓶中的气体应防止由于温度、压力变化而导致容器破裂或爆炸。

⑥ 带电性:当气体从管口中喷出时会产生静电,其放电足以引起气体的燃烧或发生爆炸事故。

⑦ 毒害、腐蚀和窒息性:部分可燃气体有毒性,可通过呼吸道吸入而中毒,有的具有一定的腐蚀性,有些还会扩散到空气中,导致人因缺氧而窒息。

(3)评价气体危险特性的技术参数

① 爆炸(浓度)极限:爆炸(浓度)极限范围越宽、下限浓度越低、上限浓度越高,危险性越大。

② 爆炸危险度:是爆炸浓度极限范围与爆炸下限浓度的比值。

③ 传爆能力(最小传爆断面面积、最大安全试验间隙):是爆炸性混合物传播燃烧爆炸能力的度量参数。最小传爆断面是指爆炸性混合物的火焰尚能传播而不熄灭的最小断面。最小断面面积越小,危险性越大。最大安全试验间隙是指壳内一定浓度的可燃气体被点燃后,通过 25 mm 长的接合面,能阻止爆炸传至外部可燃气体的最大间隙。最大安全间隙越小,危险性越大。

④ 爆炸压力和威力指数:爆炸压力是爆炸时产生的压力,是可燃性混合物产生的热量用于做功的能力和大小的度量。威力指数与爆炸形成的最大压力有关,是反映爆炸压力上升速率大小和破坏性大小的综合指标,即最大压力乘爆炸压力增长速度。

⑤ 自燃点:是发生自燃的温度值,即在规定的测试条件下,将试样加热到即使不用点火装置也能自发着火的最低环境温度。它是判定火灾原因的重要参数之一,此参数随压力、密度、容器直径和催化剂种类及体积分数等的不同而不同,因此应特别注意自燃点的测试条件。自燃点越低,危险性越大。压力越大,自燃点越低;密度越大,自燃点越低;容器越小,自

燃点越高。自燃点因爆炸性混合气体浓度的不同而不同。爆炸性混合气体处于爆炸上、下限浓度时的自燃点最高,而处于完全反应浓度时的自燃点最低。

⑥ 相对密度:是气体相对分子质量与空气相对分子质量之比,用 d 表示。相对密度不同,在空气中扩散、混合的特点和程度也不同,因此应根据气体的具体情况和特点有针对性地采取防火措施,如排风口的位置、防火间距及防止火势蔓延等措施。

⑦ 扩散系数:反映物质在空气中及其他介质中的扩散能力。密度低、扩散系数大,扩散速度快,火灾蔓延的速度就快,危险性就越大。

⑧ 压缩系数和膨胀系数:一般是针对容器中的可燃气体而言,压缩系数和膨胀系数越大,遇热越易膨胀,压力也越大,当压力超过容器的极限强度时,会引起爆炸。

⑨ 燃烧热、分解热:越大(高),危险性越大。

⑩ 临界温度(压力):气体的压缩和液化有一个临界压力和临界温度,当超过某一温度值后,再加压也不会液化,这一温度值称为临界温度。临界温度下所对应的压力称为临界压力。

3. 可燃性液体的燃爆特性

一般认为,大部分可燃液体的燃烧形式是先受热,然后形成蒸气,再按可燃气体的扩散或动力燃烧方式进行燃烧。液体表面传热多以热辐射形式进行,向液体内部传热则是以对流和传导的形式进行。

可燃性液体多为有机化合物,多指遇火、受热或与氧化剂接触能够着火和爆炸的液体。可燃液体具有易燃性、相对分子质量小、受热易挥发和很高的火灾爆炸危险性。常温常压下,闪点低于 61℃ 的为易燃性液体;闪点高于 61℃ 的为可燃液体。

液体火灾的类型有扩散、动力火灾,沸溢式火灾,喷射(溅)式火灾和喷流式火灾四种。扩散、动力火灾是可燃性气体的主要燃烧形式,大部分易燃液体也具有类似的燃烧形式。另外,当油品中含水分时,在燃烧作用下,靠近液面的油层温度上升,油品黏度变小,下沉的水滴受热油的作用而蒸发变成蒸气泡,呈现沸腾现象,称沸溢式火灾。当可燃性液体黏度较大、沸点较高及油品中含有水分的条件下且水受热油的作用,形成以油包水气泡形式渗出时会发生这种火灾。当贮罐内有水垫时,罐内液体沸腾温度比贮槽侧壁温度低时,可燃液体以对流方式在较大深度内加热水垫,水气化产生大量蒸汽,且压力增高,最终冲破油层,使油层向四周喷溅而产生火灾,称喷射(溅)式火灾。喷流式火灾是处于压力下的可燃液体发生的一种火灾形式,如油井井喷火灾,这种燃烧的燃速快、冲力大、传播迅速。

可燃液体按闪点可分为低闪点液体(−18℃ 以下)、中闪点液体(−18℃～23℃)和高闪点液体(23℃～61℃)。

按化学性质和商品类别可分为:① 化学化工原料及溶剂,如汽油、苯、乙醇、丙酮等;② 硅的有机化合物,如三氯硅烷等;③ 各种易燃性漆类,如硝基清漆等;④ 各种树脂和黏合剂,如生松香等;⑤ 各种油墨和调色油,如油墨等;⑥ 含有易燃液体的物品,如擦铜水等;⑦ 盛放于易燃液体中的物品,如铈等;⑧ 其他,如胶棉液等。

可燃液体的燃爆特性主要表现在以下几方面:

(1) 易挥发性和易燃性

液体分子变成蒸气离开液体表面逸散到周围空间去的性质即挥发或蒸发。这一性质是由液体物质相对分子质量小、易挥发、低蒸发热和低的点火能量等性能决定的。这类物质绝大多数为有机化合物,分子中含有碳、氢原子等,能与氧反应生成二氧化碳和水。由于分子质量相对较小、易于挥发,因此挥发出来的蒸气只要很小能量的火花就可以被点燃,与空气中的氧发生剧烈反应而燃烧。

（2）蒸气的易爆性

由于易挥发、蒸发热低,当挥发的易燃蒸气在空气中扩散并达到爆炸极限浓度时,遇火源就像可燃性气体一样发生爆燃。

（3）流动扩散性

易燃液体黏度小、易流淌,即使容器有细微裂纹,也可因毛细管及浸润作用,使易燃液体渗出容器壁外,扩大其表面积,使其蒸发速度加快。蒸气向四周扩散,但由于其密度比空气大,易沉积在低洼处,不易散发,会增大着火的危险性,也是火势扩大和蔓延的主要原因之一。液体流动性强弱与黏度有关,黏度是指液体内部阻碍其相对流动的一种特性,黏度越低,流动性越大。黏度大的液体随温度升高,流动扩散性也增大。

（4）受热膨胀性

盛装易燃液体的容器一旦受热,液体会受热膨胀,蒸气压力随温度提高而增大,当大于容器的强度极限时,容器胀破泄漏甚至引起爆炸事故。夏天,盛装易燃液体的铁桶常出现"鼓桶"现象及玻璃容器发生爆裂,就是由于受热膨胀所致。所以,对盛装易燃液体的容器应留有不小于5%的空隙,以防液体受热膨胀、压力上升而引起爆炸,要远离热源、火源。

（5）带电性

大多数液体的电阻率较高,分子间易摩擦产生静电积累,因此具有静电放电和引燃引爆的危险性。一般可燃性液体的体电阻率为 $1\,010\sim1\,015\ \Omega\cdot cm$。高电阻率的液体(如醚类、醑类、芳香类、石油及其产品等)在灌注、运输和流动过程中,可由分子间相互摩擦而积累静电。

（6）混触危险性

含碳氢的有机可燃液体与强酸或强氧化剂混合接触时,会发生剧烈的化学反应而引起燃烧或爆炸。例如酒精与铬酐、亚硝胺与酸、松节油与硝酸接触均可引起燃烧;环戊二烯与硝酸混触时会引起爆炸。

（7）毒性

许多易燃与可燃液体的蒸气具有一定的毒性。像芳香烃、醛类、酯类、胺类、烃的含硫化合物、甲醛等均具有毒性,会从呼吸道进入人体造成危害。故运送时应注意防毒,加强通风措施。扑救时应佩戴防毒面具。

4. 可燃性固体与粉尘的燃爆特性

可燃性固体与粉尘的燃烧无论在工厂还是在日常生活中均会接触到,是引起火灾的着火物质。按形态可分为可燃性固体和爆炸性粉尘。可燃性固体按其燃烧的难易程度分为易燃固体与可燃固体,对于熔点较高的可燃性固体,通常以 300℃ 燃点作为划分易燃固体和可燃固体的界线。易燃固体按其危险程度又可分为一级易燃固体和二级易燃固体。

具有粉尘爆炸危险性的物质较多,常见的有金属粉尘如镁粉、铝粉等;煤粉、粮食粉尘、饲料粉尘、棉麻粉尘、烟草粉尘、纸粉、木粉、火炸药粉尘及大多数含有 C、H 元素、与空气中氧反应能放热的有机合成材料粉尘等。

（1）可燃性固体的燃烧过程

不同的可燃固体,其燃烧过程不同。低熔点的易燃固体燃烧时,其燃烧过程是受热后先熔化,再蒸发产生蒸气,然后分解、氧化而燃烧,如沥青、石蜡、松香、硫磺、磷的燃烧过程。复杂固体、高熔点物质燃烧时,受热直接分解析出气态产物,再氧化燃烧,如木材、煤、纸、棉花的燃烧过程。木材遇到火焰时,先受热升温,在110℃以下先析出水分,130℃开始分解,150℃~200℃分解的产物主要是水和二氧化碳,并不能燃烧;200℃以上分解出一氧化碳、氢和碳氢化合物,木材开始燃烧;到300℃时析出气体产物最多,燃烧也最猛烈。木材的燃烧除了有气体产物的火焰燃烧外,还有木炭的无火焰燃烧,这是因为木材在开始燃烧析出可燃气体时,火焰阻止氧接近木炭,随着木炭层的加厚,阻碍火焰的热量传入木材的里层,减少气态产物的形成,火焰变弱,木炭层与氧反应而灼热燃烧,木材表面温度随之升高,可达600℃~700℃,木炭的无焰燃烧使木炭层变薄露出新的木材进一步燃烧、分解,直至全部木材燃烧完毕。焦炭和金属等的燃烧也常呈灼热燃烧,无火焰发生。

可燃性固体燃烧的相态不同,燃烧速度不同,其燃速低于可燃气体或液体的燃速。燃速与燃烧比表面积有关,比表面积大,燃速快。比表面积大小与固体的粒度、几何形状有关。可燃固体密度大,燃速下降;水的质量分数增大,燃速明显下降。

(2) 可燃固体的燃爆特性

可燃固体的燃爆特性主要表现在以下三方面:

① 易着火性:燃点越低的固体越容易着火,因为在能量较小的热源或撞击、摩擦作用下,会很快受热达到燃点而着火。例如赤磷的燃点是160℃,五硫化磷的燃点是300℃,故赤磷的燃爆危险性就比五硫化磷的高。着火性与熔点也有关系,熔点越低,固体物质受热越容易蒸发或气化,而固体物质的燃烧一般都在气相中进行,故越容易着火燃烧。许多低熔点的易燃固体还有闪燃现象,如聚甲醛、樟脑、二氯苯和萘的闪点分别为45℃、65.5℃、67℃和80℃,都低于100℃,着火危险性很大。

② 热分解性:某些能燃烧的固体受热不熔融,而是发生热分解,如硝化纤维及其制品、硝基化合物、某些合成树脂、木材、棉花等。有些可燃固体受热后边熔融边分解,如硝酸铵、高锰酸钾等无机氧化物。受热分解温度越低的物质,其火灾爆炸危险性就越大。例如,硝化棉在40℃开始分解,130℃开始燃烧;而棉花在120℃开始分解,210℃才能开始燃烧,所以前者比后者的火灾危险性大。

③ 可分散性:气体和液体有流动性,而固体物质具有可分散性,即可被粉碎成小块,以至细末。固体粉碎得越细,其燃烧爆炸危险性越大。因为分散的细颗粒物质比整个大块物质的比表面积大,而物质的氧化燃烧首先是从固体表面开始,而后逐渐深入到物质内部,比表面积越大,与空气中氧接触的机会越多,氧化作用越容易、越普遍,燃烧也就越容易、越快。当粉状可燃固体的粒度小于0.03 mm时,便可悬浮于空气中,这样可更充分地与空气中的氧接触,因而具有爆炸危险。可燃粉尘的爆炸危险性是以其爆炸浓度下限来表示的。

(3) 爆炸性粉尘的危险性

爆炸性粉尘的危险性主要有以下几点:

① 爆炸性:与气体相比,其燃烧速度和爆炸压力均较低,但因其燃烧时间长、产生能量大,所以破坏力和损害程度大。

② 烧灼性:爆炸时粒子一边燃烧一边飞散,可使可燃物局部严重炭化,会造成人员严重烧伤。

③ 不完全性:与气体相比,易造成不完全燃烧,由于燃烧不完全会产生大量有毒气体

如一氧化碳,引起中毒。

④ 二次爆炸性:最初的局部爆炸发生以后,会扬起周围的粉尘,继而引起二次爆炸、三次爆炸,扩大伤害和破坏的范围。

(4) 评价固体火灾危险性的主要技术参数

评价固体火灾危险性的主要技术参数有熔点、燃点和自燃点。

① 熔点:熔点是由固体变为液态的最低环境温度。熔点低,燃点也低,燃烧速度较快,有些闪点在100℃以下的易燃固体还有爆燃现象,火灾的危险性也较大。

② 燃点:燃点是可燃性固体蒸气闪火维持5 s以上的最低环境温度,是表征可燃固体物质火灾危险性的主要参数。蒸气燃点低,易燃且危险性大。

③ 自燃点:不用点火装置能自发着火的最低环境温度。固体自燃点比可燃液体和气体的自燃点低,介于180℃~400℃,自燃点越低,受热自燃的危险性越大。自燃点较低的物质,达到自燃点后会分解出气体并与空气发生燃烧反应。高熔点可燃固体(直接分解)的自燃点低于低熔点可燃固体的自燃点;粉状固体自燃点比块状固体自燃点低。

5. 自燃物品和遇湿易燃物的危险特性

自燃物质是不需与明火接触就可因本身的化学变化或受环境温、湿度的影响而放热、升温达到自燃点自行燃烧的物质。自燃物品分为两种类型:一类是热自燃物质;另一类是遇空气即发生快速反应的物质。常见的自燃性物质有硝化棉、黄磷、三乙基铝等。这类物质常常由于分解热、氧化热、聚合热、发酵热而自行放热,当自行放热量大于向周围环境散失的热量时,就有热量的积聚,达到自燃温度就会自行燃烧。所以对于比表面积大的物质如粉末、纤维等,由于与空气接触面大,容易被氧化,而且这类物质热传导系数小,有保温作用,很容易积累热量发生自燃。自燃性物品的燃烧性质与自燃特性如下:

(1) 化学活泼性:遇空气极易自行氧化而积蓄热量,由于其燃点较低,氧化或分解放出的热量足以将其加热到燃点而引起自燃。如黄磷是一种淡黄色的半透明固体,自燃点很低,只有34℃,化学性质活泼,在常温下置于空气中能很快自燃,生成五氧化二磷烟雾。五氧化二磷是有毒物质,遇水还能生成剧毒的偏磷酸。由于黄磷不与水发生作用,所以通常把黄磷浸没在水里贮存及运输。如果在运输时,发现包装容器破损渗漏或水位减少不能浸没黄磷时,应立即加水并换包装,否则会很快引起火灾。若遇黄磷着火,可用长柄铁夹等工具将燃着的黄磷投入水中,即可灭火,但不可用高压水枪冲击着火的黄磷,以防被水冲散后扩大火势。在装配黄磷发烟弹时,必须采用专用装磷机装磷。

(2) 化学不稳定性:有些自燃物质化学性质不稳定,容易发生放热而自燃。如硝化纤维素及其制品由于其本身含有硝酸根(NO_3^-),化学性质很不稳定,在常温下就能缓慢分解,特别是受热和光及水分作用分解更快,析出的一氧化氮在空气中氧化成二氧化氮,二氧化氮与空气中的水化合生成硝酸和亚硝酸。

这些酸性物质附着在硝化纤维素及其制品表面,会加速其分解和热量的积累,当温度达到自燃点(120℃~160℃)时,即发生自燃,燃烧速度极快,并能产生有毒及刺激性气体。所以,贮存硝化棉及其制品时,要注意库房的通风,避免光照及受热、受潮,不与酸、碱接触。当硝化棉与25%乙醇或异丙醇混合时,会使硝化棉成为湿棉,能防止自行放热而自燃,而湿硝化棉一旦在贮存及操作过程中酒精被蒸发而成干硝化棉时极其危险。散热不好会导致自燃,因此贮存时应注意堆积尺寸不可过大,湿热天气应保持通风良好。

（3）分子具有共轭不饱和键：容易在空气中与氧发生氧化反应，蓄热自燃。大多数浸油的制品，如油纸、油布等，因油中有较多的共轭不饱和键，油浸透在布、纸、绸等可燃物后，与空气的接触表面积增大，在空气中缓慢氧化，逐渐蓄热。若堆放、卷紧的油纸、油布、油绸等散热不良，造成蓄热不散，达到制品自燃点会引起自燃。煤也能自燃，其自燃能力取决于煤中的挥发性物质、不饱和化合物和硫化物的质量分数，这些化合物越多，越易自燃。

6. 氧化剂和有机过氧化物的危险特性

氧化剂和有机过氧化物的燃爆危险性主要表现在以下几方面：① 氧化性、不稳定性或助燃性；② 遇光、热分解性；③ 遇酸分解性；④ 接触分解性；⑤ 毒害性和腐蚀性。

四、危险化学品灭火的原理及器材

1. 水灭火原理及其灭火器材

水是来源丰富的灭火剂，其灭火性很强，且价格低廉，使用方便，水的热容量很大，水受热蒸发成水蒸气时需吸收大量热，因此，水具有良好的冷却作用。同时，当水与燃烧物质接触时，会形成"蒸气幕"，"蒸气幕"能在相当长的时间内阻止空气进入燃烧区，起到隔离空气的作用；水还能稀释氧气的浓度，使燃烧强度减弱，当水蒸气的浓度超过 30% 时，即可使火熄灭。对于液体，可降低可燃物的浓度。此外，在扑救过程中，当强大水流喷射时，能产生机械作用，钻进火源深处，冲击燃烧物及火焰，使燃烧强度显著减弱。灭火时，水从燃烧着的物体流下，又能把尚未着火的部分浸湿，使之难于燃烧。因此，水是一种经济、有效并得到广泛应用的灭火剂。

但是，水不能扑灭下列物质和设备的火灾。

① 金属钾、钠、镁粉、铝粉、电石等遇水反应剧烈的化学物品所引起的火灾。这些物质与水接触时能起化学反应，释放热及可燃性气体。

② 比水轻、不溶于水的易燃液体的着火。如甲苯、酒精、丙酮、汽油、乙醚、丁醇、乙酸、香蕉水等，因它们的相对密度比水的小，若用水扑灭时，由于水沉于下层，不仅不能起覆盖冷却作用，反而增加了漂浮在水面上继续燃烧的易燃液体的流动性，使火势扩大和蔓延。

③ 电器设备或带电设备的着火。因水有导电性，在未切断电源的情况下，用水扑救会造成触电事故。

④ 灼热的金属或熔融物体的着火。若用水扑救，灼热的金属会将水分解为氢、氧两种气体或骤然产生大量蒸汽，引起化学或物理性爆炸。

⑤ 精密仪器设备、贵重物品、资料、档案等起火，也不宜用水扑救。

用水做灭火剂的消防器材主要有消火栓、消防车及喷水、雨淋等。

2. 泡沫灭火原理及灭火器材

泡沫是由液体的薄膜包裹气体的小气泡群，按泡沫构成分为化学泡沫及空气-机械泡沫两种。这是两种性质完全不同的泡沫，化学泡沫通过化学反应制得，泡沫主要成分为二氧化碳；空气-机械泡沫用机械方法制得，构成泡沫的主要成分为空气。

（1）化学泡沫灭火

化学泡沫灭火剂的主要成分有硫酸铝和碳酸氢钠及少量的发泡剂和稳定剂，主要是硫酸铝溶液与碳酸氢钠溶液混合后发生剧烈化学反应，释放出二氧化碳气体。其化学反应方程式为：

$$6NaHCO_3 + Al_2(SO_4)_3 \cdot 18H_2O = 6CO_2\uparrow + 2Al(OH)_3 + 3Na_2SO_4 + 18H_2O$$

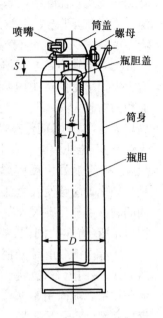

反应产生的二氧化碳气体，一方面以一定的压力迅速喷出，同时形成具有黏性的二氧化碳外包氢氧化铝的泡沫，其相对密度比易燃及可燃液体的轻，覆盖在燃烧物表面，使之与空气隔离，阻挡易燃或可燃液体的蒸气进入燃烧区，阻止热量向液面传导，泡沫析出的水分可冷却燃烧表面，受热蒸发的水蒸气能降低氧的浓度，从而使燃烧停止，起到灭火作用。适用于可燃性液体的火灾，也适用于普通火灾。可扑救汽油、柴油等易燃液体的火灾。但设备复杂，投资大，维护费用高，近年多采用设备简单、操作方便的空气泡沫。

化学泡沫灭火剂成本较高，从经济角度考虑，特别适合扑灭闪点低于 45℃的易燃液体。典型手提式泡沫灭火器结构如图 6-3 所示。

（2）空气-机械泡沫灭火

空气-机械泡沫简称空气泡沫，是由一定比例的空气（90％）、水（9.4％～9.7％）和发泡剂（0.3％～0.6％）经水流的机械作用相互混合而成。

图 6-3　手提式泡沫灭火器

空气泡沫灭火剂可分普通蛋白泡沫灭火剂及氟蛋白泡沫灭火剂等类型。普通蛋白泡沫是将水解蛋白和稳泡剂的水溶液用发泡机械鼓入空气，并猛烈搅拌使之相互混合而形成充满空气的微小稠密的膜状泡沫群，这种泡沫能有效地扑灭烃类液体火灾，适合扑救闪点低于 45℃的易燃液体。氟蛋白泡沫是在普通蛋白泡沫中加入 1％的 FCS 溶液（由氟表面活性剂、异丙醇、水三者组成，比例为 3∶3∶3）配制而成的，有较高的热稳定性、较好的流动性和防油、防水等能力，可用于油罐液体喷射灭火。氟蛋白泡沫弥补了普通蛋白泡沫流动性较差、易被油类污染等缺点。氟蛋白泡沫通过油层时，使油不能在泡沫内扩散而被分隔成小油滴，这些小油滴被未污染的泡沫包裹，浮在液面上并形成一个包含有小油滴的不燃烧但能封闭油品蒸气的泡沫层。在泡沫层内即使含汽油量达 25％也不会燃烧，而普通蛋白泡沫层含 10％的汽油时即开始燃烧。所以，氟蛋白泡沫可用于油罐液体喷射灭火，比前者灭火性能好。氟蛋白还能与干粉配合扑灭烃类液体火灾。

对于醇、酮、醚等水溶性有机溶剂，普通蛋白泡沫膜中的水分会被水溶性溶剂吸收而失水，破坏泡沫，因此，研制出抗溶性泡沫灭火剂。这种灭火剂是在普通蛋白泡沫中添加有机酸金属络合盐而制成，有机酸络合盐与泡沫中的水接触时会析出有机酸金属皂，在泡沫壁上形成连续的固体薄膜，能有效防止水溶性有机溶剂吸收水分，从而保护泡沫，使泡沫能持久地覆盖在溶剂表面上，提高泡沫的灭火效果，但不宜扑救如乙醛等沸点很低的水溶性有机溶剂。

3. 二氧化碳灭火原理及灭火器

二氧化碳在通常情况下为无色无味的惰性气体，密度 1.529 g/cm³，不助燃、不导电。

作为灭火剂用的二氧化碳以液态(15 MPa)形式加压充装于灭火器中,液态二氧化碳极易挥发成气体,挥发后体积扩大 760 倍,当它从灭火器内喷出后,因气化吸收大量热,瞬时温度下降到－78.5℃而凝结成雪花状的干冰,此种雪花状的干冰喷向着火处,立即气化,包围在燃烧处周围,起到隔离和稀释氧浓度至燃烧所需最低氧量以下。当二氧化碳在空气中的比例为 30%～35%时,会使燃烧停止,火自动熄灭,灭火效率很高。

二氧化碳不导电、不损害物质、不留污迹,因此它适用于扑灭电器设备及不宜用水扑救的火灾如精密仪器、图书、档案资料等的火灾和遇水燃烧物质的火灾,特别适宜扑灭室内小面积的初起火灾。但二氧化碳灭火剂也存在着缺点:一是对着火物质的冷却作用较差,火焰熄灭后,温度可能仍在燃点以上,有发生复燃的可能,故不适用于大面积的空旷地域的灭火;二是不能扑救碱金属和碱土金属的火灾,因为在高温下二氧化碳会与金属发生反应形成游离碳,因此有发生爆炸的危险;三是二氧化碳能够使人窒息,这是在使用二氧化碳灭火剂时应注意的问题。二氧化碳灭火器有手提式和鸭嘴式两种类型,其基本结构由钢瓶(筒体)、阀门、喷筒(喇叭)和虹吸管四部分组成,如图6-4所示。钢瓶由无缝钢管制成,阀门用黄铜,手轮用铝合金铸造而成,阀门上有安全膜,当压力超过允许极限时即自行爆破,起泄压作用。喷筒用耐寒橡胶制成,虹吸管连接在阀门下部,伸入钢瓶底部,管子下部切成 30°的斜口,以保证二氧化碳能连续喷完。

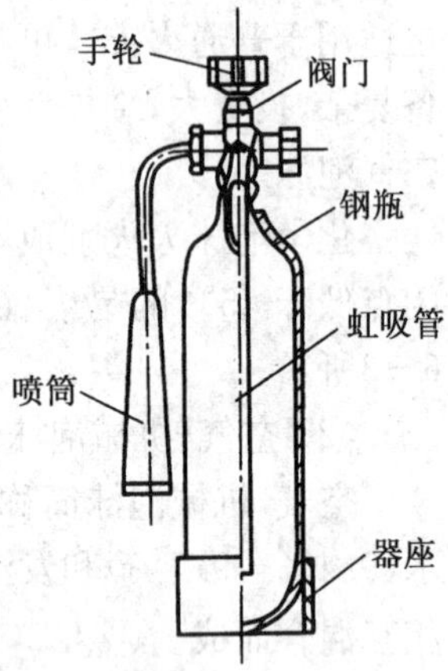

鸭嘴式二氧化碳灭火器使用时只要拔出保险销,将鸭嘴压下;手提式二氧化碳灭火器只需将手轮逆时针旋转,二氧化碳即能喷出灭火。由于二氧化碳对着火物质和设备冷却作用较差,故要防止复燃的可能,也要防止窒息,应及时补充二氧化碳并注意存放时的温度不超过 42℃,防止日晒。

4. 四氯化碳灭火原理及灭火器

四氯化碳的相对分子质量为 153.84,为无色透明液体,有特殊气味,密度为 1.595 g/cm³,熔点－22.8℃,沸点 76.8℃,有毒,难溶于水,与乙醇、乙醚混合不燃烧。不助燃,不燃不导电,1 kg 四氯化碳可气化为 145 L 蒸气,蒸气密度为空气的 55 倍。

其灭火原理是当四氯化碳喷射到燃烧物表面时,能迅速蒸发为蒸气,当四氯化碳喷至火区时迅速蒸发,蒸气密集在火源周围,包围正在燃烧的物质,起到隔绝空气,冷却和稀释空气中的氧气浓度的作用。四氯化碳灭火正是利用它不助燃、不自燃、不导电、沸点低、密度大的性能。当空气中有 10%容积的四氯化碳蒸气时,火焰就迅速熄灭,所以,四氯化碳是一种灭火能力很强的灭火剂。可扑灭油类火灾。因为它不导电,所以它特别适用于带电设备的灭火,但需与电器设备保持一定的距离。

但是,四氯化碳有一定的腐蚀性,不能混有水、二硫化碳等杂质。在 25℃以上时,能与水蒸气作用生成盐酸及剧毒的光气(碳酰氯)。

若与炽热的金属(尤其是铁)相遇,生成的光气更多;与电石、乙炔气相遇也会发生化学反应,放出光气;与活泼金属(如钾、钠、铝、镁)反应,生成金属氯化物并将碳游离出来,有爆炸的可能,因此不能用来扑救钾、钠、镁、铝、乙炔、电石、二硫化碳等火灾。不易扑救自身能

图6-4 手提式二氧化碳灭火器

手轮　阀门

钢瓶

虹吸管

喷筒

器座

供氧的化学药品的火灾(如硝化纤维等)。另外,四氯化碳本身也有毒性。

四氯化碳灭火器如图6-5所示,它由筒身、阀门、喷嘴、手轮等组成,使用时倒置灭火器,逆时针方向转动手轮,打开阀门,四氯化碳即从喷嘴喷出,进行灭火。目前这种灭火器即将淘汰。

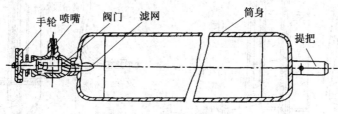

图6-5　四氯化碳灭火器

5. 干粉灭火原理及灭火器

干粉是细微的固体颗粒,目前其品种最多,生产、使用量也大,常见的干粉有 $NaHCO_3$、$KHCO_3$、NH_4HPO_4 和尿素等,其中铵盐干粉灭火效果最好。

当干粉被惰性气体(一般为 CO_2 气体)从灭火装置中喷出后,细微的干粉覆盖在燃烧物上,能够构成阻碍燃烧的隔离层,且遇火分解放出 CO_2 和水蒸气,吸收大量热,稀释可燃气体,夺取燃烧反应中的游离基,抑制燃烧的进行并起到冷却和稀释燃烧区内氧的作用。其化学反应式为:

$$2NaHCO_3 = Na_2CO_3 + H_2O + CO_2 - Q$$

与此同时,干粉灭火剂与燃烧反应的活性基团 $H\cdot$ /$OH\cdot$ 接触,形成不活泼的水,从而消耗火焰中活泼的 $H\cdot$ 和 $OH\cdot$ 基团,中断燃烧的链锁反应,燃烧停止。这一作用称作负催化反应或抑制作用。其反应式为:

$$M(干粉粒) + OH\cdot \longrightarrow MOH$$

$$MOH + H\cdot \longrightarrow M + H_2O$$

干粉灭火剂具有不导电、不腐蚀、扑救速度快等优点,可以扑救各种油类、可燃气体、电器设备、遇湿燃烧物质等火灾;其缺点是冷却性较差,不能扑救阴燃火灾,降温稍差,灭火后留有残渣,因而不宜用于扑灭精密机械、仪器、旋转电动机等。

干粉灭火器材主要有手提式、推车式和背负式干粉灭火器。手提式干粉灭火器的结构如图6-6所示。

6. 卤族灭火剂灭火原理及其灭火器

卤族灭火剂主要指由卤族元素氟、氯、溴等原子取代单一碳氢化合物甲烷或乙烷中的一个或数个氢原子而构成的某些化合物。这些卤族灭火剂沸点较低,在常温常压下,一部分是气态,一部分是很容易气化的液态。另外,四氟甲烷也是一种不燃的气体。当卤族灭火剂喷在燃烧物上后,卤族灭火剂受高温作用产生游离卤基($Cl\cdot$、$Br\cdot$、$F\cdot$),游离卤基与燃烧物反应生成卤化氢,卤化氢与燃烧物燃烧过程中产生的活性游离基 $H\cdot$、$HO\cdot$、$O\cdot$ 反应生成不燃的 H_2O,并游离出卤基,卤基再与燃烧物反应生成卤化氢。如此循环,使火焰中的活性链锁基团"惰性化",使其在燃烧中失去作用,这种"惰化"反应的速度比燃烧时产生活性基团

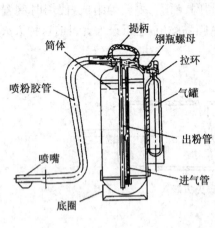

(a) 外装式MF8-2干粉灭火器　　　　　(b) 内装式MF8型干粉灭火器

图 6-6　干粉式灭火器

的链锁反应速度快,于是就切断了基团的链锁反应,燃烧迅速停止。

常见的卤素灭火剂有 CF_2ClBr(二氟一氯一溴化甲烷)即 1211、CF_3Br(一溴三氟化甲烷)即 1301、二氟二溴甲烷(CBr_2F_2)即 1202、溴氯甲烷(CH_2BrCl)即 1011、四氟二溴乙烷($C_2Br_2F_4$)、四氯化碳(CCl_4)等,其中 1211、1301 和 CCl_4 应用最广。

卤族元素灭火剂的灭火原理是对燃烧反应起抑制作用,中断燃烧的链锁反应,从而达到灭火的目的。

按照自由基理论,可燃物(RH)在燃烧过程中,产生自由基 $OH\cdot$、$O\cdot$ 和 $H\cdot$,即:

$$RH+O_2 \longrightarrow H\cdot +2O\cdot +R$$

$$O\cdot +H_2 \longrightarrow H\cdot +OH\cdot$$

$$H\cdot +O_2 \longrightarrow O\cdot +OH\cdot$$

在火场施放卤族元素灭火剂后,以 1301 为例,卤素在火焰高温作用下受热分解,首先形成游离基 $Br\cdot$,即:

$$CF_3Br \longrightarrow CF_3 +Br\cdot$$

游离基 $Br\cdot$ 同燃料中的氢反应生成溴化氢,即:

$$RH+Br\cdot \longrightarrow R+HBr$$

然后溴化氢同活泼的自由基 $OH\cdot$ 反应,生成不燃烧的水蒸气并游离出 $Br\cdot$,即:

$$HBr+OH\cdot \longrightarrow H_2O+Br\cdot$$

$Br\cdot$ 再与燃料反应,重复上述过程,其结果消除了燃烧过程中的自由基 $H\cdot$、$OH\cdot$。燃烧过程所必须的自由基无法存在,使燃烧链锁反应中断,火焰熄灭。

1211 灭火过程的反应式为:

$$CClBrF_2 \longrightarrow CF_2 +Br\cdot +Cl\cdot$$

$$RH+Br\cdot \longrightarrow HBr+R$$

$$OH\cdot +HBr \longrightarrow H_2O+Br\cdot$$

卤代烷灭火剂的抑爆能力依次为 1202、2402、1301、1211，其中 1202 的抑爆峰值为 4.2％，其灭火性能最强。

灭火剂 1301 和 1211 都是无色、无味、不导电、不腐蚀、不磨损的液化气体，这种液化气体不余留残渣，长期保存不变质、不分解。灭火非常迅速，10～30 s 即可扑灭火灾。

卤族灭火剂适宜扑救油类、可燃气体、易燃液体、固体及电器设备火灾，且灭火效能高、毒性低、腐蚀性小，但不宜扑救自供氧的化学物品、活泼金属和金属氢化物等，且对大气臭氧有破坏作用，不利于环境的保护。相应的卤族灭火器材也有手提式和推车式两种。图 6－7 为手提式 1211 灭火器。

图 6－7　1211 灭火器

7. 轻金属灭火器和灭火剂

轻金属灭火剂按灭火剂的状态和成分分为两种：一种是粉状轻金属灭火剂；另一种是三甲氧基硼氧六环液体灭火剂（即 7150）。

（1）粉状轻金属灭火器

粉状轻金属灭火器由筒身、氮气小钢瓶、胶管和喷枪等组成。灭火器内装有氯化镁、氯化钠、氯化钾、氯化钙等粉末。灭火剂装量为 8 kg。充氮气压力（20℃）为 1.2 MPa。喷射时间 80 s，喷射距离 4 m，喷射面积 1 m²，总质量 14 kg。灭火器使用两年应进行 2.5 MPa 的水压试验，持续 2 min，无泄漏、无变形，方可继续使用。该灭火器广泛应用于加工轻金属的厂房、工场、飞机制造等场所，用于扑灭铝、镁、钛及其合金等轻金属火灾。

（2）7150 灭火剂

7150 灭火剂的主要成分为三甲氧基硼氧六环，分子式为$(CH_3O)_3B_3O_3$，是一种无色透明液体，密度为 1.2196 g/cm³，凝固点 −31.5℃，25℃运动黏度为 19.57 m²/s，闪点 15.5℃，是一种易燃液体。为轻金属专用灭火剂，热稳定性较差，本身是可燃物，在火焰温度作用下能分解或燃烧；是扑救镁、铝、镁铝合金、海绵状钛等轻金属火灾的有效灭火剂。

硼酐在轻金属燃烧的高温下，熔化为玻璃状液体，流散于金属表面及其缝隙中，在金属表面形成一层硼酐隔膜，使金属与大气隔绝，从而使燃烧缺氧而熄灭。利用 7150 燃烧很快耗尽金属表面附近的氧气，同时，生成的水和二氧化碳可稀释空气中的氧气，导致缺氧，从而也能够降低轻金属的燃烧强度，在缺氧与隔绝的双重作用下使燃烧中止。

在用 7150 灭火剂灭火时，当燃烧的轻金属表面被硼酐的玻璃状液体覆盖以后，还可以喷射适量的雾状水或泡沫冷却金属，会得到更好的灭火效果。

7150 灭火剂主要充灌在贮压式灭火器中使用，加压气体为干燥的空气或氮气。二氧化碳在 7150 中溶解度较大，不宜做加压气体。应置于阴凉、干燥处。其贮运应按易燃液体的规定执行。

8. 其他灭火器

（1）蒸汽灭火剂

蒸汽灭火是用它来冲淡火区的可燃气体，降低空气中氧的浓度，从而阻止燃烧，达到灭火目的。空气中含有 35％以上的蒸汽，便可有效地把火扑灭。空气中含蒸汽量越大，灭火效果就越好。蒸汽供给强度越高，越容易扑灭火灾。实践证明，饱和蒸汽灭火效果优于过热蒸汽。按燃烧区的试验结论是：水蒸气浓度达到35％以上，燃烧可以停止，火焰熄灭。这就要求最低灭火浓度为 350 L/m³，其密度为 281.25 g/m³。

火电厂使用蒸汽比较方便，对油库、油泵房、卸油泵房、燃油系统、煤粉仓、绞龙附近、原煤仓以及一次风粉输送管道附近，都可以装设固定蒸汽管接头。灭火时，接上胶管即可灭火。对于易发生火灾的危险区也可采用固定的蒸汽灭火装置。对于油罐灭火需要与泡沫灭火和水喷淋装置配合，以利于在各种情况下的灭火。

蒸汽灭火不适用于忌水物质，如乙炔、电石的火灾；不适于扑灭与水蒸气反应生成可燃气体或易引起爆炸物质的火灾。

（2）烟雾灭火器与烟雾灭火剂

烟雾自动灭火器由发烟器、浮漂、滑道三部分组成。发烟器由壳体、导流板、烟雾剂盘、密封薄膜和自动引火部件等组成，可用于小型钢板拱顶油罐灭火。当油罐起火后，罐内温度上升到110℃。用低熔点合金制成的引火头自行脱落，导火索被点燃，将烟雾剂引燃。烟雾剂引燃后，迅速产生大量二氧化碳和氮气烟雾，使发烟器内压力上升到一定值，烟雾冲破密封薄膜，由喷孔射出，对火焰有较大冲击作用；在整个油面上迅速形成一个云雾状、均匀而又浓厚的惰性气体层，将油面封闭，阻止空气补充，降低油罐内氧气浓度，且使罐内可燃蒸气浓度急剧降低；随烟雾携带出来部分没有反应的粉末状残渣落在油面上，起一定的覆盖隔离作用。因此，烟雾灭火剂能使火灾熄灭。

烟雾剂是一种深灰色粉状的机械混合物，它的主要成分是硝酸钾（50.5％）、硫磺（30％）、三聚氰胺（26％）、碳酸氢钠（8.0％），其余是木炭粉（12.5％）。烟雾剂的燃烧速度为80～100 m/s，燃烧后气体的主要成分 CO_2 和 N_2（85％）覆盖在燃烧物上，有窒息火焰的作用。烟雾灭火时间一般为 2 min。

烟雾自动灭火装置可用于缺水、缺电的小型油罐灭火，优点是设备简单、投资少，不用水和电。

（3）氮气灭火剂

氮气是空气的主要成分，占空气总量的78％。分子式为 N_2，相对分子质量为14，是无色、无味、无臭的气体，微溶于水，密度为 1.25 g/L，相对密度为 0.967，沸点为 −195.8℃，熔点为 −209.8℃。液态氮密度为 0.808 g/cm³，临界温度为 −146.89℃，临界压力为 3.394 MPa。氮气不自燃，也不助燃，常温下性质不活泼，不与其他物质反应。可作保护气体，可用来扑灭火灾和降低爆炸性混合物爆炸的危险性。

氮气灭火原理是：当可燃物着火时，将氮气充放到燃烧区（如建筑物内、粉仓内或其他容器内等），冲淡可燃气体，降低可燃气体的浓度，相对降低空气中氧气的浓度，使燃烧缺氧而停止。如发电机、变压器内部着火可充氮灭火；煤粉仓自燃可以施放氮气灭火。灭火装置可设置固定式或半固定式灭火设备。

9. 自动报警灭火系统

自动报警灭火系统是将报警与灭火联动并加以控制的系统。火灾一旦发生，产生的烟雾、高温和光辐射可通过火灾探测器的感烟、感温和感光元件接收信号并转变成电信号输入自动报警器并发出声和光警报，指示火灾位置和发生的时间，并由控制装置发出指令性动作，打开自动灭火设备的阀门，喷出灭火剂将初起火灾扑灭。自动报警灭火系统有三种形式：一是全自动报警灭火系统，适用于范围较大的保护对象，如炼油厂、电站、化工厂、大型仓库、高层建筑、地下工程和重要建筑等；二是半自动报警灭火系统，适用于范围较小的保护对象，如计算机房、自动化仪表控制室、独立仓库、电信电报机房、卫星地面站等；三是手动报警灭火系统，适用于自动化程度不高、范围小的保护对象，或作为自动、半自动报警灭火系统的备用辅助手段。自动快速雨淋灭火就是其中的一种。

由于烟火药剂及火炸药燃速极快，在数秒内就能造成难以扑救的火灾及爆炸事故。对扑救含有铝、镁粉等遇湿燃烧物质时，若用少量水扑救，因生成的氢气和空气混合，不仅不能扑灭火势，反而会有爆炸的危险。所以，必须要掌握灭火的及时性，在刚开始着火时，应用大量的水使燃烧药剂温度迅速下降，将火焰扑灭在初始阶段。消防车或消防栓灭火常因动作缓慢，延误最佳灭火时间而造成损失惨重的火灾事故。所以，在烟火药及火炸药生产工房，常采用自动快速灭火装置如快速自动雨幕及喷水雨淋装置进行自动灭火。

快速雨淋设备主要由光敏探测系统及雨淋管网组成。衡量自动雨淋灭火性能好坏的标准主要有两个：一是动作可靠、正确；二是动作迅速。目前国内外高速自动雨淋灭火装置中，一般采用固态光敏电阻接收火灾信号，用火工品驱动水控阀，打开消防水通道；也有的自动灭火装置采用由紫外测火仪及火工品驱动水控阀组成的连锁装置。紫外测火仪采用紫外光敏管作传感元件。紫外光敏管只对紫外线敏感，其他可见光及红外线对它没有影响，非直射的日光中含很少的紫外线，一般灯具玻璃不能透过紫外线，使得紫外光敏管的抗干扰性好，雨淋系统动作的正确性提高。"密井"紫外测火仪几乎能排除火花以外的一切辐射所引起的干扰，对火光则很敏感。紫外测火仪支管中装有雷管，当探测到火光信号后，通过控制板起爆雷管，打开喷射阀，引起喷口喷水。从测火仪接收信号到引起喷口喷水只需 5 ms，所以，整个装置极其灵敏，灭火动作极快，能迅速扑救初始之火，可有效阻止火势的蔓延。

第四节　危险化学品应急处置

一、国内外危险化学品的应急救援体系和体制

近些年来，世界各国频繁发生的危险化学品泄漏、爆炸事故，受到世界舆论的普遍关注，已引起发达国家对化学品特别是危险化学品安全管理的高度重视，投入了大批人力、物力，组建了专门机构，建立健全了较完善的法律、法规，已逐步形成了较为科学的化学事故应急救援体系，尤其是欧美等发达国家大都建立了责任明确、响应快捷并符合自己国家特点的应急体系。如美国的应急救援体系以"发挥各部门专长"为其特色，首先由各州和地方政府对自然灾害等紧急事件地方做最初反应，如果超出地方范围则由总统宣布实施"联邦应急方案"。该方案将应急工作细分为交通、通信、消防、大规模救护、卫生医疗服务、有害物质处理等 12 个职能。每个职能由特定机构领导，并指定若干辅助机构。这种组织结构方式使执行各职能的领导机构专长得到发挥，在遇到不同灾害及紧急事件时，可视情况启动全部或部分职能模块。日本的应急救援体系以"政府集中指挥"为其特色，建立了以内阁首相为危机管理最高指挥官的危机管理体系，负责全国的危机管理体系，然后采取不同的危机类别如安全保障会议、中央防灾会议、紧急召集对策小组等。欧盟国家国际性的化学事故应急救援行动由欧洲化学工业委员会（CEFIC——European Chemical Industry Council）组织实施，通过推行国际化化学品环境计划 ICE（International Chemical Environment）计划，在欧盟国家内

部和欧盟国家之间建立了运输事故应急救援网络。在这个"网络"的运作下,当欧盟范围内欧盟国家的产品发生事故时,都能得到有效的"救助",从而使运输事故的危害在欧盟国家降到最低。目前,通过 CEFIC 组成国际性的应急网络庞大,10 个欧盟国家的化工协会都是 CEFIC 的成员,CEFIC 已拥有 2 000 多家成员企业,CEFIC 的成员企业覆盖了整个欧盟地区。

纵观国外发达国家的应急救援体系,有以下特点:① 建立了国家统一指挥的应急救援协调机构;② 拥有精良的应急救援装备;③ 充足的应急救援队伍;④ 完善的工作运行机制。

1. 我国化学事故应急救援工作现状

(1) 化学事故应急救援系统概况

在我国化学工业建设的初期,我国就已经开始了化学事故救援抢救工作,不过那时仅仅是以抢救伤员为主。1991 年,上海市颁发了《上海市化学事故应急救援办法》,建立了我国第一个地方性化学事故应急救援体系,并在实际应用中取得了良好的效果;1994 年原化学工业部根据有关法律法规颁布了《化学事故应急救援管理办法》;1995 年成立了"全国氯气泄漏事故工程抢险网",颁布了《氯气泄漏事故工程抢险管理办法》;1996 年,原化学工业部与国家经贸委联合组建了化学事故应急救援系统,该系统由化学事故应急救援指挥中心、化学事故应急救援指挥中心办公室和化学事故应急救援抢救中心等组成,该系统目前挂靠国家安全生产监督管理总局。

(2) 化学品登记注册中心

为了有效防范化学事故,为应急救援提供技术、信息支持,根据《危险化学品安全管理条例》和《危险化学品登记管理办法》(国家经贸委令第 35 号)的规定,国家已经实行危险化学品等级制度,并设立国家化学品登记注册中心和各省、自治区、直辖市化学品登记注册办公室。其中国家化学品登记注册中心的主要职责是:负责组织、协调和指导全国危险化学品登记工作;负责全国危险化学品登记证书颁发与登记编号的管理工作;建立并维护全国危险化学品登记管理数据库和动态统计分析信息系统;设立国家化学事故应急咨询电话,与各地登记注册办公室共同建立全国化学事故应急救援信息网络,提供化学事故应急咨询服务;组织对新化学品进行危险性评估;对未分类的化学品统一进行危险性分类;负责全国危险化学品登记人员的培训工作。

(3) 应急救援队伍建设初具规模

1997 年,公安部消防部队在全国 30 个重点城市成立了消防特勤队伍,配备了比较先进的装备,建立了一支化学事故应急救援现场抢救的重要力量。人民解放军中的防化兵也配有比较完备的装备,是实施化学事故应急救援的专业部队。目前全国已经建立了现役队员达 12 万多人的消防队伍、大约 143 万人的矿山救援队伍、约 1 万人的海上搜救队伍。一些中央企业都结合专业特点,建立了应急救援队伍,如中石油、中石化和部分化工生产企业,改建或组建了专业消防和化学事故应急救援队伍。

(4) 应急演练得到切实开展

近年来,国务院各部门、各地区和各重点企业共组织各类较大规模的应急演练 180 余次。通过演练不断改进完善事故报警、指挥调度、应急设施和设备调配、环境监测、生产恢复确认等环节的工作;同时在应急演练中增强了用先进技术装备应对事故灾难和其他突发性公共事件的能力。

（5）重大危险源监控

重大危险源监控有所加强。大多数企业重视做好重大危险源监控工作，积极开展危害辨识、风险分析和安全评价，建立完善监控方案，并报当地政府和安全监管监察机构备案。

2. 存在的主要问题

我国目前的化学事故应急救援工作，虽然有了一定的基础，但是没有形成明确、统一、系统的应急体系，与一些发达国家相比尚有差距，远远不能适应我国国民经济发展和安全生产工作的需要，主要存在以下几个突出问题与差距：

一是地方政府、国务院有关部门和有关单位在化学事故应急救援工作上的职责不明确，特别是缺乏法律、法规上的明确规定；

二是缺少国家层面上的组织协调机构，对造成重大社会危害的化学事故难以实行统一指挥和实施有效救援；

三是应急预案系统性、实效性不够强。应急预案尚没有形成应有的体系。一些生产企业的应急预案，也存在着上下不贯通、基层不落实、企地衔接不紧密、针对性不够强、缺乏演练等问题。国家安全生产监督管理局在抽样调查的 58 家中央企业中，预案内容比较健全的为 28 家，占 48%。其他 30 户企业应急预案要素不全，或缺事故风险分析，或关键部位、岗位缺应急措施，或与地方政府的预案不衔接。其中 21 户企业的预案失之于粗糙，有的没有相应程序、处置方案和保障措施，难以发挥应有作用。

四是应急救援队伍素质有待提高，救援能力还比较低。对救援队伍基础建设不够重视，没有必要的训练场地和设施，专业人才缺乏；教育培训滞后，一些队员缺乏必要的专业救援救护知识，甚至不掌握、不熟悉应急响应程序、应急措施和职责要求；实战训练不够，相当一部分应急救援队伍没有进行过重特大事故灾难和复杂情况下的应急救援演练，队伍的实际战斗力不强。抢险救灾过程中"二次事故"时有发生，扩大了事故的伤亡损失。

五是应急准备工作，特别是应急预案的制定和应急救援的装备、物资、经费等没有落实。

二、常见危险化学品的应急处置方法

1. 灭火对策

（1）扑救初期火灾

在火灾尚未扩大到不可控制之前，应使用适当移动式灭火器来控制火灾。迅速关闭火灾部位的上下游阀门，切断进入火灾事故地点的一切物料，然后立即启用现有各种消防装备扑灭初期火灾和控制火源。

（2）对周围设施采取保护措施

为防止火灾危及相邻设施，必须及时采取冷却保护措施，并迅速疏散受火势威胁的物资。有的火灾可能造成易燃液体外流，这时可用沙袋或其他材料筑堤拦截流淌的液体或挖沟导流，将物料导向安全地点。必要时用毛毡、海草帘堵住下水井、阴井口等处，防止火焰蔓延。

（3）火灾扑救

扑救危险化学品火灾决不可盲目行动，应针对每一类化学品，选择正确的灭火剂和灭火方法。必要时采取堵漏或隔离措施，预防次生灾害扩大。当火势被控制以后，仍然要派人监护，清理现场，消灭余火。

2. 几种特殊化学品的火灾扑救注意事项

(1) 扑救液化气体类火灾,切忌盲目扑灭火势,在没有采取堵漏措施的情况下,必须保持稳定燃烧。否则,大量可燃气体泄露出来与空气混合,遇着火源就会发生爆炸,后果将不堪设想。

(2) 对于爆炸物品火灾,切忌用沙土盖压,以免增强爆炸物品爆炸时的威力。

(3) 对于遇湿易燃物品火灾,绝对禁止用水、泡沫、酸碱等湿性灭火剂扑救。

(4) 氧化剂和有机过氧化物的灭火比较复杂,应针对具体物质具体分析。

(5) 扑救毒害品和腐蚀品的火灾时,应尽量使用低压水流或雾状水,避免腐蚀品、毒害品溅出;遇酸类或碱类腐蚀品,最好调制相应的中和剂稀释中和。

(6) 易燃固体、自燃物品一般都可用水和泡沫扑救,只要控制住燃烧范围,逐步扑灭即可。但有少数易燃固体、自燃物品的扑救方法比较特殊。如 2,4 - 二硝基苯甲醚、二硝基萘、萘等易升华的易燃固体,受热放出易燃蒸气,能与空气形成爆炸性混合物,尤其在室内,易发生爆燃,在扑救过程中应不时向燃烧区域上空及周围喷射雾状水,并消除周围一切火源。

注意:发生化学品火灾时,灭火人员不应单独灭火,出口应始终保持清洁和畅通,要选择正确的灭火剂,灭火时还应考虑人员的安全。

3. 控爆对策

爆炸事故发生时,一般应采取以下基本对策:

(1) 迅速判断和查明再次发生爆炸的可能性和危险性,紧紧抓住爆炸后和再次发生爆炸之前的有利时机,采取一切可能的措施,全力制止再次爆炸的发生。

(2) 切忌用沙土盖压,以免增强爆炸物品爆炸时的威力。

(3) 如果有疏散可能,在人身安全确有可靠保障的条件下,应立即组织力量及时疏散着火区域周围的爆炸物品,使着火区周围形成一个隔离带。

(4) 扑救爆炸物品堆垛时,水流应采用吊射,避免强力水流直接冲击堆垛,以免堆垛倒塌引起再次爆炸。

(5) 灭火人员应尽量利用现场现成的掩蔽体或尽量采用卧姿等低姿射水,尽可能地采取自我保护措施。消防车辆不要停靠离爆炸物品太近的水源。

(6) 灭火人员发现有再次发生爆炸的危险时,应立即向现场指挥报告,现场指挥应迅速做出准确判断,确有发生再次爆炸征兆或危险时,应立即下达撤退命令。灭火人员看到或听到撤退信号后,应迅速撤至安全地带,来不及撤退时,应就地卧倒。

4. 控漏对策

进入泄漏现场进行处理时,应注意安全防护:

① 进入现场救援人员必须配备必要的个人危险化学品应急救援器具。

② 如果泄漏物是易燃易爆的,事故中心区应严禁火种、切断电源、禁止车辆进入、立即在边界设置警戒线。根据事故情况和事故发展,确定事故波及区域人员的撤离。

③ 如果泄漏物是有毒的,应使用专用防护服、隔绝式空气面具(为了在现场上能正确使用和适应,平时应进行严格的适应性训练)。立即在事故中心区边界设置警戒线。根据事故情况和事故发展,确定事故涉及区人员的撤离。

④ 应急处理时严禁单独行动,要有监护人,必要时用水枪、水炮掩护。

(1) 泄漏源控制

① 关闭阀门、停止作业或改变工艺流程、物料走副线、局部停车、打循环、减负荷运行等。

② 堵漏。采用合适的材料和技术手段堵住泄露处。

（2）泄漏物处理

① 围堤堵截　筑堤堵截泄漏液体或者引流到安全地点。储罐区发生液体泄漏时，要及时关闭雨水阀，防止物料沿明沟外流。

② 稀释与覆盖　向有害物蒸气云喷射雾状水，加速气体向高空扩散。对于可燃物，也可以在现场施放大量水蒸气或氮气，破坏燃烧条件。对于液体泄漏，为降低物料向大气中的蒸发速度，可用泡沫或其他覆盖物品覆盖外泄的物料，在其表面形成覆盖层，抑制其蒸发。

③ 收容（集）　对于大型泄漏，可选择用隔膜泵将泄漏出的物料抽入容器内或槽车内；当泄漏量小时，可用沙子、吸附材料、中和材料等吸收中和。

④ 废弃　将收集的泄漏物运至废物处理场所处置。用消防水冲洗剩下的少量物料，冲洗水排入污水系统处理。

（3）努力减轻泄漏危险化学品的毒害

参加危险化学品泄漏事故处置的车辆应停于上风方向，消防车、洗消车、洒水车应在保障供水的前提下，从上风方向喷射开花或喷雾水流对泄漏出的有毒有害气体进行稀释、驱散；对泄漏的液体有害物质可用沙袋或泥土筑堤拦截，或开挖沟坑导流、蓄积，还可向沟、坑内投入中和（消毒）剂，使其与有毒物直接起氧化、氯化作用。从而使有毒物改变性质，成为低毒或无毒的物质。对某些毒性很大的物质，还可以在消防车、洗消车、洒水车水罐中加入中和剂（浓度比为5%左右），则驱散、稀释、中和的效果更好。

（4）着力搞好现场检测

应不间断地对泄漏区域进行定点与不定点的检测，以及时掌握泄漏物质的种类、浓度和扩散范围，恰当地划定警戒区（如果泄露物是易燃易爆物质，警戒区内应禁绝烟火，而且不能使用非防爆电器，也不准使用手机、对讲机等非防爆通讯装备），并为现场指挥部的处置决策提供科学的依据。为了保证现场检测的准确性，泄漏事故发生地政府应迅速调集环保、卫生部门和消防特勤部队的检测人员和设备共同搞好现场检测工作。若有必要，还可按程序请调防化部队增援。

（5）把握好灭火时机

当危险化学品大量泄漏，并在泄漏处稳定燃烧，在没有制止泄漏绝对把握的情况下，不能盲目灭火，一般应在制止泄漏成功后灭火。否则极易引起再次爆炸、起火，将造成更加严重的后果。

（6）后续措施及要求

制止泄漏并灭火后，应对泄漏（尤其是破损）装置内的残液实施输转作业。然后，还需对泄漏现场（包括在污染区工作的人和车辆装备）进行彻底的洗消，处置和洗消的污水也需回收消毒处理。对损坏的装置应彻底清洗、置换，并使用仪器检测，达到安全标准后，方可按程序和安全管理规定进行检修或废弃。总之，危险化学品泄漏的处置危险性大，难度也大，必须周密计划，精心组织，科学指挥，严密实施，确保万无一失。

5. 防止中毒对策

发生毒物泄漏事故时，现场人员应分头采取以下措施，按报送程序向有关部门领导报告;通知停止周围一切可能危及安全的动火、产生火花的作业,消除一切火源;通知附近无关人员迅速离开现场,严禁闲人进入毒区等。

进行现场急救的人员应遵守以下规定:

(1) 参加抢救人员必须听从指挥,抢救时必须分组有序进行,不能慌乱。

(2) 救护者应做好自身防护——带好防毒面具或氧气呼吸器、穿好防毒服后,从上风向快速进入事故现场。进入事故现场后必须简单了解事故情况及引起伤害的物料,清点现场人数,严防遗漏。

(3) 迅速将患者从上风向转移到空气新鲜的安全地方。转移过程应注意:

① 移动病人时应用双手托移,动作要轻,不可强拖硬拉。

② 应用担架、木板、竹板抬送伤员。

③ 转移过程中应保持呼吸道畅通,去除领带、解开领扣和裤带、下颌抬高、头偏向一侧、清除口腔内的污物。

(4) 救护人员在工作时,应注意检查个人危险化学品应急救援防护装备的使用情况,如发现异常或感到身体不适时要迅速离开染毒区。

(5) 假如有多个中毒或受伤的人员被送到救护点,应立即在现场按以下原则进行急救:

① 救护点应设在上风向、交通便利的非污染区,但不要远离事故现场,尽可能保证有水、电来源。

② 救护人员应通过"看、听、摸、感觉"的方法来检查患者有无呼吸和心跳——看有无呼吸时的胸部起伏;听有无呼吸时的声音;摸颈动脉或肱动脉有无搏动;感觉病人是否清醒。

③ 遵循"先救命、后治病、先重后轻、先急后缓"的原则分类对患者进行救护。

6. 防止化学灼伤对策

发生化学灼伤,由于化学物质的腐蚀作用,如不及时将其除掉,就会继续腐蚀下去,从而造成急剧灼伤的严重程度,某些化学物质如氢氟酸的灼伤初期无明显的疼痛,往往不受重视而耽误处理的时机,加剧了灼伤程度。及时进行现场急救和处理,是减少伤害、避免严重后果的重要环节。

(1) 迅速脱去衣物,清洗创面

化学致伤的程度也同化学物质与人体组织接触时间的长短有密切关系,接触时间越长所造成的致伤就会越严重。因此,当化学物质接触人体组织时应迅速脱去衣服,立即用大量清水清洗创面,不应延误,冲洗时间不得小于 15 min,以利于将渗入毛孔或黏膜内的物质清洗出去。清洗时要遍及各受害部位,尤其要注意眼、耳、鼻、口腔等处。对眼睛的冲洗一般用生理盐水或用清洁的自来水,冲洗时水流不宜正对角膜方向,不要揉搓眼睛,也可将面部浸入在清洁的水盆里,用手把上下眼皮撑开,用力睁大两眼,头部在水中左右摆动。其他部位的灼伤,先用大量水冲洗,然后用中和剂洗涤或湿敷,用中和剂时间不宜过长,并且必须再用清水冲洗掉,然后视病情予以适当处理。

(2) 判明化学致伤物质的性质

化学灼伤程度同化学物质的物理、化学性质有关。酸性物质引起的灼伤,其腐蚀作用只在当时发生,经急救处理,伤势往往不再加重。碱性物质引起的灼伤,会逐渐向周围和深部组织蔓延。因此现场急救应首先判明化学物质致伤的种类、侵害途径、致伤面积及深度,采取有效的急救措施。

　　某些化学致伤,可以从被致伤皮肤的颜色加以判断,如苛性钠和石碳酸的致伤表现为白色,硝酸致伤表现为黄色,氯磺酸致伤表现为灰白色,硫酸致伤表现为黑色,磷致伤局部皮肤呈现特殊气味,有时在暗处可看到磷光。

　　(3)进行现场急救

　　抢救时必须考虑现场具体情况,在有严重危险的情况下,应首先使伤员脱离现场,送到空气新鲜和流通处,迅速脱除污染的衣着及佩戴的防护用品等。

　　小面积化学灼伤创面经冲洗后,如确实灼伤物已消除,可根据灼伤部位及灼伤深度采取包扎疗法或暴露疗法。中、大面积化学灼伤,经现场抢救处理后应送往医院处理。

参考文献

　　[1] 胡永宁,马玉国,付林,俞万林.危险化学品经营企业安全管理培训教程[M].北京:化学工业出版社,2011.

　　[2] 国家安全生产监督管理总局宣传教育中心.危险化学品经营单位主要安全负责人和安全管理人员培训教材[M].北京:化学冶金出版社,2011.

　　[3] 蒋军成,虞汉华.危险化学品安全技术与管理[M].北京:化学工业出版社,2005.

　　[4] 赵庆贤,邵辉.危险化学品安全管理[M].北京:中国石化出版社,2005.

　　[5] 李政禹.国际化学品安全管理战略[M].北京:化学工业出版社,2006.

　　[6] 朱吕通,贺占奎.现代灭火设施[M].北京:水利电力出版社,1984.

　　[7] 徐厚生,赵双其.防火防爆[M].北京:化学工业出版社,2004.

　　[8] 郑瑞文.危险品防火[M].北京:化学工业出版社,2003.

　　[9] Baker W E. Gas, Dust and Hybrid Explosions [M]. New York: Elsevier Science Publisher B. V. ,1991.

　　[10] Joaquim Casal. Evaluation of the Effects and Consequences of Major Accidents in Industrial Plants [M]. New York: Elsevier Science Publisher ,2007.

　　[11] Guarascio M. C. Safety and Security Engineering [M]. New York: Elsevier Science Publisher,2009.

　　[12] 蒋军成.化工安全[M].北京:机械工业出版社,2008.

　　[13] 陈南.防爆安全技术[M].北京:国际文化出版社,2001.

　　[14] 曾清礁.建筑防爆技术[M].北京:中国建筑工业出版社,1991.

　　[15] 杨泗霖.防火与防爆[M].北京:首都经济贸易出版社,2008.

第七章　物理性污染控制与个体防护

第一节　物理性污染概述

一、物理性污染及其特点

物理性污染是指当物理运动的强度超过人的耐受限度而产生的一类环境污染。

与大气、水或土壤环境中的化学污染和生物污染相比,物理性污染的特点有所不同。前者是由于污染源排放的有害物质和生物输入环境,或者环境中某些物质超过正常含量所导致的污染,且污染物随时间增长而累积,即使污染源停止排放,污染物仍存在并且可以扩散;而引起物理性污染的声、光、热、放射性、电磁辐射等在环境中是永远存在的,它们本身对人无害,只是在环境中的强度过高或过低时,会危害人的健康和生态环境,造成污染或异常;且物理性污染一般是局部性的,在环境中无残留物质存在,一旦污染源消除,物理性污染即消失;此外,化学性和生物性污染是物质的污染,而物理性污染是能量的污染。

二、物理性污染的类型与污染现状

根据引起污染的物理因素不同,物理性污染分为噪声污染、振动污染、电磁辐射污染、放射性污染、热污染和光污染等。

(一)噪声污染

从物理学的角度定义,噪声是指振幅和频率杂乱断续或统计上无规律的声振动。一般而言,凡是干扰人们休息、学习和工作的声音即不需要的声音统称为噪声。当噪声超过人们的生活和生产活动所能容许的程度,就形成了噪声污染。其特点是:一般为局部性污染而非区域性或全球性污染;无残余污染物,不会累积;噪声源停止发声后污染立即消失;声能量小,一般认为其不具备回收再利用价值。

噪声污染与大气污染、水污染、固体废弃物污染被列为当今社会四大环境公害,其中噪声污染是人们最容易直观感受到的环境污染因素之一。近年来各种噪声扰民现象严重,因噪声污染问题引发的纠纷和冲突不断,全国反映噪声污染的投诉上访占环境污染投诉的比例一直高居各类环境污染投诉的第一位。这些污染带来了一系列的不良效应,影响社会和谐稳定发展。

我国的环境噪声污染主要来源于交通噪声、工业噪声、建筑施工噪声和社会生活噪声四大类。表7-1列出了我国主要环境噪声源影响典型参数。可以看出,交通噪声是环境噪声污染的主要来源,其能量通常占环境噪声总能量的70%～80%,而社会生活噪声在四类环境噪声源中虽然能量比例低,但影响范围最大,其影响的覆盖面积达到40%。

表 7-1　主要环境噪声源影响典型参数

噪声源类型	交通噪声	建筑施工噪声	工业噪声	社会生活噪声	其他噪声
等效声级 dB(A)	68	62	61	56	53
能量比例	81%	5%	6%	7%	1%
面积比例	34%	7%	9%	40%	10%

目前我国声环境质量状况不容乐观。据统计,我国 70% 的城市环境噪声平均值 (65 dB)处于中等污染水平(国家一类标准为 55 dB),我国约有 2/3 的城市人口生活在高噪声的环境中,我国已有 3/4 以上的城市交通干线两侧噪声平均值超过 70 dB。据原国家环保局发布的 2004 年中国噪声环境状况显示,全国 328 个市(镇)中,167 个城市道路交通声环境质量好,占 50.9%;109 个城市道路交通声环境质量较好,占 33.2%;32 个城市为轻度污染,占 9.8%;14 个城市为中度污染,占 4.3%;6 个城市为重度污染,占 1.8%(如图 7-1); 47 个重点城市的监测道路中,噪声等效声级超过 70 dB(A)的路段长度占监测路段总长度的 30.8%;全国 312 个市(县)中,区域声环境质量好的城市有 16 个,占 5.2%;178 个城市区域声环境质量为较好,占 57.1%;108 个城市为轻度污染,占 34.6%;9 个城市为中度污染,占 2.9%;1 个城市为重度污染,占 0.3%;47 个重点城市中,区域声环境质量处于轻度污染水平的有 20 个城市,占 43.5%。

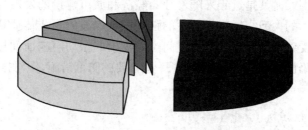

■ 好　□ 较好　□ 轻度污染　■ 中度污染　■ 重度污染

图 7-1　2004 年我国城市道路交通声环境质量状况

以上海为例,作为一个特大型国际化大都市,在建设成为经济、金融、贸易和航运中心的同时,城市环境噪声尤其是交通噪声的影响也日益显著。其中虹桥和浦东机场的飞机噪声对周边居民的影响不容忽视,如浦东机场这个拟建成亚洲最大的国际航空港,每日起降航班约 500 架次,2011 年全年达到 38.5 万架次,高峰时平均每 33 s 起降一架飞机,噪声高达 100 ~110 dB,连续等效感觉噪声级超过 70 dB 的面积达 126 km²,在 75 dB 范围内需动迁的居民有 5 000 余户,计约 1.8 万人,为治理超标噪声需投资 1.7 亿元。上海市区遍布的轻轨站和地铁线路也存在着严重的噪声污染,这些噪声主要来自地铁站的风塔、风井口、通风百叶窗等传出的风道噪声和空调冷却塔、水泵、热泵机组等固定源噪声,以及列车运行噪声,对沿线的居民住宅、学校、医院、商办楼等造成了很大的不良影响,以常熟路和江苏路为例,地铁排风口距居民住宅窗口只有 8 m 左右,传至居民住宅处噪声 LA_{eq} 值为 74 dB。若按 GB 3096—93《城市区域环境噪声标准》规定的 4 类区即交通干道两侧来评价,昼间超标路段占总干线的 40% 以上,夜间超标路段占总干线的 80% 以上;此外,为改善市区的交通状况而兴建的环线、城区高架和高速路等也增加了噪声污染。高架道路构成的立体声场影响比地面道路的声级要提高 2~3 dB(A),在离地面 10 m 以上的空间 70 dB(A)以上的影响范围扩大了 20~40 m,致使高架道路两侧受到的交通噪声的干扰范围大,声级高,这些噪声污染都已经到了必须控制的地步。

（二）振动污染

振动是自然界最普遍的状态和现象,但是当环境中的振动超过一定的界限,从而对人体的健康和设施产生损害,对人的生活和工作环境形成干扰,或使机器、设备和仪表不能正常工作时,就形成了振动污染。

振动污染带有强烈的主观性,是一种危害人体健康的感觉公害。适度的振动会使人感觉舒适安稳,而一旦过量就会让人不舒服甚至对人体产生危害;振动污染和噪声污染一样是局部性的,它在传播过程中随距离增加而衰减,只涉及振动源附近的地区,并且也是一种瞬时性的能量污染。

振动污染主要来源于自然振动和人为振动。自然振动主要由地震、海啸、火山爆发等自然现象引起,严重的会造成房屋倒塌、人员伤亡,但此类振动难以避免;人为振动污染源则主要有锻压、铸造、切削、破碎、球磨等动力机械和输气输液管道等产生的工厂振动源,打桩机、水泥搅拌机、碾压、爆破作业等产生的工程振动源,公路和铁路等道路交通振动源,以及玻璃窗、门产生的人耳难以听见的低频空气振动。相比之下,人为活动引起的振动污染远远大于自然振动带来的危害。尤其是近年来随着社会经济和城市建设的发展,各种建筑施工工地的大型机器和道路上的大型交通工具产生的强烈振动以波的形式传播到周围的建筑物,使房子里的人直接感受到振动污染或者通过门窗等发出的振动声响而间接感受到心理危害。目前人们对噪声污染已引起警觉,并采取了一些必要的防范措施,但对振动污染还缺乏应有的认知和预防。

（三）电磁辐射污染

电磁辐射污染是指人类使用产生电磁辐射的器具而泄漏的电磁能量流传播到室内外空间中,其量超出环境本底值,且其性质、频率、强度和持续时间等综合影响引起周围受辐射影响人群的不适感,并使健康和生态环境受到损害。

电磁辐射污染是一种能量流污染,不容易被人直接感知,必须具备一定的专业技术和监测仪器才能测定,因此具有较强的隐蔽性;电磁辐射污染的损害后果一般是渐进并累积的,具有一定的长期性和潜伏性;目前关于电磁辐射与人体致病之间的机理缺乏足够的实验支持和大量的流行病学调查研究,因此这类污染对人体的影响还存在科学上的不确定因素。

电磁辐射按其来源途径分为自然电磁场源和人工电磁场源。自然电磁污染是由某些自然现象引起的,最常见的是雷雨,此外还有火山爆发、地震和太阳黑子活动引起的磁爆等,以及银河系恒星爆发、宇宙间电子移动等带来的电磁辐射,这些天然的电磁污染对短波通信具有一定的干扰;人工电磁辐射来自人类制造的几乎所有电器与电子设备,例如广播电视发射设备、通信雷达、导航发射设备及电磁磁能在工业、科学和医疗中的应用设备。目前环境中的电磁辐射污染主要来自人工辐射,自然辐射水平较之人工辐射已可以忽略不计。随着移动电话的普及和家用电器的增多,家庭小环境电磁能量密度不断增加,各种微波炉、电视机、电冰箱、计算机等电器都是电磁辐射源。由于城市的发展与扩大,一些大中型广播电视发射台与移动通信发射基站被居民区所包围;城市交通运输系统(汽车、电车、地铁、轻轨及电气化铁路)的迅速发展也引起城市电磁辐射污染呈上升趋势;高压输电线穿过人口密集的住宅区上空,局部居民生活区形成强场区而受到污染。据调查,一些基站附近距离高层居民楼窗户 15 m 处的电磁辐射功率密度高达 400 W/cm²,远远超过了《环境电磁波卫生标准》中的规定。室内与室外电磁环境已融为一体,使电磁辐射量在不断增加,可以说电磁辐射无处不在,人类已处在一个巨大的电磁辐射海洋之中。

随着电子技术的广泛应用,人为电磁能量迅速增长,电磁辐射目前已成为我国重要的污染源。自 20 世纪 80 年代以来,我国产生电磁辐射的设备、设施分布越来越广、功率越来越大,与此同时,城市人口、建筑密度不断加大,电磁辐射已成为一种新的城市污染源。随着农村居民家用电器的普及和迅速增加,以及农村电力、通信和交通事业的发展,电磁辐射污染正在由大城市迅速向中小城市和农村扩散。1999 年 5 月国家环保总局发布正式公告"电磁辐射危害人体健康",2000 年 3 月国家经贸委下发安全第 189 号文件"电磁辐射需加以防护",2001 年 8 月中国消费者协会发布第 9 号消费警示"日常生活需防电磁辐射"。近年来我国的电磁辐射污染纠纷日益增多,电磁辐射污染投诉率居高不下,因电磁辐射污染纠纷提起的诉讼也越来越多。这些纠纷主要集中在因居民区建设电磁辐射设施、设备而引起的排除妨碍纠纷、因电磁辐射污染所致人身伤害要求侵权损害赔偿、因手机电磁辐射污染引发的纠纷、因开发商隐瞒有关电磁辐射污染的真实情况导致商品房纠纷等几大类型。但由于长期以来对电磁辐射污染及其防治的认识和科学宣传不够,以及相关法律、法规的不健全和环保执法的不力,导致这些电磁辐射污染纠纷往往难以得到满意的解决。

(四)放射性污染

放射性是一种不稳定的原子核自发发生衰变的现象。原子衰变主要有 α 衰变、β 衰变和 γ 衰变,分别产生 α 射线、β 射线和 γ 射线,这些射线属电离辐射。在这些衰变过程中,放射性原子核能够自发地放出由粒子和光子组成的射线或者辐射出原子核里的过剩能量,本身则转变为另一种核素,或者成为原来核素的较低能态。辐射中所放出的粒子和光子,对周围介质会产生电离作用,这种电离作用就是放射性污染的本质。

放射性污染具有下列几个特点:一是长期危害性,放射性物质的活度只能随时间推移按指数规律逐渐衰减,目前的技术包括物理、化学、生物处理方法或环境过程均不能予以消除,因此只能利用自然衰变的方法等它消失;二是污染处理难度大,放射性污染中产生的放射性物质不仅会对人体产生照射危害,而且核素衰变还会释放大量热量,所以处理放射性废物必须采取复杂的屏蔽和封闭措施,以及远距离操作和通风冷却措施;此外,污染处理技术复杂,净化要求高,须采取极其复杂的处理手段经过多次处理才能达到安全处置的要求。

环境中放射性的来源分天然辐射源和人工辐射源。其中天然辐射源包括宇宙射线、地层岩石、土壤和地球表面各种介质(土壤、岩石、大气及水)中的放射性元素,空气中的放射性核素如氡气和钍射气所形成的放射性气溶胶,地表水系中所含的放射性元素如铀、钍、镭等。这些天然辐射水平通常很低,对人体无显著影响。人工放射性污染源主要包括核武器爆炸及生产、使用放射性物质的单位排出的放射性废弃物等产生的放射性物质。目前对人类社会造成威胁的放射性污染主要有以下几类:

(1)核爆炸对环境的污染:核武器是利用重核裂变或轻核聚变时急剧释放出巨大能量

产生杀伤和破坏作用的武器,一般地上试验比地下试验对环境的污染严重,地面爆炸比空中爆炸要污染严重。从1945～1980年间全世界共进行了800多次核试验,世界环境受到一定的人工放射性污染,此外各国多次进行的地下核爆炸对地下水造成污染。

(2)工业和核动力对环境的污染:随着社会的发展,能源越来越紧张,由于煤炭和石油已远不能满足社会对能源的需求,因此核能的利用得到了飞速的发展,目前世界上已有数百座核电站在运转。在正常运行的情况下核电站对环境的污染比化石燃料要小,但其排出的气体、液体和固体废物值得特别注意;还有核动力舰艇和核潜艇的迅速发展使海洋增加了新的污染。

(3)核事故对环境的污染:操作使用放射性物质的单位,出现异常情况或意想不到的失控状态称为事故,如历史上最严重的核事故是1986年发生在前苏联的切尔诺贝利核电厂事故,以及2011年日本福岛核电站泄漏事故。事故状态引起放射性物质向环境大量的无节制地排放,造成了非常严重的污染。

(4)其他辐射污染:可归纳为两类,一是工业、医疗、军队研究用的放射性物质,因运输事故、偷窃、误用、遗失,以及废物处理等失去控制而对居民造成大剂量照射或污染环境;二是一般居民消费用品包括含有天然或人工放射性核素的产品,如放射性发光表盘、夜光表以及彩色电视机产生的照射,但一般对环境的污染较小。

(五)热污染

随着社会的不断发展,工农业生产和人们生活都取得了巨大的进步,这其中大量的能源消耗(包括化石燃料和核燃料)不仅产生了大量的有害及放射性的污染物,还会产生二氧化碳、水蒸气、热水等污染物,它们会使局部环境或全球环境增温,并形成对人类和生态系统直接或间接、即时或潜在的危害。这种从工农业生产和人类生活中排放出的废热造成的环境热化,损害环境质量,进而又影响人类生产、生活的一种增温效应,就是热污染。目前水污染、大气污染甚至噪声污染都已引起人们重视,而对于热污染,人们却几乎熟视无睹。

根据污染对象的不同,热污染可分为水体热污染和大气热污染,其来源见表7-2。

表7-2 热污染的分类与来源

分类	污染源	备注
水体热污染	热电厂、核电站、钢铁厂的循环冷却系统排放热水;石油、化工、铸造、造纸等工业排放含大量废热的废水	一般以煤为燃料的火电站热能利用率仅为40%,轻水堆核电站仅为31%～33%,且核电站冷却水耗量较火电站多50%以上。废热随冷却水或工业废水排入地表水体导致水温急剧升高,改变水体理化性质,对水生生物造成危害
大气热污染	主要是城市大量燃料燃烧过程产生废热,高温产品、炉渣和化学反应产生的废热等	目前关于大气热污染的研究主要集中在城市热岛效应和温室效应。温室气体的排放抑制了废热向地球大气层外扩散,更加剧了大气的升温过程

近年来,随着城市化、工业化、交通现代化以及人口的剧增,水体热污染日益严重,如在工业发达的美国,每天所排放的冷却用水接近全国用水量的1/3,其废热水的热量足够25亿立方米的水升温10℃;同时,大量二氧化碳、甲烷等温室气体随着煤、石油、天然气等化石燃料的消耗而排入大气,加剧了大气热污染。这些气体的来源及其在全球增温中所占比例如表7-3所

示。自 20 世纪 80 年代以来,每年有超过 60 亿吨二氧化碳排放出来,并且还在以每年 0.5% 的速度增加,预计到 2050 年大气中二氧化碳的体积浓度将达到 560 mg·L⁻¹,即工业化之前的 2 倍。在这样的背景下,全球的气候与环境已经产生并将继续产生重大变化,高温、热浪、旱涝灾害频繁。我国(仅陆地地区)近百年气温的变化比全球更为明显,呈显著上升趋势。2006 年为我国 1951 年以来最暖的一年。全国年平均气温为 10.2℃,比常年同期偏高 1.1℃,为 1951 年以来最高值。从 1986 年冬季开始,我国已连续经历了 21 个"暖冬"。

表 7-3 产生温室效应的各种气体

气体名称	来源	现在大气中的浓度 /(mg·L⁻¹)	每年增加率/%	在全球增温中所占比例/%
CO_2	燃烧	345	0.5～1.0	55
CH_4	微生物	1.7	1.0	20
N_2O	燃烧、微生物	0.2	0.25	5
CFCS	工业	0.001	5	15

目前热污染特别是温室效应造成的全球气候变暖及其带来的各种环境问题已经成为全球关注的焦点。联合国等国际组织召开了一系列会议来抑制全球变暖。1992 年 6 月联合国气候变化框架公约确定了稳定温室气体浓度的长期目标及人类应对气候变化的基本原则,1997 年 12 月制定了《京都议定书》,规定了定量的减排义务;2005 年 11 月蒙特利尔会议从法律上确保《京都议定书》开始实际运行,开启"后京都时代的谈判";2007 年 12 月巴厘会议又制定了"巴厘路线图",规定在 2009 年之前达成新的减排协议,强调坚持公约和议定书的原则;2011 年 11 月的德班气候大会通过决议,实施《京都议定书》第二承诺期并启动绿色气候基金,各国同意迈向 2015 气候公约。

(六)光污染

当光辐射过量时就会对人们的生活、工作环境以及人体健康产生不利影响,称之为光污染。光污染的概念有狭义和广义之分。狭义光污染是指干扰光的有害影响,其定义是"已形成的良好的照明环境,由于逸散光而产生被损害的状况,又由于这种损害的状况而产生的有害影响";广义光污染是指由人工光源导致的违背人的生理与心理需求或有损于生理与心理健康的现象,包括眩光污染、射线污染、光泛滥、视单调、视屏蔽、频闪等。

光污染符合物理性污染的特点,污染是局部性的,随距离增加迅速衰减;不存在残余物,光源消失则污染也即时消失。光污染往往存在于城市,主要来源于城市建筑物采用大面积的镜面式铝合金装饰的外墙、玻璃幕墙等所形成的光污染,以及城市夜景照明所形成的光污染。光污染是现代社会新出现的环境问题,伴随着我国现代化城市建设的不断发展和城市化进程的不断加快,尤其是越来越多的城市大量兴建玻璃幕墙建筑和实施"灯光工程"、"光彩工程"等,使得城市的光污染问题日益突出。此外,由于家庭装潢引起的室内光污染也开始显现并引起人们的重视。

第二节 物理性污染的危害

一、噪声污染的危害

1. 听力损伤

噪声对人体的危害最直接的就是听力损害。对听觉的影响，是以人耳暴露在噪声环境前后的听觉灵敏度来衡量的，这种变化称为听力损失。若人们长期在强烈的噪声环境下工作，日积月累，内耳器官不断受噪声刺激，便可发生器质性病变，这就是噪声性耳聋，这是无法治愈的，因此也有人把噪声污染比喻成慢性毒药。

2. 噪声对睡眠、交谈、通讯、思考的干扰

睡眠是人生存必不可少的，在安静的环境下睡眠是对大脑的休息。噪声会影响人的睡眠质量甚至使人无法入睡，心烦意乱；或使熟睡的人惊醒，不能很好地休息。噪声还能妨碍和干扰人们之间的谈话、通讯以及思考活动。

3. 噪声对人体的生理和心理影响

医学实验和证据表明，大量心脏病的发展和恶化与噪声有着密切的联系，噪声会引起人体紧张的反应，使肾上腺素增加从而引起心率和血压升高；噪声能引起消化系统方面的疾病，比如在工厂操作大功率机器的工人溃疡症的发病率比坐办公室的人高 5 倍；另外噪声能引起失眠、疲劳、头晕、头痛、记忆力减退等明显的神经衰弱症；噪声在心理影响方面主要是烦恼，使人激动、易怒甚至失去理智，或易使人疲劳影响精力集中和工作效率甚至造成工伤事故。极强的噪声危害更是极具杀伤力的，它能使人的听觉器官发生急性外伤，使整个机体受到严重损伤，引起耳膜破裂出血，双耳完全变聋，语言紊乱，神志不清，脑震荡和休克，甚至死亡。如 1981 年在美国举行的一次露天音乐会上，当震耳欲聋的音乐声响起后，有 300 多名听众突然失去知觉，昏迷不醒，100 辆救护车到达现场抢救，成为典型的噪声污染造成的公害事件。

4. 噪声对儿童和胎儿的影响

医学研究表明，噪声可影响胎儿发育和体重，损伤其脆弱的听觉器官，使听力减退或丧失。据统计，当今世界上有 7 000 多万耳聋者，其中相当部分是由噪声所致，家庭室内噪音是造成儿童聋哑的主要原因；噪声还会影响少年儿童的智力发育，使其上课听不清影响学习，据调查，吵闹环境下儿童智力发育比安静环境中的低 20%。

5. 噪声对视力的损害

噪声不但影响听力还影响视力，当噪声达到一定强度时，人的视觉细胞敏感性下降甚至瞳孔放大，视线模糊；同时噪声还会使色觉、视野发生异常，导致驾驶员易发生行车事故。

6. 噪声对动物的影响

研究表明，噪声对动物的肝、免疫机能、大脑及神经功能、心血管、生殖等生理功能均有影响，如强烈的噪声可使鸟类羽毛脱落、不产卵，甚至内出血或死亡。

7. 噪声对物质结构的影响

140 dB 以上的噪声可使墙震裂、瓦震落、门窗破坏甚至使烟囱及古老的建筑物发生倒塌，钢产生"声疲劳"而损坏。强烈的噪声使自动化、高精度的仪表失灵，当火箭发出的低频率的噪声引起空气振动时，会使导弹和飞船产生大幅度的偏离，导致发射失败。

二、振动污染的危害

1. 振动对人体生理的影响

从生理学和物理学的角度来看,人体可近似看成一个等效的机械系统,且其机械性很不稳定。研究表明人体的各部分器官都有其固有频率,当外界的振动频率接近某个器官的固有频率时就会引起共振,对该器官影响很大,如频率100～200 Hz的振动能引起"下颚-头盖骨"的共振造成脑部损伤。振动主要通过振动振幅和加速度对人体造成危害,如频率为40～100 Hz、振幅为0.05～1.3 mm的振动会引起末梢血管痉挛;当频率为15～20 Hz时,随着加速度增大会使内脏、血管位移,造成不同程度的皮肉青肿、骨折、器官破裂和脑震荡等,全身振动甚至会导致呼吸困难。

2. 振动对人心理的影响

人体在感受振动时心理上会产生不愉快、烦躁、不可忍受等各种反应,总体而言人对振动的感受很复杂,往往是包括了若干其他感受在内的综合性感受。振动对人生理和心理的影响会导致人工作效率降低,还可使视力减退,反应滞后并影响语言能力和肌肉运动。

3. 振动对机械和构筑物的影响

在工业生产中,机械设备运转产生的振动大多是有害的,它使设备本身产生疲劳和磨损,使其精度降低、寿命减少;在交通运输中,飞机机翼的震颤、机轮的摆动和发动机的异常振动都可能导致一场飞行事故。强烈的振动能通过地基传递到房屋等构筑物,导致房屋、桥梁垮塌损坏,如墙壁开裂剥落、地基变形、下沉,门窗弯曲变形等,严重的可使构筑物坍塌,危及人员生命,曾经有记载振级超过140 dB使建筑物倒塌的事故。历史上最著名的振动是美国塔克马峡谷中的长853 m、宽12 m的悬索吊桥,在1940年一次八级飓风的袭击中发生了难以置信的振动,引起的共振使笨重的钢铁桥发生扭曲,最终导致垮塌。

三、电磁辐射污染的危害

1. 电磁辐射污染对人体的影响与危害

电磁辐射对人体的影响主要是射频电磁场。当机体处在射频电磁场的作用下时能吸收一定的辐射能量而产生生物学作用,主要为热作用。当电磁场强度越大,场能转化为热能的量越大,身体热作用就越明显和剧烈。因此当射频电磁场的辐射强度在一定量的范围内可以使人的身体产生温热作用有益于人体健康;而当射频电磁场辐射强度超过一定限度时,将使人体体温或局部组织温度急剧升高,破坏热平衡而有害于人体健康。电磁辐射污染对人体的危害具体包括以下几个方面:

(1)电磁辐射的致癌作用:在电磁波辐射下人群患白血病和恶性肿瘤的发生率会提高2倍以上。有实验表明,电磁辐射会促使人体内某些组织出现病理性增生过程,使正常细胞变为癌细胞,在电磁波强度较大的房间中生活的儿童得血癌的机率比一般儿童高出48%。

(2)对视觉系统的危害:眼组织含有大量水分而更易吸收电磁辐射功率,从而使眼球温度升高导致白内障的发生,强度更高的微波则会使视力完全消失。

(3)对生殖系统和遗传的危害:高强度的电磁辐射可使人类失去生育能力,同时使子代出现先天性的出生缺陷。

(4)对血液系统和免疫系统的危害:电磁辐射作用使红血球生成受抑制,同时使白血球降低,从而使身体抵抗力下降。

(5) 对心血管系统和中枢神经系统的危害:电磁辐射可导致血压波动,心脏跳动异常;神经系统对电磁辐射作用很敏感,受低强度反复作用后将出现如头痛头晕、失眠、记忆力衰退、心悸胸闷、多汗等多种神经衰弱症状。调查表明长期接触电磁场的人群死于老年痴呆症及帕金森病的比率较一般人高出 1.5～3.8 倍,电磁辐射还可导致儿童智力残缺。

2. 电磁辐射的潜在危险

电磁辐射除对生物体造成危害之外,还可干扰仪器信号、电子设备正常工作,造成信息失真、控制失灵;此外,由于金属工具物品都可以感应上射频电压,且引起的放电可以引起足够强的电弧从而使燃油蒸汽点燃,因此电磁辐射还可引起电弧和火花,从而造成巨大的引燃、引爆等潜在危险。

3. 家电的辐射污染与危害

(1) 电脑辐射污染

由于计算机的工作频率范围在 150 Hz～500 MHz,这是一段包括中波、短波、超短波与微波等频段的宽带辐射,按标准评价,电脑的上部与两侧等部位均超标。一般超标几倍到十几倍,最高达 45 倍。世界卫生组织早在 1987 年就指出:电脑及其周围空间在其工作过程中存在有电磁辐射,包括 X 射线、紫外线、可见光、红外线与射频辐射,这些辐射对人体均存在潜在威胁。电脑对人体的影响包括长时间使用电脑造成眼镜疲劳、视力降低、头疼等症状,如表 7-4 所示。电脑辐射甚至还会造成异常妊娠与流产,或导致畸形胎儿的形成。

表 7-4 电脑对人体健康危害一览表

症　状	形　成　原　因
视力衰退	近视、散光、斜视等均由屏幕强光及反射光所造成;荧光屏上的不固定炫光不断闪烁使人的瞳孔随之变化影响视觉,造成各种眼睛疾病
胚胎组织	荧光屏产生的低频辐射能渗透人体,造成婴儿发育畸形、智力障碍、流产、死胎,或者导致不育症
白内障	荧光屏上的强光、反射光及炫光造成眼睛疲劳,加上低频辐射对眼球的加热作用形成白内障
皮肤老化	荧光屏产生正电荷刺激皮肤出现红色皮疹及色素沉积产生色斑,加速皮肤老化
呼吸困难	荧光屏表面静电产生的正离子将周围负离子除去,并夹带污物、灰尘、细菌朝人们撞击,造成呼吸不顺畅,新陈代谢不平衡
腰酸背痛	正电离子影响人类中枢神经,使年纪较大的人腰酸背痛,记忆力衰退
心情烦躁	正电离子影响人们的心理反应和神经系统,使人心情烦躁
头痛	长期面对电脑荧光屏容易使人疲倦并造成头痛

此外电脑辐射还可对设备仪器或通讯信号造成干扰导致严重后果。1991 年英国劳尔航空公司一架波音 767 飞机刚刚从曼谷起飞,机上一台便携式计算机神秘的启动了飞机的反向推进器而使飞机坠毁,机上 223 人全部遇难,让人们不敢小看电脑的电磁辐射。

(2) 手机辐射污染

手机是一种微波通讯手段,主要通过天线向外辐射微波,微波具有很强的加热本领和很强的穿透能力。研究表明,手机常挂在腰间,对人的肝、肾、脾等器官会造成一定程度的危害;打电话时手机紧贴人体头部和眼睛,微波辐射强度大且高度集中,会很快穿透皮肤、头骨进入大脑对大脑加热。这种反复加热会激活人体的热休克蛋白质,而这些蛋白质会破坏细胞的防御系统引发癌症。瑞典肿瘤专家哈戴尔的研究表明:使用手机 10 年的人患脑瘤的几率高出 80%,患眼癌的几率高出 3 倍。2000 年 8 月美国一名神经科医生起诉摩托罗拉公司,认为正因为摩托罗拉公司生产的手机带有辐射,所以才导致他患上了恶性脑瘤并不能再正常工作。在 1992~1998 年间,该医生因工作需要每天都要使用好几次手提电话,1998 年检查出右耳后侧脑部长有恶性肿瘤,因此他要求摩托罗拉公司和另外 8 家通信公司支付高达 8 亿美元的赔款。手机对中枢神经系统危害最大,甚至会影响人类生育;手机的电磁波能量照射到人体还会使人出现神经紊乱、行为失控、烦躁不安、头痛、记忆力减退的现象。

手机辐射还可干扰心脏起搏器工作而危及生命,手机发射的电磁波带来的信号干扰还可导致飞机失事造成机毁人亡。如 1998 年的华航事故(印度飞台北的客机在中正机场坠毁,机上人员全部遇难)经调查发现,在飞机准备降落时有人使用了手提电话,干扰了航空通信使飞机与控制塔失去了信号联络,无法降落最终导致惨剧。

(3)其他家电辐射污染

微波炉作为现代化的烹饪工具深受城市"煮妇"欢迎。但很大数量的微波炉存在着微波能量的泄漏问题,有测试表明,正在工作的微波炉其近区(0.3~0.5 m)辐射场能量最强,辐射对周围 7.6 m 范围内都有影响,在所有家电辐射中名列榜首。微波炉所产生的电磁波会诱发白内障并导致大脑异常。此外,电热毯、电热器、电视机、电冰箱、电吹风甚至电动剃须刀等家电均有不同程度的电磁辐射释放,对周围的环境和人体造成污染。

四、放射性污染的危害

1. 辐射对细胞的作用及其生物效应

核辐射与人体相互作用会产生特有的生物效应,辐射作用于人体细胞将使水分子产生电离,形成一种对染色体有害的物质,产生染色体畸变。这种损伤使细胞的结构和功能发生变化,使人体呈现出放射病、眼晶体白内障或晚发性癌等临床症状。电离辐射对人体辐射的生物效应具体可分为躯体效应和遗传效应。

(1)躯体效应

分为早期效应和晚期效应两种。早期效应是指在大剂量的照射之后受照人员在短期内(几小时或几周)就可能出现的效应,在人体的器官或组织内,由于辐射致使细胞死亡或阻碍细胞分裂等原因使细胞群严重减少就会发生这种效应;晚期效应则是指受到高剂量照射的人员在随后的数年内癌症发病率较高,机体过早衰老或提前死亡,受到照射到出现癌症通常有 5~30 年的潜伏期。

(2)遗传效应

辐射的遗传效应是由于生殖细胞受损伤,而生殖细胞是具有遗传性的细胞。电离辐射的作用使 DNA 分子损伤,如果是生殖细胞中 DNA 受到损伤并把这种损伤传给子孙后代,后代身上就可能出现某种程度的遗传疾病。

2. 辐射对人体的危害

放射性元素产生的电离辐射能杀死生物体的细胞,妨碍正常细胞分裂和再生,并引起细胞内遗传信息的突变。受辐射的人在数年或数十年后可能出现白血病、恶性肿瘤、白内障、生长发育迟缓、生育力降低等远期躯体效应；还可能出现胎儿性别比例变化、先天性畸形、流产、死胎等遗传效应。人体受到射线过量照射所引起的疾病称为放射性病，分为急性和慢性两种。

（1）急性放射性病

由大剂量的急性辐射所引起，只有由于意外放射性事故或核爆炸时才可能发生。比如1945 年在日本长崎和广岛的原子弹爆炸中就曾多次观察到病者在原子弹爆炸后 1 h 内就出现恶心、呕吐、精神萎靡、头晕和全身衰弱等症状，经过一定潜伏期后再次出现上述症状并伴有出血、毛发脱落和血液成分严重改变等现象，严重者死亡。表 7-5 列出了急性放射性病主要临床症状及病程经过。

表 7-5　急性放射性病主要临床症状及病程经过一览表

受辐射照射后经过的时间	不能存活(700 R 以上)	可能存活(550～300 R)	存活(250～100 R)
第一周	最初数小时有恶心、呕吐、腹泻	最初数小时有恶心、呕吐、腹泻	第一天发生恶心、呕吐、腹泻
第二周	潜伏期(无明显症状)	潜伏期(无明显症状)	潜伏期(无明显症状)
第三周	腹泻、内脏出血、紫斑、口腔或咽喉炎、发热、急性衰弱、死亡(不经治疗时死亡率100%)	脱毛、食欲减退、全身不适、内脏出血、紫斑、皮下出血、鼻血、苍白、口腔或咽喉炎、腹泻、衰弱、消瘦，严重者死亡(不经治疗时 50% 死亡率为450R)	脱毛、食欲减退、不安、喉炎、内出血、紫斑、皮下出血、苍白、腹泻、轻度衰弱，如无并发症，三个月后恢复
第四周			

（2）慢性放射病

这是由于多次照射、长期累积的结果。全身的慢性放射病通常与血液病变相联系，如白血球减少、白血病等，局部的慢性放射病一般导致局部溃烂等。

此外，放射性照射对人体危害的最大特点是远期的影响。例如因受放射性照射而诱发的骨骼肿瘤、白血病、肺癌等恶性肿瘤在人体内的潜伏期可长达 10～20 年之久，因此把这种放射线称为致癌射线。人体受到放射线照射还会出现不育症、遗传疾病和寿命缩短等现象。

表 7-6　遭受核辐射的量及其后果

辐射量(毫雷姆)	后　　果	辐射量(毫雷姆)	后　　果
450 000～800 000	30 天内将进入垂死状态	200 000～450 000	掉头发，血液发生严重病变，一些人在 2～6 周内死亡
60 000～10 000	出现各种辐射疾病	10 000	患癌症的可能性为 1/130
5 000	每年的工作所遭受的核辐射量	700	大脑扫描的核辐射量
60	人体内的辐射量	10	乘飞机时遭受的辐射量
8	建筑材料每年所产生的辐射量	1	腿部或者手臂进行 X 光检查时的辐射量

五、其他物理性污染的危害

1. 热污染的危害

（1）水体热污染的危害

水体升温会降低水体溶解氧含量，并导致微生物分解有机物能力加强，从而使生化需氧量提高更加重了水体缺氧，威胁鱼类等水生生物生存；水体升温能提高有毒物质的毒性及水生生物对有害物质的富集能力，因此对水生生物带来更大的生存威胁。水温升高将会影响藻类种群的群落更替，蓝藻、绿藻等大量迅速繁殖并占绝对优势，从而导致水体富营养化。水温升高还给致病微生物和其他传病昆虫以及病原体微生物提供了最佳的滋生繁衍条件和传播机制，导致其大量滋生、泛滥，形成一种新的"互感连锁效应"，引起各种新、老传染病如疟疾、登革热、血吸虫病、流行性脑膜炎等病毒病原体疾病的扩大流行和反复流行，危害人类健康，目前以蚊子幼虫为媒介的传染病已呈急剧增长趋势。此外水温升高加快了水体的蒸发速度，使大气中的水蒸气和二氧化碳含量增加，从而增强温室效应。

（2）大气热污染的危害

大气热污染导致夏季持续高温，增加城市耗能，高温天气降低人们工作效率，引起中暑和死亡人数增加，如气温高于 34℃ 的热浪可引发心脏病、脑血管和呼吸系统疾病，使死亡率显著增加；大气热污染还可引起暴雨、飓风和旱涝灾害等异常天气现象，破坏城市气候环境和生态环境的平衡。

更为严峻的事实是大气热污染引起的全球气候变化。目前已有明确的观测资料表明，大量存在于大气中的温室气体和污染物改变了地球和太阳之间的热辐射平衡关系，将对全球气候环境产生巨大而深远的影响，而这种影响是一种大规模的环境灾难，它不仅使全球气候变暖，而且使全球降水量重新分配，冰川和冻土融化，海平面上升。美国环境保护局发表的研究报告表明，如果温室气体继续按目前情况释放，估计到 2025 年海平面将增高 13～35 cm，到 2100 年将增高 0.6～4.2 m，那么 30%～80% 的沿海沼泽和许多地势低洼的岛屿可能被淹没。生物是首要受害者，森林、湿地和冻土的破坏将导致 1/3 的物种灭绝，沿海水稻和水产养殖将被吞没，气温升高导致极端高温、百年不遇的旱灾、洪涝灾害、异乎寻常的热浪、行凶肆虐的飓风和龙卷风等等。

2. 光污染的危害

光污染对人体健康造成很大的危害。白天，当阳光强烈照射到城市建筑物的玻璃幕墙、釉面砖墙、磨光大理石和各种涂料时，反射的光线明晃白亮，耀眼夺目，长期在这种白色光亮污染下工作生活的人，视网膜和虹膜都会受到不同程度的损害，使人头昏心烦、失眠、食欲下降、情绪低落、身体乏力等神经衰弱症状；晚上，城市中的灯光闪烁夺目，特别是大功率高强度气体放电光源的泛光照明和五彩缤纷、闪烁耀眼的霓虹灯照明，有些射灯的强光束甚至直冲云霄，使得夜间照明过度，形成"人工白昼"，严重影响人们的工作和休息，使人昼夜不分，夜晚睡不着而白天工作效率低下，打乱了正常的生物节律。尤其是夜景照明中部分逸散光和建筑墙面反射光透过门窗射向不该照射的住宅、医院等场所形成侵扰光污染，直接影响到人们的睡眠和健康。而在室内，光污染也对人体健康不利，如舞厅、夜总会安装的黑光灯、旋转灯、荧光灯以及闪烁的彩色光源构成的彩光污染。黑光灯中的紫外线强度大大高于太阳光中的紫外线，持续照射人体上将有损人体生理功能并影响心理健康。

光污染对于交通系统也存在很大影响,降低交通的安全性。如视野中的道路照明、广告照明、体育照明、标志照明产生的直接眩光,或者雨后地面、玻璃墙面等光泽表面的反射眩光可引起行人和车辆驾驶者视觉不适、疲劳和视觉障碍,严重时损害视力、引发交通事故;若视野中存在颜色污染时还会引起视觉不适应,并导致视觉对物体颜色的感觉出现偏差或不敏感,比如夜景照明中的有色光易引起驾驶员对交通信号灯及衣着颜色不鲜艳的行人失去正确的判断,从而造成交通事故。

研究表明,光污染还会干扰植物生长周期,影响植物正常生长;光污染对很多动物的生活习性和新陈代谢都有影响,并易引发动物的一些异常行为,如人工白昼能影响鸟类和昆虫的繁殖过程,从而影响生态环境和平衡。

此外,城市过度照明产生的光污染还可对天文观测产生影响,在国际天文学联合会上就将光污染列为影响天文学工作的现代四大污染之一。各种光污染直接作用于观测系统使天文系统观测的数据变得模糊甚至做出错误的判断。如由于光污染影响,洛杉矶附近的芒特威尔逊天文台几乎放弃了深空天文学的研究,又如我国的南京紫金山天文台由于受到光污染的影响,部分机构不得不迁出市区。

第三节 物理性污染防治法规

一、噪声污染防治法

自20世纪70年代以来,很多发达国家陆续制定和完善了相关噪声污染标准和防治法规,并得到严格执行。我国于1989年9月由国务院发布了《中华人民共和国环境噪声污染防治条例》;1996年10月在第八届全国人大常务委员会第二十二次会议上通过了《中华人民共和国环境噪声污染防治法》,并于1997年3月1日起正式实施。该防治法明确了环境噪声和环境噪声污染的定义,规定了环境噪声污染防治的监督管理办法,分别对工业噪声污染防治、建筑施工噪声污染防治、交通运输噪声污染防治、社会生活噪声污染防治做出了具体规定,同时明确了违反噪声防治法的相关法律责任。该法对目前主要的环境噪声污染及其防治提供了明确的法律依据,内容最为全面,适用最为广泛。

此外,我国制定并实施的噪声污染防治的相关法规还包括"关于加强环境噪声污染防治工作改善城乡声环境质量的指导意见"(环保部、国家发改委,2010),"工业企业噪声卫生标准(试行草案)"(卫生部、国家劳动总局,1979),"关于发布《地面交通噪声污染防治技术政策》的通知"(环保部,2010),"航空器型号和适航合格审定噪声规定"(中国民航总局,2007),"关于公路、铁路(含轻轨)等建设项目环境影响评价中环境噪声有关问题的通知"(国家环保总局,2003),"关于加强铁路噪声污染防治的通知"(国家环保总局,2001),"关于实施《汽车加速行驶车外噪声限值及测量方法》有关要求的通知"(国家环保总局,2002)等,这些法律法规对工业噪声、各种交通噪声等方面的噪声污染防治分别做出了详细规定。

但是,在我国大部分城市和地区,声环境质量总体仍呈下降趋势,受噪声影响的暴露人口仍在不断增加,影响范围不断扩大,噪声污染防治现状堪忧。国家对环境噪声污染的监管力度还远远不够,比如环保总局撤销了噪声处后,我国没有设置专门的噪声污染监管部门。很多噪声污染还缺乏相应的国家标准和规范,如我国目前尚无职业噪声暴露国家标准,1979

年 8 月由卫生部和原国家劳动总局正式颁发的《工业企业噪声卫生标准》(试行草案),已于 1994 年 11 月在无适当标准替代的情况下被宣布废止,使这方面的标准呈现空白;有些相关标准或规定虽已颁布,但一直未严格执行,使得对噪声污染的防控不力。国家有关部门应尽快对噪声污染防治的标准和规定进行全面的制定和完善,这已是迫在眉睫之事了。

二、电磁辐射标准与防治法规

针对电磁辐射的危害,目前世界各国都制定了相应的标准。这些标准对广播电视发射台等产生电磁辐射的设施建设提出了预防性的防护、环保措施,对射频辐射职业安全标准做出的限定如表 7-7 所示,这些标准对于加强电磁辐射污染的治理起到了规范与监督的作用。

表 7-7 世界各地射频辐射职业安全标准限值

国家及来源	频率范围	标准限值	备注
美国国家标准协会	10 MHz~100 GHz	10 mW/cm²	在任何 0.1 h 之内
英国	30 MHz~100 GHz	10 mW/cm²	连续 8 h 作用的平均值
北约组织	30 MHz~100 GHz	0.5 mW/cm²	
加拿大	10 MHz~100 GHz	10 mW/cm²	在任何 0.1 h 之内
波兰	300 MHz~300 GHz	10 μW/cm²	辐射时间在 8 h 之内
法国	10 MHz~100 GHz	10 mW/cm²	在任何 1 h 之内
德国	30 MHz~300 GHz	2.5 mW/m²	
澳大利亚	30 MHz~300 GHz	1 mW/cm²	
中国	100 kHz~30 MHz	10 mW/cm²	20 V/m,5 A/m
捷克	30 kHz~30 MHz	50 V/m	均值

我国于 1988 年由环保局颁布实施了《电磁辐射防护规定》(GB 8702—1988),分别对电磁辐射防护限值、对电磁辐射源的管理、电磁辐射监测,以及监测的质量保证等做出了详细规定,如规定电磁辐射防护的基本限值为:职业照射限定在每天 8 h 工作期间内任意连续 6 min 按全身平均的比吸收率(SAR)应小于 0.1 W/kg;公众照射限定在一天 24 h 内任意连续 6 min 按全身平均的比吸收率(SAR)应小于 0.02 W/kg。另外,国家对电磁辐射的环境管理也制定了一套较为系统的法规与标准,这是我们实施辐射环境管理的法律依据和评价电磁辐射建设项目的科学标准。这些法规和标准主要包括:《建设项目环境保护管理条例》(国务院 253 号令,1998 年 11 月施行),《电磁辐射监测仪器和方法》(HJ/T10.2—1996),《电磁辐射环境影响评价方法与标准》(HJ/T10.3—1996),《电磁辐射环境保护管理办法》(国家环保总局 18 号令,1997 年 1 月施行),《500 kV 超高压送变电工程电磁辐射环境影响评价技术规范》(HJ/T24—1998),《城市电力规划规范》(GB/50293—1999),《建设项目环境保护分类管理名录》(国家环保总局 14 号令,2003 年 1 月施行)等。

但是,我国在电磁辐射污染防治单项法律、法规的缺失问题仍然严重。目前,我国还没有一部电磁辐射污染防治的专门性法律法规。虽然有《电磁辐射环境保护管理办法》为专门性规定,但由于其内容的滞后性和效力级别低,在实际的执法和司法过程中大打折扣,许多规定形同虚设,无法实施,进一步凸显了电磁辐射污染防治中的立法空白。不仅如此,电磁辐射国家标准也存在严重空白和冲突。我国至今还没有一个产品的电磁辐射国家标准,如对包括移动电话在内的这种在使用中产生电磁辐射的产品没有任何国家标准,也没有要求这些产品标注其电磁辐射值、进行电磁辐射值检测的任何强制性规定;并且我国的环境电磁辐射国家标准还存在严重冲突,目前同时存在两个并不统一的环境电磁辐射国家标准。1988年国家环保局发布的《电磁辐射防护规定》和1989年卫生部发布的《环境电磁波卫生标准》对环境电磁波容许辐射强度标准的规定不一致,这两个标准的法律效力相同,在实际执行过程中常因尺度不一而发生纠纷难以解决的问题。此外,这些标准实施至今已有近20年,在此期间电子技术得到了迅速发展,环境中的电磁波能量密度已经不能与20世纪80年代末的水平相提并论,因此这些国家标准已经不适合电磁环境的现状,制定新的电磁辐射卫生标准迫在眉睫。

三、放射性污染防治法

为了安全的利用核技术和核能,同时对核辐射环境进行有效的监督管理,我国在学习和借鉴世界核先进国家的经验,并参照国际原子能机构制定的核安全与辐射防护法规、标准的基础上,结合我国国情,制定并发布了一系列关于核安全与辐射环境监督管理的条例、规定、导则与标准,初步建立了一套与国际接轨的核安全与辐射环境管理法规体系。1960年2月我国发布了第一个放射卫生法规《放射性工作卫生防护暂行规定》及三个相关的执行细则;1988年3月国家环保局发布了《辐射防护规定》(GB 8703—88),对各种受照射情况下的安全剂量限值给出了规定,以保护放射性工作者和公众免受过量的辐射危害;2003年6月第十届全国人大常务委员会第三次会议通过了《中华人民共和国放射性污染防治法》,并于2003年10月1日起施行,该防治法对放射性污染防治的监督管理、核设施的放射性污染防治、核技术利用的放射性污染防治、铀(钍)矿和伴生放射性矿开发利用的放射性污染防治、放射性废物的管理,以及违反上述法规所需承担的法律责任等均做出了详细规定,是一部防止放射性污染,加强辐射环境监督管理的重要法律。目前,我国现已发布实施的辐射环境管理的专项法规、标准等总计50多项,对于核设施、核技术应用和伴生矿物资源开发,除遵守环境保护法规的基本原则外,着重强调了辐射环境管理的特殊要求。

四、其他物理性污染防治法规

1. 热污染防治

随着现代经济和工业的迅速发展,以及人口的不断增长,环境热污染问题日趋严重,《环境保护法》对此虽有提及但并没有明确的定义和量化的规定。至今我国对热污染仍没有确定的指标用以衡量其污染程度,也没有关于热污染的控制标准。由于热污染而引发的环境纠纷和投诉逐年增多,但却因缺乏相关法规而难以处理,使得热污染成为环境执法的空白。因此,有关部门应尽快制定热污染排放标准,将热污染纳入建设项目的环境影响评价中,同时加强建立和完善对热污染的评价体系、防控标准及相关法律法规。

2. 光污染防治

光污染的危害显而易见,并在逐步加重和蔓延。国外早在20世纪70年代时就已出现为限制光污染而制定的法规、规范和指南。在我国,光污染作为一种新型污染,虽然还未被列入环境污染防治范畴,但其污染现状不容乐观。1996年在上海出现了第一起因城市建筑物玻璃幕墙折射引起光污染的环保投诉,随后各地有关玻璃幕墙光污染的投诉不断增多。然而,我国一直处在光污染环境立法的空白点。虽然有综合性的环保基本法《环境保护法》,也有专门环境立法如《水法》等,但都没有涉及光污染的规定。在此背景下,《行政诉讼法》、《民事诉讼法》等用以解决纠纷的法律法规也未涉及追究造成光污染者行政、民事等责任的规定。

2004年9月,上海市出台了我国首部限制光污染的地方性标准《城市环境(装饰)照明规范》,其中规定:灯光照明不可射入民居,所有面对民居的灯具均必须采取措施以规范达标。此后,我国一些城市对光污染问题逐渐引起重视,2010年底北京市出台了首部《室外照明干扰光限制规范》地方标准,规定夜景照明、广告灯光等室外照明将一律不能影响到居民的正常生活。

目前,虽然部分省市的条例、规范中已明文规定了光污染,但都只是简单的原则性规定,只强调应当防治,至于具体如何防治及光污染侵害发生后如何处理则并未提及,也无相应的法律责任,可操作性很低;且这些地方性法规只能作为法律的补充,在其辖区范围内有效,其适用范围及效力极为有限。相关法律依据的缺乏,使得光污染投诉难以进行"执法"处理,光污染侵害的充分救济难以实现。此外,对光污染的环境影响评价至今也仍是空白。目前在国家环境影响评价的有关法规里,对于建设项目可能会对周围环境带来影响的各项指标中,没有对光污染的明确规定,也缺乏对光污染程度和危害性等指标的评价标准,使得光污染面临"无法评价"的尴尬局面。

总之,我国的光污染防治并未步入正轨,相关的法规标准和评价体系也极不完善。因此,应尽快着手制订防治光污染的标准和规范,或在国家或地区性环境保护法规中增加防治光污染内容,并将光污染纳入相关的环境影响评价之中。

第四节　物理性污染控制与个体防护

一、噪声与振动污染控制与个体防护

(一)噪声与振动污染控制技术

对噪声与振动污染进行控制的途径有三种:从噪声源和振动源进行控制、从传播途径上采取降噪减振措施,以及在接受点进行个体防护。其中目前最常用的方法是利用各种技术和手段从传播途径上进行控制。

1. 噪声源和振动源控制

从源头实现噪声和振动污染控制是最根本和最有效的手段。常采取的措施有:选用内阻尼大、内摩擦大的低噪声新材料,改进机械设备的结构设计和提高制造加工装配精度,使其噪声和振动减小;改善动力传递系统和采用新技术对设备从原理上革新;改革生产工艺和操作方法以减少噪声和振动的产生。

此外,由于共振使设备振动和噪声产生更为强烈,对设备损伤更大,且其放大作用可带来十分严重的破坏和危害,因此减少和防止共振响应是噪声和振动控制的一个重要方面。控制共振的主要方法有:改变机器的转速或改换机型来改变振动的频率,或改变设施的结构和总体尺寸或采取局部加强法来改变结构的固有频率;将振动源安装在非刚性的基础上以降低共振响应;用粘贴弹性高阻尼结构材料来增加设备阻尼,以增加能量散逸,降低其振幅。

2. 从传播途径上降噪减振

从源头控制噪声和振动污染往往受技术的制约,在一定程度上难以取得理想的效果,或者对现有设备无法采用控制措施。因此从传播途径上进行控制是降噪减震的重要内容,主要包括吸声、隔声和消声等降噪技术,以及隔振、阻尼减振等振动控制技术。

(1) 吸声

吸声是一种利用吸声材料和吸声结构来降低噪声的技术。吸声控制一般可使室内噪声降低约 3～5 dB(A),噪声严重的车间降噪达 6～10 dB(A)。目前应用最为广泛的吸声材料是多孔吸声材料,最初这些材料以棉麻、棕丝、毛毡、稻草板、甘蔗渣等天然动植物纤维为主,这些材料在中、高频范围内具有良好的吸声性能,但防火、防腐、防潮等性能较差;除此之外,有文献还证实这种纤维材料在超高频声波场中基本没有任何吸声作用。后期则主要为玻璃棉、矿渣棉和岩棉等无机纤维材料,这类材料不仅具有良好的吸声性能,而且具有质轻、不燃、不腐、不易老化、价格低廉等特性,从而替代了天然纤维吸声材料,在声学工程中获得广泛的应用。但无机纤维吸声材料存在性脆易断、受潮后吸声性能急剧下降、质地松软需外加复杂的保护材料等缺点。金属吸声材料作为一种新型实用工程材料,于 20 世纪 70 年代后期出现于发达工业国家,如今比较典型的金属材料是铝纤维吸声板和变截面金属纤维材料。研究发现,金属纤维材料具有如下特点:单一材料吸收高频噪声的性能优异,在配合微穿孔板或增加空气层后,金属纤维材料的低频吸声性能得到明显改善;抗恶劣工作环境的能力强,在高温、油污、水汽等条件下仍可以作为理想的吸声材料。此外,新型泡沫材料近年来的发展最为迅速,开发的种类也相对较多,包括泡沫金属、泡沫塑料、泡沫玻璃和聚合物基复合泡沫等类型,它们各具特色和实用价值,有些泡沫材料已经投入了实际应用。今后新型的多功能且质优价廉的吸声材料的研发将成为吸声技术领域的研究重点之一。

常用的吸声结构则有薄板共振吸声结构、穿孔板共振吸声结构与微穿孔板吸声结构。其中微穿孔板吸声结构为我国著名声学专家马大猷教授于 20 世纪 60 年代研制的一种新型吸声结构,其吸声系数大、频带宽,构造简单、成本低,其设计计算理论成熟、严谨,理论计算结果与实测值非常接近,并具有耐高温、耐腐蚀,不怕潮湿和抗冲击等优点,可广泛用于多种需采用吸声措施的场所。我国在微穿孔板吸声结构理论研究与实践应用领域处于国际领先地位。

(2) 隔声

隔声是采用适当的隔声构件使大部分噪声声能反射回去,从而降低噪声传播的方法,常用的隔声措施有隔声墙、隔声屏、隔声罩和隔声间等,一般可降低噪声级 15～20 dB。在对这些隔声措施进行实际设计时,应注意对隔声间的门窗和孔洞缝隙密封处理。隔声罩则应选用钢或铝板等轻薄、密实的材料制作,且罩内必须用多孔松散纤维吸声材料进行吸声处理;隔声屏则需具有足够的宽度,且必须配合吸声处理。由于其隔声效果好,简单经济、便于拆装移动,常用于城市高速道路和铁路两侧(如图 7-2 所示),是目前控制交通噪声污染的一种广泛的治理措施。最新应用的隔声屏障材料有泡沫铝和隔声材料金属中空复合板,这两种材料具有优异的声学性能,易于安装使用,具有环境友好等特点,在道路隔声屏障方面得到了广泛应用。

图 7-2　公路边的隔声屏

（3）消声

消声技术上最常用的是消声器,这是一种既能允许气流顺利通过,又能有效阻止或减弱声能向外传播的装置。一个合适的消声器可使气流声降低 20～40 dB,相应响度降低 75％～93％,因此在噪声控制工程中得到了广泛的应用,如摩托车、汽车排气管消声器,或消声手枪等。但值得指出的是,消声器只能用来降低空气动力设备的进排气口噪声或沿管道传播的噪声,而不能降低空气动力设备本身所辐射的噪声。消声器的种类很多,根据其消声原理和结构不同分为阻性消声器、抗性消声器、阻抗复合式消声器、微穿孔板消声器和扩散消声器五大类,每一种都各自具有不同的消声频谱特性,在实际应用中可根据设备的空气动力性及噪声频谱选用适当的消声器。然而,目前用于发动机排气噪声的消声器技术虽然比较成熟,但还是有一些不可避免的缺陷,而最近发展起来的有源消声技术正可以弥补其不足之处。有源消声技术是运用数字信号处理技术实现声波相消干涉达到电控消声目的,可用来取代或简化消声器结构从而提高发动机功率,对低频降噪控制效果明显,且具有数字信号处理方便灵活,可根据工况变化实时调整算法控制参数甚至控制结构等优点,已成为近年来利用消声技术治理发动机排气噪声领域中一个备受关注的热点。

（4）隔振

隔振就是利用振动元件间阻抗的不匹配,以降低振动传播的措施。常用的隔振措施有采用大型基础来减少振动的影响,利用防振沟或填充松软的物质（如木屑）来隔离振动的传递,或在设备下安装隔振元件——隔振器,再在隔振器上垫上橡皮、毛毡等隔振元件,其隔振效果可达到 85％～90％以上,且简单、方便、实用。工程上常用的隔振材料有橡胶、软木、毛毡、玻璃纤维、矿渣棉等,隔振装置主要有钢弹簧隔振器、橡胶隔振器、空气弹簧隔振器等,其中钢弹簧是最简单最常用的一种隔振器,而空气弹簧的隔振效果最好。

（5）阻尼减振

对于薄板类结构产生的振动及其辐射噪声的处理,可通过在其结构或部件表面涂贴阻尼材料也能达到明显的减振降噪效果,它包括自由阻尼层减振处理和约束阻尼层减振处理。阻尼材料分为弹性阻尼材料、复合材料、阻尼合金、库仑摩擦阻尼材料,以及阻尼陶瓷、玻璃共五类。目前工程上应用较多的是弹性阻尼材料,但其缺点是热性能不够稳定,不能作为机器本身的结构件,不适用于一些高温场合;而阻尼合金弥补了弹性阻尼材料的不足,它具有良好的导热性,耐高温,可直接用作机器的零部件,但价格昂贵。

（二）噪声与振动污染的个体防护

对噪声的个体防护主要是利用隔声原理来阻挡噪声进入人耳,从而保护人的听力和身心健康。目前常用的防护用具有耳塞、防声棉、耳罩、头盔等。表 7-8 列出了这几种防护用具防护效果的比较。这些装置仅在其他方法都无法将噪声降到允许限值以内时使用。

表7-8 几种防护用具的比较

种类	说 明	隔声量 dB(A)	适用范围	优 缺 点
耳塞	塞入耳内	20～35	用于防护不超过 100 dB 噪声的作业场所	隔声性能好,经济耐用;但有时会有不适感
耳罩	将整个耳郭封闭起来	20～40	一般用于噪声级达到 100～125 dB时的环境	隔音效果好;体积大,使用不便;高温环境中佩戴有闷热感
防声头盔	将整个头部罩起来	30～50	用于噪声级达到 130～140 dB 的场所;在作业环境噪声级超过 125 dB 时,应同时使用耳塞和头盔	隔声量大,适于在强噪声环境中佩戴;体积大,使用不便;高温环境中佩戴闷热严重
防声棉	塞在耳内	5～20	用于产生强烈高频噪声的车间等场所	隔声效果好,在高噪声环境中不影响交谈;耐用性较差,易碎

对噪声和振动污染的个体防护还应注意以下几个方面:

(1) 接触噪声的工人应根据实际情况选用合适的噪声防护用品,如佩戴防噪声耳罩或耳塞等。在 90 dB(A)以上的噪声环境中工作,必须使用防护用具。

(2) 接触噪声、振动的工人应实行轮换作业制,合理休息;使用振动性大的工具时最好每半年轮换一次,在冬季应由两位工人轮换操作。

(3) 冬天应备热水洗手,每工作 2 h 用热水泡 10 min,并戴双层垫的防振手套以减振保暖。

(4) 每隔1～2 年进行一次体检,定期检查听力,发现听力下降应立即采取相应措施,以防症状进一步发展,同时采取积极治疗;必须进行就业前的健康检查,凡患有就业禁忌症者,不应参加接触高噪声或强振动的工作。

二、电磁辐射污染防治与个体防护

(一)电磁辐射污染防治技术

1. 电磁辐射污染源防治

对产生电磁辐射的污染源进行控制,一方面必须将电磁辐射的产生强度减小到允许的程度或将有害影响限制在一定空间范围内,另一方面还应采取综合性的防治措施,如工业的合理布局,使电磁辐射源远离居民区、限制大功率发射设备在住宅区及公共场所的设置;改进电器设备的使用方式,实行遥控、遥测;对于广播、电视发射台的电磁污染可通过改变发射天线的结构和方向角等措施降低对周围密集人群居住区的辐射强度,同时在发射台周围设置绿化带有助于减轻电磁辐射的影响;在建设规划上调整住房用途,尽量将高压变电站或发射台周围的住房改为非生活用房。

2. 电磁辐射污染防治方法

(1) 屏蔽与接地

屏蔽是指采取一切可能的措施将电磁辐射的作用与影响限定在一个特定的区域内，防止传播与扩散。其机理主要依靠屏蔽体表面的金属膜对电磁辐射的反射作用，以及利用电、磁、介质损耗在屏蔽体内转化为热消耗产生的吸收作用；按屏蔽内容分为电磁屏蔽、静电屏蔽和磁屏蔽三种。通常可采用板状、片状或网状的金属组成的外壳来进行屏蔽，同时为了保证高效率的屏蔽作用，防止屏蔽体成为二次辐射源，屏蔽体应该有良好的接地。接地则包括射频接地和高频接地两类。

常用的屏蔽与接地技术主要有单元屏蔽与接地、整体屏蔽与接地技术。其中单元屏蔽与接地技术一般用于高频焊接、高频熔炼等加热设备振荡回路的屏蔽接地，高频输出变压器的屏蔽接地，高频淬火、高频焊管等设备输出馈线的屏蔽接地，工作电路的屏蔽与接地，微波设备的磁控管屏蔽等。整体屏蔽与接地技术则主要有对半导体外延炉、微波炉、高频焊接等射频设备的整体屏蔽，和对相关作业人员进行整体屏蔽的屏蔽操作室两种。

（2）滤波与隔离

对于由线路辐射所造成的污染和信号干扰，可采用线路滤波和线路隔离技术避免。其中滤波是抑制线路干扰与辐射最有效的技术手段之一，可防止射频信号的传播和高次谐波的传递；线路隔离则是将射频电路与一般线路远距离布线，并且将射频电路屏蔽与接地，即可防止射频电路对一般线路的干扰。

3. 电磁辐射防护材料

（1）电磁波屏蔽材料

当电磁波入射到材料上以后，屏蔽效果由式 $SE(dB)=SE_R+SE_A+SE_B$ 确定，式中 SE_R 为材料对电磁波的反射损耗，SE_A 为材料对电磁波的吸收损耗，SE_B 为电磁波能量在屏蔽材料内部的多次反射损耗。材料的电导率、厚度、介电常数、介电损耗、磁导率都是材料屏蔽效果的影响因素。电磁波屏蔽材料是对入射电磁波有强反射的材料，主要有金属电磁屏蔽涂料、导电高聚物、纤维织物屏蔽材料等。将银、碳、铜、镍等导电微粒掺入到高聚物中可形成电磁波屏蔽涂料，具有工艺简单、可喷射、可刷涂等优点，且成本较低，因此得到了广泛应用。据调查，美国使用的屏蔽涂料占屏蔽材料的 80% 以上。其中镍系屏蔽涂料的化学稳定性好、屏蔽效果好，是目前欧美等国家电磁屏蔽涂料的主流。导电高聚物屏蔽材料主要有两类：一类是通过在高聚物表面贴金属箔、镀金属层等方法形成很薄的导电性很高的金属层，具有较好的屏蔽效果；另一类是由导电填料与合成树脂构成，导电填料主要有金属片、金属粉、金属纤维、金属合金、碳纤维、导电碳黑等。目前具有代表性的是表面导电膜屏蔽材料，如西安交通大学制备的纳米管状聚苯胺镀覆铜、镍复合镀层材料的屏蔽效应达到了 40 dB。纤维织物屏蔽材料是金属纤维与纺织用纤维相互包覆的金属化织物，此类织物既保持了原有织物的特性，又具有磁屏蔽效能，将此金属化织物制成家用电器的防辐射服可有效防止电磁污染对人体造成的伤害。

欧美等国对电磁屏蔽理论研究和商业应用较早，我国与国际水平相比差距较大，研究频率大多集中在 1 GHz 以下，一些产品长期依赖于进口，因此我国电磁波屏蔽材料的研究任重而道远。近年来，由多种单一成分填料复合而成的复合填充型屏蔽材料日益受到关注，其优异的屏蔽效果使得开发复合型屏蔽材料成为未来电磁波屏蔽材料的重要发展方向。

（2）电磁波吸收材料

电磁波吸收材料指能吸收、衰减入射的电磁波，并将其电磁能转换成热能耗散掉或使电磁波因干涉而消失的一类材料。吸波材料由吸收剂、基体材料、黏结剂、辅料等复合而成,其中吸收剂起着将电磁波能量吸收衰减的主要作用。吸波材料可分为传统吸波材料和新型吸波材料。传统吸波材料按吸波原理可分为电阻型、电介质型和磁介质型,目前研究较多且应用较为成熟的是磁介质型中的铁氧体吸波材料。新型吸波材料包括纳米吸波材料、高聚物吸波材料和手性吸波材料。其中纳米吸波材料具有高效吸收电磁波的潜能,其对红外及微波的吸收性较常规材料要强,且纳米微粒特殊的结构特征使纳米吸波材料具有频带兼容性好、比重小、厚度薄等特点,因此在防辐射领域有广泛的应用前景。高聚物吸波材料近年来也有很大的发展,美国宾夕法尼亚大学制备的 2 mm 厚聚乙炔薄膜吸波材料对 35 GHz 电磁波的吸收率高达 90%;北京科技大学方鲲等人制得的聚苯胺/三元乙丙橡胶复合共混物橡胶吸波贴片在 2 GHz～18 GHz 的频率范围,平均吸收衰减可达到 10 dB,且具有明显的宽频效应;日本研制的 DPR 系列薄片状柔软性吸波材料具有厚度薄、质量轻、可折叠、吸收强等优异的性能,使用方便、应用广泛,可用来有效解决电磁污染。手性吸波材料是在基体材料中加入手性旋波介质复合而成的新型电磁功能材料,它与普通材料相比具有特殊的电磁波吸收、反射、透射性质,并且具有易实现阻抗匹配与宽频吸收的优点。但是目前能用作吸波材料的手性材料还难以大量制得,这是限制手性吸波材料发展的一个瓶颈。假使手性材料实现工业化生产,将会极大地促进吸波材料的发展。

虽然电磁波屏蔽材料是电磁波辐射防护的方法之一,但它并不能从根本上消除电磁波,屏蔽后造成的二次反射又会造成新的电磁污染,并未减少空间中电磁能量密度。而吸波材料能从根本上将电磁波吸收衰减,减少整个空间环境的电磁波能量密度,从而净化电磁环境,防止电子仪器受到电磁干扰,保护人类的身心健康,保障信息安全。但目前的吸波材料还存在吸波频段较窄、单频吸收的缺点,研制吸收强、频带宽、密度小、厚度薄、双频吸收甚至多频吸收,且频带兼容性好的吸波材料将是未来吸波材料的发展趋势,因此今后的研究将集中在性能更优良的新型吸波材料的研发上。

（二）电磁辐射污染的个体防护

（1）对接触电磁辐射污染的人群如居住或工作在高压线、变电站、电台、电视台、雷达站、电磁波发射塔附近的人员,佩带心脏起搏器的患者,经常使用电子仪器、医疗设备、办公自动化设备的人员,以及生活在现代电气自动化环境中的人群,特别是抵抗力较弱的孕妇、儿童、老人及病患者,应根据实际情况配备防电磁辐射的屏蔽服;尤其是对于电磁波作业人员,如果不能有效地实施屏蔽等防护措施时,则必须采取个体防护措施,如穿金属屏蔽服、戴防护面具和防护眼镜等,从而将电磁辐射最大限度地阻挡在身体之外。

（2）合理使用电器设备,各种家用电器、办公设备、移动电话等都应尽量避免长时间操作,同时尽量避免多种办公和家用电器同时启用;电视、电脑等有显示屏的电器设备可安装电磁辐射保护屏,使用者还可佩戴防辐射眼镜,以防止屏幕辐射出的电磁波直接作用于人体;对各种电器的使用应保持一定的安全距离,如电视机与人的距离应在 4～5 m,微波炉在开启之后要离开至少 1 m,孕妇和儿童应尽量远离微波炉;手机在接通瞬间所释放的电磁辐射最大,因此在使用时应尽量使头部与手机天线的距离远一些,平时应注意手机不宜放于腰间和胸前口袋,接听电话时最好使用耳机。

（3）多食用胡萝卜、豆芽、西红柿、油菜、海带、卷心菜、瘦肉、动物肝脏等富含维生素 A、

C 和蛋白质的食物,以利于调节人体电磁场紊乱状态,加强肌体抵抗电磁辐射的能力;平时注意了解电磁辐射的相关知识,增强预防意识,了解国家相关法规和规定,保护自身的健康和安全不受侵害。

三、放射性污染控制与个体防护

（一）放射性废物处理技术

在核燃料循环系统、核能生产及放射性物质的应用中都会产生放射性废物,这些废物必须经过严格处理和妥善处置,以免对环境安全造成严重后果。放射性废物处理的基本途径是将气载和液体放射性废物作必要的浓缩及固化处理后,再与环境隔绝的条件下长期安全地存放。净化后的废物可有控制地排放,使之在环境中进一步弥散和稀释,固体废物则经去污、整备后处置,或循环利用。

1. 放射性废液处理

现在已经发展起来很多有效的废液处理技术,如化学处理、离子交换、吸附法、膜分离法、生物处理、蒸发浓缩等。根据放射性比活度的高低、废水量的大小及水质和不同的处置方式,可选择上述一种方法或几种方法联合使用,以达到理想的处理效果。

2. 放射性废气处理

放射性污染物在废气中存在的形态包括放射性气体、放射性气溶胶和放射性粉尘。其中对(挥发性)放射性气体处理常用吸附或者稀释的方法进行治理;对放射性气溶胶的处理常采用各种高效过滤器捕集气溶胶粒子,过滤器的填充材料多采用高效滤材如玻璃纤维、石棉、陶瓷纤维或高效滤布等;对放射性粉尘的处理可用干式除尘器或湿式除尘器捕集粉尘。

3. 放射性固体废物处理

主要包括固化技术和减容技术。放射性废液处理后产生的泥浆、蒸发残渣和废树脂等湿固体和焚烧炉灰等干固体均属弥散性物质,需进行固化处理成为稳定的固化块;一些松散的固体废物可压缩减容后用标准容器包装;可燃性废物及大部分可压缩废物用焚烧法减容后的灰渣也需固化处理后装入密封容器。

4. 最终处置

固化处理或减容处理后的固化块或专用密封容器的最终处置是将其完全与生物圈隔绝,以避免其对人类和自然环境造成危害。一些国家倾向于采取埋藏的办法处置,认为这样能保证安全。依照所含放射性强度的水平高低,低水平废物可直接埋在地沟内;中等水平的则埋藏在地下垂直的混凝土管或钢管内;高水平固体废物每立方米的自发热量可达 1 800 kJ/h 以上,必须用多重屏障体系:第一层屏障是把废物转变成为一种惰性的、不溶的固化体;第二层屏障是将固化体放在稳定的、不渗透的容器中;第三层屏障是选择在有利的地质条件下埋藏。世界各学术团体和不少学者经过多年研究得到一些处理方案并已初步实施或试验,如深地层埋藏、投放到深海或者深海钻井内、投放到南极或格陵兰原冰层以下,甚至用火箭运送至宇宙空间等,但其最终处置仍是至今尚未解决的重大课题。

近年来利用细菌等微生物处理放射性废物受到越来越多的重视。美国科学家已直接从辐射灭菌后变质的肉类罐头中分离出一种奇球菌(*Deinococcus radiodurans* R1),它最显著的特点是能耐受超过 15 kGy 的 γ 射线辐照,且不产生突变。研究发现,奇球菌在某些条件下具有天然的金属和核素修复功能,可从辐射环境中吸收高达90%的铀。该研究工作为从低浓度核废水中原位生物回收铀提供了一个非常有效和友好的途径。美国密西根州立大学的研究人员也发现一种地杆菌能通过由蛋白质组成的菌毛清除溶解在水中的铀,表明这种细菌在铀污染的生物治理上具有很大潜力。还有研究发现某些海洋中的藻类如念珠新月藻等能够分离核泄漏中排出的钙和放射性锶90,并以晶体的形式沉积下来形成亚细胞结构。此外,生物基因工程技术的应用使生物处理放射性废物的研究前景更为广阔。最近美国一所大学的研究人员将其他种类细菌的基因注入异常球菌,将异常球菌培养成一种"超级细菌",该细菌由于超强的抗辐射能力而被微生物专家誉为"世界上最坚韧的生物体",它们可以吞噬、消化和分解核原料中的有毒物质如核武器中常见的汞化合物,并能将有毒的汞化合物转化为危害性较小的其他形式化合物。

(二)放射性污染的个体防护

由于放射性污染对人体的危害很大,因此必须严格执行国家标准和安全操作规程,加强对受照射人员的辐射防护。辐射防护的一般措施如表7-9所列。

表7-9　辐射防护一般措施

辐射类型	措施	说　明
外照射的防护	距离防护	其他条件不变时,操作人员所受剂量的大小与距放射源距离的平方成反比,故实际操作应尽量远离放射源
	时间防护	其他条件不变时,操作人员所受剂量的大小与操作时间成正比,故工作人员须熟悉操作,尽量缩短操作时间,从而减少所受辐射剂量
	屏蔽防护	射线防护的主要方法,依射线的穿透性采取相应的屏蔽措施。对 α 射线,戴上手套、穿好鞋袜,不让放射性物质直接接触到皮肤即可;对 β 射线,用一定厚度(一般几毫米)的铝板、有机玻璃等轻质材料即可完全屏蔽;具强穿透力的 γ 射线是屏蔽防护的主要对象
内照射的防护	防止呼吸道吸收	气体放射性核素如氡(Rn)、氚(^{3}H)等可由呼吸道进入人体而被吸收,吸收率的大小与放射性核素的溶解度成正比
	防止胃肠道吸收	被放射性核素玷污的食物、水等经口由胃肠道进入人体,吸收率的大小取决于放射性核素的化学特性,碱族(如 ^{24}Na、^{137}Cs)、卤素(如 ^{18}F、^{36}Cl、^{131}I)的吸收率高达100%,稀土和重金属元素的吸收率最低,为0.001%～0.01%
	防止由伤口吸收	某些放射性核素如 Rn、^{3}H、^{131}I、^{90}Sr(液体)可透过完整皮肤进入人体,吸收率随时间增长缓慢,当皮肤上有伤口时,吸收率就增加几十倍以上,并使伤口玷污难以愈合

四、其他物理性污染防治

(一)热污染防治

1. 水体热污染防治措施

(1)减少废热入水

水体热污染的主要污染源是电力工业排放的冷却水,要实现水域热污染的综合治理首先应控制冷却水进入水体。目前一般采用改进冷却系统的方法将冷却水循环利用,从而减少冷却水排放,或者改进冷却方式减少用水量、降低排水温度,减少进入水体的废热量。

（2）废热综合利用

排入水体的废热水均为可以再次利用的二次能源。目前已有将冷却水引入养殖场用于某些鱼类、虾或贝类的养殖,或者将废热水输送至田间灌溉,可用于温室中热带水果蔬菜和花卉的种植;废热水还可引入污水处理系统中调节水温,提高微生物降解有机物能力,从而提高污水处理效果;此外,废热水还可用于冬季取暖,夏季作为吸收型空调设备的能源,其中区域性供暖在瑞典、芬兰、法国和美国已取得成功。

（3）加强管理

尽快制定水温排放标准,并将热污染纳入建设项目的环境影响评价中;加强对受纳水体的管理,植树造林也有重要作用。

2. 大气热污染防治措施

（1）植树造林,提高森林或绿地覆盖面积,大力发展城市绿化可有效削弱和缓解城市热岛效应,吸收二氧化碳抑制大气升温。

（2）加强工业整治和机动车尾气治理,限制大气污染物的排放;提高能源利用率,研究开发高效节能的能源利用技术、方法和装置;发展清洁能源和可再生替代能源,减少向环境中排放人为热量等。

（3）保护臭氧层。世界环境组织已将每年的 9 月 16 日定为国际保护臭氧层日,美国和欧盟等国家已于 2000 年起停止生产氟利昂。中国也严格执行《保护臭氧层维也纳公约》和《关于消耗臭氧层物质的蒙特利尔议定书》等国际公约。

3. 热污染控制技术

（1）生物能技术

生物能是以生物质为载体的能量,也是唯一一种能够贮存和运输的可再生能源。用生物能替代化石燃料,可减少 CO_2、SO_2、NO_x 等大气污染物的排放,能量来源分布广、利用率高;生物质能包括植物、动物及其排泄物、有机垃圾和有机废水几类。目前对其开发方向主要有三方面:建立以沼气为主体的农村新能源;建立以植物为能源发电的"能量农场";利用甘蔗、木薯、玉米、甜菜、甜高粱等作物的残渣进行水解发酵制造生物质燃料酒精,代替石油汽油。

（2）二氧化碳化学固定技术

在所有温室气体中,CO_2 在大气中含量高、寿命长,对温室效应的贡献最大,并且主要由人为因素产生,所以 CO_2 为温室气体削减与控制的重点。近年来,一些发达国家采用化学方法固定 CO_2,使 CO_2 在特殊催化体系下与其他化学原料发生化学反应,从而固定为高分子材料。该技术的关键是利用适当的催化体系使惰性 CO_2 活化,从而作为碳或碳氧资源加以利用。目前,CO_2 的活化方式主要有生物活化、配位活化、光化学辐射活化、电化学还原活化、热解活化及化学还原活化等。

（3）微藻脱除二氧化碳技术

除用物理、化学方法固定 CO_2 外,生物 CO_2 固定法是目前公认的地球上最主要、最有效、最安全和经济的固碳方式,在碳循环中起决定作用,利用此法来进行 CO_2 减排,符合自然界循环和节省能源的理想方式。地球上 CO_2 的固定主要依靠植物、光合细菌以及藻类的光合作用。其中海洋中某些种属的微藻固定 CO_2 的总量占总固碳量的 50% 以上,其固碳能力是普通植物的 15～30 倍。由于微藻具有光合速率高、繁殖快、环境适应性强、处理效率高、可调控以及易与其他工程技术集成等优点,且可获得高效、立体、高密度的培养技术,同时固碳后产生大量的藻体具有很好的利用价值,因此具有高度的工业化潜力。微藻脱除 CO_2 技术在 21 世纪以来在全世界重新得到重视和发展,近年来各国投入巨资对微藻固定 CO_2 技术进行研究,其研究主要从三个方面开展:筛选和培育高效、耐高 CO_2 浓度及抗污染的藻种;结合其他领域新技术,开发新型高效光生物反应器和工艺过程;在固碳的过程中利用微藻本身代谢特点,同时生产生物柴油、不饱和脂肪酸、EPA、DHA 和类胡萝卜素等高价值生物燃料或高附加值产品。

目前已知的能固定 CO_2 的微藻类主要有小球藻(*Chlorella sp.*)、螺旋藻(*Spirulina sp.*)、斜生栅藻(*Scenedesmus obliquus.*)、嗜热蓝藻(*Chlorogleopsis sp.*)、纤细裸藻(*Euglena gracilis.*)等。一些藻类固定空气中 CO_2 的效果见表 7-10。

表 7-10 一些藻类对空气中 CO_2 的效果

微　生　物	CO_2 浓度/%	温度/℃	CO_2 固定速率/$g \cdot (L \cdot d)^{-1}$
斜生栅藻(*Scenedesmus obliquus*)	18	30	0.260
嗜热蓝藻(*Chlorogleopsis sp.* SC2)	5	50	0.020
纤细绿藻(*E. gracilis*)	10	27	0.074
小球藻(*Chlorella sp.*)	40	42	1.000
普通小球藻(*Chlorella vulgaris*)	15	—	0.624
普通小球藻(*Chlorella vulgaris*)	1	25	6.240
小球藻 UK001(*Chlorella sp.* UK001)	15	35	>1.000
海滩绿球藻(*Chlorococcum littorale*)	40	30	1.000
微绿球藻(NOA-113)	15	25	0.875
聚球藻属(*Synechococcus* PCC7942)	5	30	0.600

微藻脱除 CO_2 技术具有重要的社会效益和环境效益,尽管目前尚有许多的技术难题需要克服,但已引起了各国研究者的高度重视,目前微藻已越来越多地应用于烟道气中 CO_2 的固定、废水的处理以及高附加值产品的生产中。微藻脱除 CO_2 技术将为人类解决能源、健康、环境等问题提供一条全新、经济而有效的固碳模式。

(4) 碳捕获与封存技术(CCS)

CCS(Carbon Capture and Storage)的普遍定义是"一个从工业和能源相关的生产活动中分离 CO_2,运输到储存地点,长期与大气隔绝的过程",该技术是当前最新发展的脱除 CO_2 的技术之一。CCS 的产业链由四部分组成,即捕集、运输、存储和监测及用于增加石油采收率(EOR)。目前 CCS 在世界范围内所取得的成果还只是万里长征的第一步。据国际能源机构的估计,按每个项目每年在地下存储 100 万吨 CO_2 计算,到 2050 年,CCS 要想对缓解气候变化产生显著影响,至少需要有 6 000 个项目,而目前全世界只有三个如此规模的项目。

可以说,如果 CCS 在未来 20 年不能发展为主流技术,温室气体不断积累和全球气候变暖的趋势将不容乐观。目前 CCS 技术无法迅速得到推广的主要原因是其高昂的成本,其推广过程还存在诸多不确定因素,同时它对环境的影响也不容忽视。我国作为以煤为主要能源的国家,不仅对 CCS 等前沿脱碳技术的了解和关注程度很高,并且务实地采取了一条以 IGCC(整体煤气化联合循环发电系统)为主导的"绿色煤电"路线图。由于未来中国控制燃煤发电污染物排放的任务还十分艰巨,因此为使煤电得到可持续发展,中国电力工业有必要积极探索 CCS 等 CO_2 的减排与固定技术。

(二)光污染防治

1. 可见光污染防治

可见光污染中危害最大的是眩光污染,眩光污染是城市中光污染最主要的形式,是影响照明质量最重要的因素之一。眩光的限制应分别从光源、灯具、照明方式等方面进行。

(1)直接眩光的限制

主要是控制光源在 γ 角为 45°~90°范围内的亮度。方法有两种:一种是用透光材料减弱眩光,控制可见亮度;一种是用灯具的保护角控制直射光,做到完全看不见光源。此外还可通过增加眩光源的背景亮度或作业照度来减小眩光。

(2)反射眩光和光幕反射的限制

高亮度光源被光泽的镜面材料或半光泽表面反射,会产生干扰和不适。这种反射在作业范围以内的视野中出现时叫做反射眩光,在作业内部呈现时叫做光幕反射。防止反射眩光需调低光源的亮度,并与工作类型和周围环境相适应,还应妥善布置灯具使其在反射眩光区以外,或增加光源数量来提高照度,适当提高环境亮度,减少亮度对比;为减小光幕反射,不要在墙面上使用反光太强烈的材料,尽可能减少干扰区来的光,加强干扰区以外的光,以增加有效照明。

2. 红外线、紫外线污染防治

红外线辐射指波长从 $0.76\sim400\ \mu m$ 范围的电磁辐射,即热辐射。红外线可通过高温灼伤人的皮肤,损伤眼底视网膜灼伤角膜,导致白内障;紫外线辐射是波长范围在 $10\sim390\ nm$ 的电磁波,其中波长在 $220\sim320\ nm$ 时的紫外线对人体的眼睛和皮肤有损伤作用,导致结膜炎、眼内细胞癌及白内障的发生,引起慢性皮肤病变产生恶性皮肤肿瘤。对于这两种类型的污染控制和防护措施有两个方面:

(1)对有红外线和紫外线污染的场所采取必要的安全防护措施:加强管理和制度建设,对紫外消毒设施要定期检查,发现灯罩破损要立即更换,并确保在无人状态下进行消毒,更要杜绝将紫外灯作为照明灯使用;对产生红外线的设备,也要定期检查和维护,严防误照。

(2)佩戴个人防护眼镜和面罩,加强个人防护措施:对于从事电焊、玻璃加工、冶炼等产生强烈眩光、红外线和紫外线的工作人员,应十分重视个人防护工作,可根据具体情况佩戴反射型、光化学反应型、反射-吸收型、爆炸型、吸收型、光电型和变色微晶玻璃型等不同类型的防护镜。

3. 防治措施

有关专家认为,城市光污染应以防为主,防治结合,在开始规划设计城市夜景照明时就应注意防止光污染,也就是从源头防治光污染,实现建设夜景、保护夜空双达标的要求。应减少反射系数大的装饰材料如镜面墙、玻璃幕墙及反光涂料的使用,关闭夜景过度照明灯和强射灯。2012 年上海市政府出台了《上海市建筑玻璃幕墙管理办法》,并于 2 月 1 日起施行,对玻璃幕墙的使用做出了严格限制。卫生环保部门应做好科普宣传工作和防治措施,人群应强化自我保护意识,少去夜间强光污染场所特别是舞厅迪厅;合理布置室内光环境,避免室内过度照明。

参考文献

[1] 陈杰瑢. 物理性污染控制[M]. 北京:高等教育出版社,2007.

[2] 张丽娜. 噪声污染现状[J]. 科技风,2009,13:214.

[3] 吕玉恒,郁慧琴,魏化军. 上海市城市噪声污染现状及对策建议[J]. 噪声与振动控制,2006,1:1—4.

[4] 邱秋. 我国电磁辐射污染防治的法律分析[J]. 上海环境科学,2007,26(1):19—21.

[5] 洪宗辉,潘仲麟. 环境噪声控制工程[M]. 北京:高等教育出版社,2002.

[6] 张宝杰,乔英杰,赵志伟. 环境物理性污染控制[M]. 北京:化学工业出版社,2003.

[7] 司建伟,何少华,周雪飞,等. 水生微藻固定空气中 CO_2 的研究进展[J]. 环境保护科学,2009,35(5):1—4.

[8] 杨忠华,陈明明,曾嵘,等. 利用微藻技术减排二氧化碳的研究进展[J]. 现代化工,2008,28(8):15—19.

[9] 王进美,朱长纯,李毅,等. 纳米管状聚苯胺金属镀覆及抗电磁波性能[J]. 功能材料,2005,36(12):1938—1940.

[10] 方鲲,毛卫民,冯惠平,等. 轻质宽频带导电高分子微波吸收材料研究[J]. 屏蔽技术与屏蔽材料,2005(2):50.

第八章 环境毒理与人体健康

第一节 环境毒理概述

一、环境与人体的相互作用

环境与人体间存在着密切的相互作用。千百年来,为了获得良好的生存条件,人类不断地改造和利用自然,并从环境中摄取自身所需的各种元素和物质维持生命活动。环境污染与人体健康的关系极为复杂。人类虽然不是对环境变化的反应最为敏感的生物,但人类的健康状况仍反映着体内生物环境与体外环境系统的相互作用结果。在漫长的进化过程中,人类对所处环境越来越适应,其表现为人类机体中的物质组成及其含量与地壳中元素丰度之间有明显的相互关系,人体与各环境参数之间逐渐建立并保持着动态的平衡关系。但是,如果人的生产、生活活动对环境施加的影响超过环境容量,就会导致环境恶化、生态破坏,出现有害人体健康的环境效应,人与其他生物将难以生存。因此,一个正常、稳定的环境,应该是自然界中各个环境因素与人及其他生物之间,基本保持着一个相对稳定的生态平衡关系。在一般情况下,自然界中某些环境因素的变化,不足以引起自然环境的异常,凭借自然界和人类对环境的自我调节,在一定时期内会重新建立起新的相对平衡。但近几十年来,随着科学技术的迅猛发展,人类活动对自然环境的干预作用越来越强烈,生态环境开始出现了许多不可逆变化,引起了资源匮乏、生态恶化和各种环境污染等问题。同时,环境物质存在的形态和数量所产生的显著变化,也大大超过了人类的自我调节范围,从而对人类的健康带来了隐患和威胁。

二、环境致病的因素

空气、水、土地和食物等,都是人类生存和健康的必要条件。人体在生命活动中不断地新陈代谢,与周围的环境进行物质和能量的交换,增强对环境的适应性。但当人们长期生活在被污染的环境中,当人体的新陈代谢功能不断被阻碍,超过人体自我调节的限度,就会引起疾病,甚至死亡。有关资料统计,由于先天的遗传因素,造成胎儿畸形占 $10\%\sim15\%$,环境因素则占 $10\%\sim20\%$,其他为遗传基因和环境因素的联合作用。

一般来说,在人类所处的各种环境因素中,能使人体致病的因素,统称为环境致病因素,按照其对人体健康作用的性质,可分为以下三种:

（一）化学性因素

包括有毒气体、重金属、农药、化肥等,如街道上的汽车废气污染可导致呼吸道疾病。目前已发现具有致畸作用的环境化学污染物有甲基汞、四氯二苯、五氯酚钠和有机磷杀菌丹等。

（二）物理性因素

包括噪音、振动、红外线、紫外线、激光、微波、电磁场、放射线等。经常在噪音环境中生活，可引起听力下降、注意力不集中、血压升高等症状。噪音高于 85 dB 并持续 8 h，就会对听力构成危害。120 dB 的噪音能造成无可挽回的脑、耳损伤。人经常暴露于放射环境中，可引起白血病、白内障等疾病。

（三）生物性因素

主要包括各种生活污染，如未经处理的医院污水、废物可直接污染水源、土壤，引起伤寒、霍乱、肝炎等流行性疾病；由人体、动物、土壤和植物碎屑携带的细菌和病毒；霉菌（造成过敏性疾病的最主要原因）；来自植物的花粉；尘螨以及猫、狗和鸟类身上脱落的毛发、皮屑。居室中物品杂乱，灰尘飞扬，垃圾长期存放的家庭比起放置有序、无垃圾的家庭，空气中的细菌数量高 2～5 倍，传染病的发病率可高达 12％～30％。人畜粪便未经消毒处理，被污染的蔬菜和瓜果也较多，生吃可发生痢疾等疾病。

空气虽然不是微生物产生和生长的自然环境——因为没有为细菌和其他微生物生长提供所需要的足够水分和可利用形式的养料——但人这个高等动物是一个重要污染源。人体新陈代谢过程中排出的气体，人体皮肤、器官及不洁衣物散发出来的不良气味成为异臭污染的来源。长时间生活在异臭环境里，对人的大脑皮层是一种恶性刺激，会使人恶心、头晕、疲劳和食欲不振。由于人们的生产和生活活动，使得空气中可存在某些微生物，包括一些病原微生物在内，并通过空气引起疾病的传播。室内空气特别在通风不良、人员拥挤的环境中，可有较多的微生物存在。除大气中原有的一些微生物（非致病性的腐生微生物、芽胞杆菌属、无色杆菌属、细球菌属以及一些放线菌、酵母菌和真菌等）外，也可能存在来自人体的某些病原微生物（如结核杆菌、白喉杆菌、溶血性链球菌、金黄色葡萄球菌、脑膜炎球菌、感冒病毒、麻疹病毒等），可能成为空气传播疾病的病原。一般在室内空气中的细菌总数远高于室外空气，不同用途的建筑物室内和不同人口密度的室内，空气中细菌的数量相差很大。室内种植的一些观赏性植物会产生植物纤维、花粉及孢子等，可引起过敏人员发生哮喘、皮疹等。室内饲养的一些宠物的皮屑以及一些细菌、病毒、真菌、芽胞、霉菌等微生物散布在空气中，成为传播疾病的媒介。此外，因空调机内储水且温度适宜，会成为某些细菌、霉菌、病毒的繁殖孳生地。研究发现，空调机中的细菌和真菌可以诱发或加重呼吸系统的过敏性反应而引起哮喘。

空气中细菌、病毒等微生物传播的疾病主要有肺结核、麻疹、猩红热、流感、乙型脑炎、流行性腮腺炎等。细菌、病毒微生物已成为很多疾病的致病因素。近年来，古老的肺结核病又卷土重来，全球死亡人数达到历史最高水平，每年有 300 万人死于此病。

三、环境致病的特点

（一）剂量-效应/反应关系

环境污染物能否对人体产生影响以及其危害程度，与污染物进入人体的剂量有关。所谓剂量-效应关系是针对个体而言，指进入机体的环境有害因素剂量与机体所呈现出的生物效应强度之间的关系。而剂量-反应关系则是指随着环境有害因素剂量的增加,产生某种特定生物学效应的个体数会增加。

对于人体非必需元素、有毒元素或生物体内目前尚未检出的某些元素由于环境污染而进入体内的量,如达到一定程度即可引起异常反应,进一步发展则可能产生疾病。而对于人体必需元素,其剂量-效应/反应关系比较复杂,环境中这种必需元素含量过少,不能满足人体生理需要时,会造成机体的某些功能发生障碍,形成一定病理变化。而环境中这类元素含量过多,有可能引起不同程度的病理改变。例如氟在饮用水和环境中含量小于 0.5 mg/L 时龋齿发病率增高;0.5~1.0 mg/L 时龋齿和斑釉齿发病率最低;大于 1.0 mg/L 时斑釉齿发病率最高;大于 4.0 mg/L 时氟骨症增多。

(二)作用时间与累积效应

一般来说,当环境污染物进入人体后,人体对毒性的反应大致经历四个阶段:第一阶段是潜伏期,此时人对毒物还有抵抗能力,没有表现出疾病的症状;第二阶段是病状期,在环境污染的持续影响下,人体耐受毒物的能力下降;第三阶段是显露期,环境污染不断持续,人体开始出现各种症状;第四阶段是危险期,病症如果没有被及时发现和治疗,表现出毒性反应,发病。

由于环境污染物来源广、种类多,以及人体对毒物的忍受能力存在个体差异,因此环境致病的病症是极其复杂的,常常具有隐蔽性,在短时间内很难确定和治疗,也容易被忽视。如 1953 年,日本发生的水俣病,但一直到 1956 年该病大面积爆发时,才引起重视并找到病因。

(三)个体差异

机体的健康状况、性别、年龄、生理状态、遗传因素等差别可以影响环境污染物对机体的作用。此外,人群中每个个体暴露于环境污染中的剂量水平、暴露时间也存在很大差异。因此,在某种污染物作用于人群时,个体会展现出不同的反应,构成一种金字塔形分布(图8-1),也称为健康效应谱。

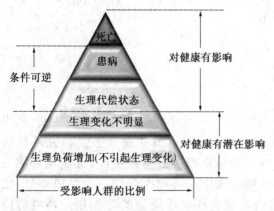

图 8-1 人群对环境异常变化的反应金字塔形分布

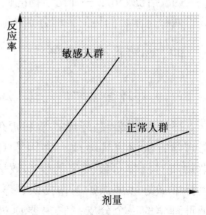

图 8-2 不同人群对环境因素变化的剂量-反应关系

从人群健康效应谱上可以看到人群对环境有害因素作用的反应是存在差异的。尽管多数人在环境有害因素作用下呈现出轻度的生理负荷增加和代偿功能状态,但仍有少数人处于病理性变化,即疾病状态甚至出现死亡。通常把这类易受环境损伤的人群称为敏感人群(易感人群)。不同人群对环境因素变化的剂量-反应关系如图8-2所示。

影响人群易感性的因素有两类:一是与人的健康状况、生理功能状态、年龄、营养状况等有关;二是与遗传因素(如性别、种族、遗传缺陷和环境应答基因多态性等)有关。如在多起急性环境污染事件中,老、幼、病人出现病理性改变,症状加重,甚至死亡的人数比普通人群多,如1952年伦敦烟雾事件期间,年龄在45岁以上的居民死亡人数为平时的3倍,1岁以下婴儿死亡数比平时也增加了1倍,在4 000名死亡者中,80%以上患有心脏或呼吸系统病患。

应当注意,在任何居民集团中都有高敏感人群,而且所有的健康人,在其一生的不同年龄段,不同环境条件下,都有某一时间处于高危险或高敏感状态的可能。在制订环境质量标准时应当首先考虑保护高危险或高敏感人群,这样才能保护整个人群。

(四)联合作用

环境污染物的污染往往并非单一,经常是多种因素同时作用于人体,因此,必须考虑这些因素的联合作用及其综合影响。环境污染物对人体的联合作用,按其量效关系的变化有以下几种类型:

(1)相加作用:指混合化学物质产生联合作用时的毒性为单项化学物质毒性的总和。如CO和氟利昂都能导致缺氧,丙烯和乙腈都能导致窒息,因此它们的联合作用特征表现为相加作用。

(2)独立作用:由于不同的作用方式、途径,每个同时存在的有害因素各产生不同的影响。但是混合物的毒性仍比单种毒物的毒性大,因为一种毒物常可降低机体对另一毒物的抵抗力。

(3)协同作用:当两种化学物同时进入机体产生联合作用时,其中某一化学物质可使另一化学物的毒性增强,且其毒作用超过两者之和。

(4)拮抗作用:一种化学物能使另一种化学物的毒性作用减弱,即混合物的毒性作用低于两种化学物的任何一种分别单独毒性作用。

四、环境毒理学简介

(一)环境毒理学的定义

环境毒理学,是环境科学和毒理学的一个分支。它是从医学及生物学的角度,利用毒理学方法研究环境中有害因素对人体健康影响的学科。其主要任务是研究环境污染物质对机体可能发生的生物效应、作用机理及早期损害的检测指标,为制定环境卫生标准做好环境保护工作提供科学依据。环境毒理学是环境医学的一个组成部分,也是毒理学的一个分支。它主要通过动物实验来研究环境污染物的毒作用。环境污染物对机体的作用一般具有下列特点:接触剂量较小;长时间内反复接触甚至终生接触;多种环境污染物同时作用于机体;接触的人群既有青少年和成年人,又有老幼病弱,易感性差异极大。

（二）环境毒理学的研究内容

环境毒理学主要研究环境污染物及其在环境中的降解和转化产物在动植物体内的吸收、分布、排泄等生物转运过程，以及代谢转化等生物转化过程，阐明环境污染物对人体毒作用的发生、发展和消除的各种条件和机理。

环境毒理学的任务主要有三项：

（1）研究环境污染物及其在环境中的降解和转化产物对机体造成的损害和作用机理；

（2）探索环境污染物对人体健康损害的早期观察指标，即用最灵敏的探测手段，找出环境污染物作用于机体后最初出现的生物学变化，以便及早发现并设法排除；

（3）定量评定有毒环境污染物对机体的影响，确定其剂量-效应或剂量-反应关系，为制定环境卫生标准提供依据。

（三）环境毒理学的研究方法

通过动物实验来研究环境污染物的毒作用。实验动物一般为哺乳动物，也可利用其他的脊椎动物、昆虫以及微生物和动物细胞株等。研究时，观察实验动物通过各种方式和途径接触不同剂量的环境污染物后出现的各种生物学变化。主要研究方法包括：

1. 急性毒性试验

其目的是探明环境污染物与机体做短时间接触后所引起的损害作用，找出污染物的作用途径、剂量与效应的关系，并为进行各种动物实验提供设计依据。一般用半数致死量（LD_{50}）、半数致死浓度（LC_{50}）或半数有效量（ED_{50}）来表示急性毒作用的程度。

2. 亚急性毒性试验

研究环境污染物反复多次作用于机体引起的损害。通过这种试验，可以初步估计环境污染物的最大无作用剂量和中毒阈剂量，了解有无蓄积作用，确定作用的靶器官，并为设计慢性毒性试验提供依据。

3. 慢性毒性试验

探查低剂量环境污染物长期作用于机体所引起的损害，确定一种环境污染物对机体的最大无作用剂量和中毒阈剂量，为制订环境卫生标准提供依据。

为了探明环境污染物对机体是否有蓄积毒作用，致畸、致突变、致癌等作用，随着毒理学的不断进展，人们又建立了蓄积试验、致突变试验、致畸试验和致癌试验等特殊的试验方法。

用动物实验来观察环境污染物对机体的毒作用，条件容易控制，结果明确，便于分析，是评定环境污染物毒作用的基本方法。但动物与人毕竟有差异，动物实验的结果，不能直接应用于人。因此，一种环境污染物经过系统的动物毒性试验后，还必须结合环境流行病学对人群的调查研究结果进行综合分析，才能做出比较全面和正确的估价。

（四）环境毒理学的发展趋势

20世纪人类创造了前所未有的物质财富，加速推进了文明发展进程，同时又出现了环境污染、生态破坏等重大问题,从而可能威胁全人类未来的生存与发展。因此,研究环境毒理学具有重要的意义。

我国环境污染的特点:一是污染物以对数增长方式进入环境;二是具有经济发展的特色,如粗放型经济发展方式、煤炭为主的能源结构、臭氧层破坏、温室效应等;三是职业性暴露多属小剂量长期暴露。环境污染物的种类可主要划分为化学类、物理类、生物类,各具有危害的靶点。危害的医学后果可概括为:以致畸、致突与致癌为代表的躯体性效应与遗传性效应,及各种特殊环境引起环境应激医学反应。因此研究环境污染物暴露与人类健康的关系,需要新思路、新方法,采用医学生物学的最新成就开展多层次、多水平的深入研究。

随着人类对环境污染物认识的不断深入,环境毒理学的发展方向是:① 探讨多种环境污染物同时对机体产生的相加、协同或拮抗等联合作用;② 深入研究环境污染物在环境中的降解和转化产物以及各种环境污染物在环境因素影响下,相互反应形成的各种转化产物所引起的生物学变化;③ 进一步研究致畸作用的机理,完善致突变作用的试验方法和找出致癌作用与致突变作用的确切关系;④ 环境污染物对动物神经功能、行为表现以及免疫机能的影响往往出现在一般毒性表现之前,因此,有必要把这些影响作为一种早期观察的敏感指标,进行深入的研究;⑤ 环境污染物的化学结构同它们的毒性作用的性质和强度有密切关系,应深入研究,找出规律,以便根据化学结构,做出毒性的估计,减少动物毒性试验,并为合成某些低毒化合物提供依据。今后应充分吸收分子生物学的最新成就,从而使环境毒理学的研究由细胞水平提高到分子水平。

第二节　环境污染物的生物转运和生物转化

一、生物转运

存在于空气、土壤、水和食物的各种环境污染物,一旦经不同的途径进入人体内,则受人体内不同的生理作用,散布于不同部位,并最终以不同的路径排出体外(图8-3)。其在体内的全过程称为生物转运过程,包括吸收、分布、代谢和排泄。

(一)生物转运过程的机理

污染物在体内生物转运的每一个过程,都与透过生物膜有关,即生物转运实际可认为是污染物质在体内反复多次透过生物膜的过程。

生物膜是围绕细胞或细胞器的磷脂双分子层,厚度约5～10 nm,在膜内部或表面镶嵌有各种蛋白质、胆固醇,另有少量糖类通过共价键结合在脂质或蛋白质上(图8-4)。不同的生物膜有不同的功能,可起到渗透屏障、物质转运和信号转导的作用。

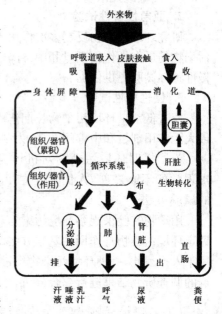

图8-3　外来物在人体内的生物转运

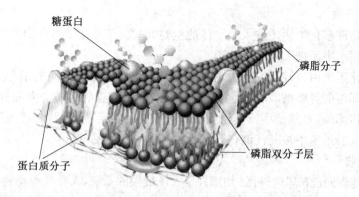

图 8 - 4　生物膜的结构模型

污染物通过生物膜的方式主要包括被动转运、主动转运、协同运输和胞吞作用等。

1. 被动转运

又称为简单扩散,污染物特异地结合于一个转运蛋白上,然后被转运过膜,由于转运是沿着浓度梯度降低方向进行的,所以被动转运不需要能量的支持。

2. 主动转运

污染物特异地结合于一个转运蛋白上,然后被转运过膜,与被动转运运输方式相反,主动转运是逆着浓度梯度下降方向进行的,所以主动转运需要能量的驱动。

3. 协同运输

是一类靠间接提供能量完成的主动运输方式。污染物跨膜运动所需要的能量来自膜两侧离子的电化学浓度梯度,而维持这种电化学势的是钠钾泵或质子泵。

4. 胞吞(胞饮)作用

物质被质膜吞入并以膜衍生出的脂囊泡形式(物质在囊泡内)被带入到细胞内的过程。

污染物以何种方式通过生物膜,主要取决于污染物本身的化学结构、理化性质以及体内各种组织细胞膜的结构特征。

(二) 吸 收

经各种途径透过机体生物膜进入血液的过程称为吸收。环境污染物主要通过呼吸道、消化道和皮肤三条途径吸收。

1. 呼吸道吸收

呼吸系统由气体通行的呼吸道和气体交换的肺所组成。呼吸道由鼻、咽、喉、气管、支气管和肺内的各级支气管分支所组成。仅有气体和微小颗粒状物质才能经此途径进入人体。

气体污染物在体内转运容易与否,主要取决于该气体对血(水)的溶解性,由于此过程较为单纯,因此气体污染物由此途径进入人体内的速率也相对较快。而颗粒状物质进入呼吸系统则较为复杂,其危害性与化合物的类型及其颗粒大小有关。粒径大于 $5~\mu m$ 者,在经过上呼吸道(鼻腔、咽、喉等)时,可能被黏膜组织黏附后排除。粒径在 $2\sim5~\mu m$ 者可能侵入至气管及支气管,然后被移除。粒径小于 $1~\mu m$ 者,则可到达肺泡处,其内含物质或进入血液循环,或随微粒由巨噬细胞吞噬后移除。

2. 消化道吸收

食入途径是许多化学物质进入生物体的主要方式。环境化学污染物可能直接被吞食或混于食物或饮用水中而进入人体消化道。

人体的消化系统由口腔、食道、胃、肠、肝脏及胰脏组成。在物质的消化过程中,可能通过消化道任一部位的管壁被吸收,这主要取决于该物质本身的性质。大部分物质的吸收主要是发生于肠道部位,尤其是小肠。物质经小肠壁上的绒毛吸收后,先进入肝门静脉,再被导入肝脏并进入肝细胞中被其代谢,然后进入血液循环系统。

3. 皮肤吸收

皮肤指身体表面包在肌肉外面的组织,是人体最大的系统,人和高等动物的皮肤由表皮、真皮、皮下组织三层组成。皮肤主要承担着保护身体、排汗、感觉冷热和压力的功能,它使体内各种组织和器官免受物理性、机械性、化学性和病原微生物性的侵袭,因此外来物质较不容易由此途径进入人体。然而,通过扩散作用,环境污染物仍有可能经表皮进入真皮组织,对此部位产生影响,或者进入此处的微血管,而被循环系统输送到身体的其他部位产生影响。

(三)分布

分布是指污染物经吸收进入血液和体液后或其代谢产物形成后,随着血液和淋巴液的流动分散到机体各组织器官的过程。吸收进入血液的化学物质少数呈游离状态,大部分与血浆蛋白结合,随血液到达所有的器官和组织。在污染物的分布过程中,污染物的转运以简单扩散为主。

同一种污染物在机体内各组织器官的分布是不均匀的,不同的污染物在机体内的分布同样不均匀。这与各组织的血流量,化学物质与各组织的亲和力及其他因素有关。不同的组织由于其功能不同,流经的血流量也不同,因此导致某些部位所含物质的浓度较低。体内某些部位对特定的物质具有较高的亲和力,例如脂溶性较高的物质偏好累积于脂肪组织,而铅由于和钙的化学性质相似,比较容易积累于骨骼内。

在机体内特定部位存在的、对化学物质转运有阻碍作用的体内屏障,是导致污染物在机体内分布不均匀的另一重要因素。除皮肤是机体最大的屏障外,体内屏障主要包括血脑屏障和胎盘屏障等。

血脑屏障是指脑毛细血管阻止某些物质(多半是有害的)由血液进入脑组织的结构。血液中多种溶质从脑毛细血管进入脑组织,有难有易;有些很快通过,有些较慢,有些则完全不能通过,这种有选择性的通透现象使人们设想可能有限制溶质透过的某种结构存在,这种结构可使脑组织少受甚至不受循环血液中有害物质的损害,从而保持脑组织内环境的基本稳定,对维持中枢神经系统正常生理状态具有重要的生物学意义。

胎盘屏障是由绒毛血管壁、绒毛间质、基底膜和绒毛上皮组成的屏障结构,可避免母体免疫细胞与胎儿组织接触,防止胎儿被母体排斥,同时起到阻止一些有害化学物质由母体透过胎盘进入胚胎、保护胎儿正常生长发育的作用。

(四)排除

生物体对外来物的排除可包含两种不同的作用,排泄和代谢。代谢即生物转化,将随后做详细介绍。排泄是外来物及其代谢产物由体内向体外转运的过程。机体负责排泄的器官包括肾、肝胆、肠、外分泌腺、肺部等,其中以肾和肝胆为主。

排泄的主要途径是经肾随尿液排出和经肝随同胆汁通过肠道粪便排出。由尿液排出的物质其水溶性通常较高且分子量较小,但仍有较大型且水溶性低的分子可由此途径排出体外。而进入肠道的物质,部分可能被吸收经肝门静脉进入肝脏,然后再进入血液循环,其他部分则留在肠道中,随粪便排出体外。

化学物也可随各种分泌液如汗液、唾液、乳汁、泪液及胃肠道的分泌物排出。物质经汗腺的排除,主要是借助单纯的扩散作用实现,通常仅限于一些金属,如 Cd、Cu、Fe、Pb、Ni、Zn等。但由于人体产生的汗液量较少,因此,毒物通过这一途径的排出并不显著。唾液排除途径也较为不显著,物质经这一途径排出后,绝大部分仍会被吞咽后进入食道,并被肠道所吸收。母乳对母体本身体内的废物或外来物的排出而言,虽然可能并不显著,然而许多脂溶性较高的有机卤化物(如 PCBs、DDT、Dioxins 等)与一些金属(如铅等)却能通过母乳排出而传递给下一代。近年来人们对环境污染物与孩童健康问题特别重视,而这一特殊的传输方式也备受关注。

常温下为气态的物质可经呼吸道呼气排出。一般而言,较不溶于血液中的气体,其排出速率较快。许多挥发性较高的物质,也易经此途径排出体外。正是利用此原理,研制出了酒精浓度检测器作为检查酒后违规驾驶的工具。

二、生物转化

生物转化是指外源化学物在机体内经多种酶催化的代谢转化。生物转化是机体对外源化学物处置的重要的环节,是机体维持稳态的主要机制。肝脏是生物转化作用的主要器官,在肝细胞微粒体、胞液、线粒体等部位均存在有关生物转化的酶类。其他组织如肾、胃肠道、肺、皮肤及胎盘等也可进行一定的生物转化,但以肝脏最为重要,其生物转化功能最强。

(一)生物转化的基本过程

生物转化一般分为 I、II 两个连续的作用过程。在过程 I 中,异物在有关酶系统的催化下经由氧化、还原或水解反应改变其化学结构,形成某些活性基团(如—OH、—SH、—COOH、—NH$_2$等)或进一步使这些活性基团暴露。在过程 II 中,异物的一级代谢物在另外的一些酶系统催化下通过上述活性基团与细胞内的某些化合物结合,生成结合产物(二级代谢物)。结合产物的极性(亲水性)一般有所增强,利于排出。例如氨基甲酸酯类杀虫剂胺甲萘(西维因)的生物转化过程如图 8-5 所示。

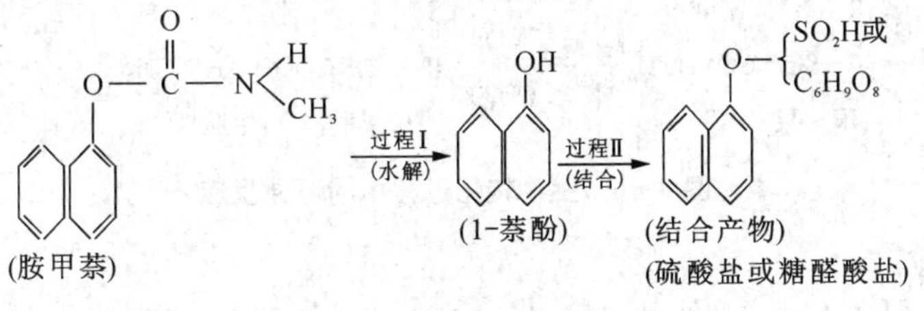

图 8-5　西维因的生物转化

异物的生物转化一般都要经历这两个连续过程,但也有一些异物由于本身已含有相应的活性基团,因而不必经由过程Ⅰ即可直接与细胞内的物质结合而完成其生物转化。

（二）生物转化的类型

1. 氧化反应

异物生物转化过程Ⅰ中的氧化反应是在混合功能氧化酶系（又称为单氧酶系、羟化酶系或细胞色素P-450酶系）的催化作用下进行的。

细胞色素P-450酶系又称为混合功能氧化酶系（MFO）或细胞色素P-450单加氧酶系。该酶系存在于细胞的内质网,即微粒体中。细胞色素P-450酶系主要由三部分组成,即血红蛋白类（细胞色素P-450和细胞色素b5）、黄素蛋白类（NADPH-细胞色素P-450还原酶）和磷脂类。其催化氧化反应的特点是：在反应过程中,O_2起了"混合"的作用,即一个氧原子被还原为水,另一个氧原子掺入作为底物的外源化学物分子中,使其增加一个氧原子。

细胞色素P-450酶系催化的反应类型有：① 脂肪族和芳香族羟化：脂肪族链末端、芳香环上的氢被氧化,例如苯可形成苯酚；② 环氧化反应：外源化学物的两个碳原子之间形成桥式结构,即环氧化物；③ 杂原子（N—,O—,S—）脱烷基反应：与外源化学物分子中N原子相连的烷基被氧化脱去,形成醛类或酮类；④ 杂原子（N—,S—,I—）氧化和N—羟化反应：羟化在N原子上进行,例如苯胺、致癌物2-乙酰氨基芴都可发生；⑤ 氧化基团转移：氧化脱氨、氧化脱硫、氧化脱卤素作用；⑥ 脂裂解。

2. 还原反应

生物转化过程Ⅰ中的还原反应大多是在各种还原酶（如醇脱氢酶、醛脱氢酶、硝基还原酶、偶氮还原酶等）催化下进行的。如还原性脱卤作用（例如DDT还原成DDD）就是异物经由还原反应进行生物转化的重要方式。至于细胞色素P-450酶系是否也能催化其逆反应（还原反应）,则尚无定论。

3. 水解反应

生物转化过程Ⅰ中的水解反应是酯类、酰胺类等异物的转化方式。有机磷农药在化学上属于酯类或酰胺类,因而这一类由相应的水解酶（如酯酶、酰胺酶等）催化的反应,在生物转化上也很重要,如图8-6所示。

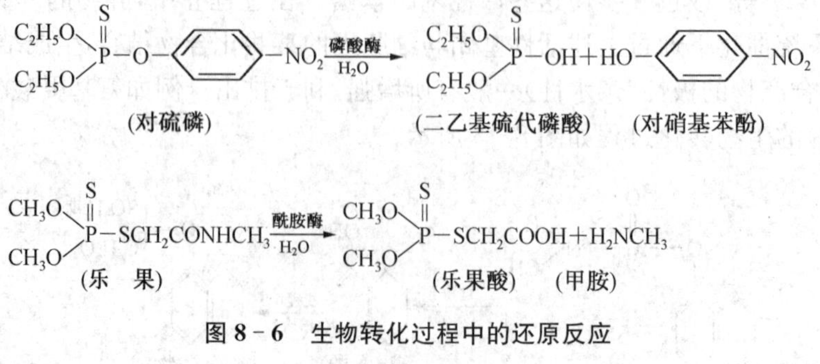

图8-6 生物转化过程中的还原反应

4. 结合反应

生物转化过程Ⅱ由专一性强的各种转移酶催化,反应中的受体即异物,供体又称结合物,是参与结合反应的细胞内物质结合物。主要是各种核苷酸衍生物,如尿苷二磷酸葡萄糖醛酸(UDPGA,提供葡萄糖醛酸基团、GA),3'-磷酸腺苷酸硫酸(PAPS,提供硫酸基团、S＝SO$_3$H),腺苷蛋氨酸(SAM,甲基供体,M＝甲基),乙酰辅酶 A(CH$_3$CO—SCoA,乙酰基供体,CH$_3$—CO 二乙酰基)。此外,某些氨基酸(如甘氨酸、谷氨酰胺)及其衍生物(如谷胱甘肽)也是重要的结合物。供体或结合物都是细胞代谢的正常产物。

任何一种异物的生物转化方式绝不会是简单划一的,它们可同时进行不同的氧化还原或水解反应,此后又可继续进行不同类型的结合反应。

(三) 生物转化的影响因素

生物转化过程是机体主要的解毒机制,其作用受年龄、性别、肝脏疾病及药物等体内外各种因素的影响。例如新生儿生物转化酶发育不全,对药物及毒物的转化能力不足,易发生药物及毒素中毒等。有些物质经生物转化后,虽然水溶性较高,但产生的代谢产物毒性反而较之前的物质高。例如被混入一般酒精中作为假酒贩卖的甲醇在人体内会被代谢成为甲醛。在正常的酶的作用下,甲醛会被进一步代谢为甲酸,进而氧化成水和二氧化碳。然而由于人眼缺乏将甲醛氧化成甲酸的酶,因此由甲醇转化的甲醛积累在眼部时,就会造成伤害,进而造成失明。

第三节　环境污染物的毒性作用

一、基本概念

毒性是指外源化学物质与机体接触或进入体内的易感部位后,能引起损害作用的相对能力,或简称为损伤生物体的能力。也可简单表述为,外源化学物在一定条件下损伤生物体的能力。一种外源化学物对机体的损害能力越大,则其毒性就越高。外源化学物毒性的高低仅具有相对意义。在一定意义上,只要达到一定的数量,任何物质对机体都具有毒性,如果低于一定数量,任何物质都不具有毒性,关键是此种物质与机体的接触量、接触途径、接触方式及物质本身的理化性质,但在大多数情况下与机体接触的数量是决定因素。

由药物毒性引起的机体损害习惯称中毒。大量毒药迅速进入人体,很快引起中毒甚至死亡,称为急性中毒;少量毒药逐渐进入人体,经过较长时间积蓄而引起的中毒,称为慢性中毒。此外,药物的致癌、致突变、致畸等作用,则称为特殊毒性。相对而言,能够引起机体毒性反应的药物则称为毒药。

二、毒性作用的类型

按毒物作用于机体后表现可将毒物分为以下几种类型:

1. 局部或全身毒性

按出现毒性作用的部位,毒性作用可分为局部毒性和全身毒性。局部毒性是指某些毒物在机体接触部位直接造成的损害作用。如接触具有腐蚀性的酸碱造成的皮肤损伤,刺激性气体吸入时直接引起呼吸道损伤等。全身毒性是指毒物被机体吸收并分布至靶器官或全身后所产生的损害作用。例如氢氰酸引起机体的全身性缺氧。局部毒性的最初表现为直接接触部位的细胞死亡,而全身毒性的表现是一定的组织和器官的损伤。最初表现为局部毒性的化学物也可能通过神经反射或被机体吸收后引起全身性反应。

2. 可逆或不可逆毒性

按毒性作用引起的损伤恢复情况,毒性作用分为可逆毒性和不可逆毒性。一种毒物引起的组织病理学损伤,其再生能力决定于毒性效应的可逆和不可逆性。可逆毒性是指停止接触后可逐渐消失的毒性作用。一般情况下,机体接触毒物的浓度越低、时间越短、损伤越轻,则脱离接触后其毒性作用消失得越快。不可逆毒性是指停止接触后其毒性作用依然存在甚至对机体造成的损害作用进一步加深。有些毒物所造成的损害是不可逆的,如损伤中枢神经系统多数是不可逆的,因为已分化的中枢神经细胞不能再分裂。

3. 即刻或延迟性毒性

毒性作用按发生的速度快慢可分为即刻毒性和延迟性毒性。毒物在一次接触后的短时间内引起的毒性称为即刻毒性。如沙林、一氧化碳引起的急性中毒。在一次或多次接触某种毒物后,经过一定时间才出现的毒性作用称为延迟性毒性。如致癌物初次接触后要10～20年才出现肿瘤。

4. 变态反应

变态反应也称为过敏反应,是由于以前受到过某种毒物的致敏作用,当再次接触该毒物或类似物时所致的一种免疫介导性有害作用。引起这种反应的物质称过敏原。过敏原可以是完全抗原,也可以是半抗原。许多毒物进入机体后,作为半抗原与内源性蛋白质结合形成抗原,然后进一步激发机体反应。当机体再次接触该毒物,就可发生抗原抗体反应,产生典型的变态反应症状。因此,难得看到有剂量-反应关系,但当一种毒物给予一个过敏体质的人,还是发现与剂量相关的。变态反应从毒理学角度可视为一种有害反应。

5. 功能、形态损伤

功能损伤作用通常指靶器官或组织的可逆性异常改变。形态损伤作用指的是肉眼和显微镜下所观察到的组织形态学异常改变,其中有许多改变通常是不可逆的,如坏死、肿瘤等。由于免疫组化和电镜技术的应用,大大提高了形态作用检测的敏感性。但不可否认,在许多情况下,有些功能测定本身只能在靶器官有明显的形态学改变之后反应,如血清中酶的改变,就要在酶组织化学或电镜改变的中晚期才出现。许多功能指标较形态指标改变更为敏感,所以,测定功能性指标有其重要价值。

6. 特异性反应

特异性反应是指由遗传所决定的特异性体质对某种毒物的异常反应性。例如,有些病人在接受了一个标准剂量的琥珀酰胆碱后,发生持续的肌肉松弛和呼吸暂停,因为这些病人缺少一种正常人迅速分解肌肉松弛剂的血清胆碱酯酶;还有些人对亚硝酸和高铁血红蛋白形成剂异常敏感,因为他们体内缺乏 NADPH 高铁血红蛋白还原酶。

三、毒性作用的一般机理

毒性作用的机理不是单独存在的,不同的毒性作用间存在着相互联系或相互影响。因此,对某一种污染物来说,在其毒性作用的发展过程中,往往先后或同时有几种中毒机理存在,它们之间可能相互无关,也可能相互联系或影响,还可能在本质上相同。

生物是一个统一的整体,污染物的毒性作用也必然会在分子水平、亚细胞水平、细胞水平、器官水平以及整体水平出现多种效应,因此需要在不同水平上解释毒性作用的机理。

1. 直接损伤作用

如强酸或强碱可直接造成细胞和皮肤黏膜的结构破坏,产生损伤作用。

2. 受体配体的相互作用与立体选择性作用

受体是组织的大分子成分,它与配体相互作用,产生特征性生物学效应。受体-配体的相互作用通常有立体特异性,化学结构的微小变化就可急剧减少甚至消除毒物的生物效应。但在毒理学反应中不能过分强调立体选择性的意义。研究表明,许多毒物的有害作用是直接与干扰受体-配体相互作用的能力有关。最突出的例子是失能性毒剂,如毕兹就是阻断了乙酰胆碱与胆碱能受体的结合而产生失能作用。

3. 干扰易兴奋细胞膜的功能

易兴奋细胞膜的维持和稳定是正常生理功能的基本条件。毒物可以多种方式干扰易兴奋细胞膜的功能,例如,有些海产品毒素和蛤蚌毒素均可通过阻断易兴奋细胞膜上钠通道而产生麻痹效应。

4. 干扰细胞能量的产生

许多毒物所产生的有害作用,是通过干扰碳水化合物的氧化作用以影响三磷酸腺苷(ATP)的合成。例如,铁在血红蛋白中的化学性氧化作用,由于亚硝酸盐形成了高铁血红蛋白而不能有效地与氧结合。毒物引起 ATP 耗竭有许多不同的途径,但线粒体氧化磷酸化被干扰可能是最常见的原因。另一类是抑制呼吸链的递氢或电子传递的药物。如全身性毒剂氰化物和一氧化碳等,它们可分别抑制呼吸链中的不同环节,从而使细胞耗氧量降低,因而作用物氧化受阻,偶联磷酸化也无法进行,ATP 生成随之减少。

另一种机理是 ATP 的过度利用和抵偿,如乙基硫氨酸的肝毒性即与此有关。细胞内 ATP 的缺乏将危及甚至终止细胞主动转运过程,细胞的特定隔室里的离子浓度如 Na^+、K^+、Ca^{2+} 浓度将发生改变,各种生物合成过程如蛋白质合成将减少,肝细胞不能有效地形成胆汁。

5. 与生物大分子结合

毒物与生物大分子相互作用主要方式有两种,一种是可逆的,一种是不可逆的。如底物与酶的作用是可逆的,共价结合形成加成物是不可逆的。

(1)与蛋白质结合

蛋白质分子中有许多功能基团可与毒物或其活性代谢物共价结合,除了各种氨基酸分子中共同存在的氨基和羟基外,还包括丝氨酸和苏氨酸所特有的羟基、半胱氨酸的巯基等。这些活性基团常常是酶的催化部位或对维持蛋白质构型起重要作用,因而与这些功能基团共价结合最终会抑制这些蛋白质的功能,出现组织细胞毒性与坏死,诱发各种免疫反应和肿瘤的形成,还可出现血红蛋白的自杀毁灭和酶的抑制。另外,有些毒物与组织蛋白中的氨基、巯基、羟基等功能基团结合发生酰化反应,从而影响该蛋白的结构与功能,如光气中毒。

(2)与核酸结合

毒物母体直接与核酸进行共价结合反应较少见,绝大多数是由毒物的活性代谢产物与核酸碱基进行共价结合,使碱基受损,基因突变、畸变和癌变等。

DNA 加成物的形成可引起细胞毒性、诱变作用、改变蛋白质- DNA 相互作用和肿瘤的启动等。如芳香胺可引起碱基置换型改变,活化 ras 癌基因。许多学者研究了 DNA 加成物与致癌性的因果及数量关系发现:① 多环芳烃类和烷化剂的加成物形成能力与整体致癌作用存在着相关;② 加成物形成与体外细胞转化及肿瘤诱导呈正相关;③ 敏感动物种系与耐受动物种系相比,靶组织中加成物水平较高。例如,糜烂性毒剂硫芥等可与 DNA 结合发生烃化作用而引起中毒。

（3）与脂质结合

这方面研究较少。脂质最易产生共价结合的部分是:磷脂酰丝氨酸、胆碱与乙醇胺。如,氟烷与乙烯叉二氯的活性代谢物可与细胞膜乙醇胺共价结合,从而影响膜功能。

6. 膜自由基损伤

自由基是指能够独立存在的含一个或一个以上不成对电子的任何分子或离子。自由基按其化学结构分为半醌类自由基、氧中心自由基和其他碳、氮、硫中心自由基,如活性氧、羟自由基、过氧化氢、臭氧和一氧化氮自由基等。自由基的共同特点是顺磁性、化学反应性极高。基本的自由基反应有:氢抽提反应、电子转移反应、加成反应、终止反应和歧化反应。在我们机体里这些反应持续不断地发生,但机体也存在抗自由基的防御体系,只有当自由基的产生超过防御体系的清除能力,或机体的防御体系受损而不能发挥正常功能时,过多的自由基可以产生以下损害:

（1）膜脂质过氧化损害

膜脂质过氧化后,其不饱和性改变,因而膜流动性随之改变,脆性增加。脂质自由基还可与其他脂质和大分子如蛋白质相互作用引起交联,导致膜蛋白处于永久性的缔合状态,因而阻挡了蛋白受体恢复到原来的分布状态,从而严重地损害了生物膜的功能,生物膜功能抑制和结构的破坏与许多因素的中毒机制有关。如阿霉素在治疗肿瘤的同时对心脏的毒性作用就是由于自由基损伤引起的。

（2）蛋白质的氧化损害

蛋白质是自由基攻击的重要靶分子。几种蛋白质中关键的氨基酸对自由基的损害特别敏感,如精氨酸、赖氨酸等。蛋白质对脂质过氧化的自由基中间产物也是特别敏感,如烷氧自由基可与过氧化脂质紧密相联系的蛋白质反应。蛋白质氧化后引起酶活性改变,膜和细胞功能改变。

（3）DNA 的氧化损害

活性氧可对 DNA 产生碱基修饰和链断裂两大类损害。如活性氧可与核酸反应,形成许多不同类型的碱基修饰物,8-羟基鸟嘌呤最为常见,形成数量最多,故通常以它作为 DNA 氧化损害的重要指标。DNA 链断裂在基因突变的形成过程中有重要意义,还可能造成部分碱基的缺失,这也可能引起癌基因的活化。另外的实验观察也证实,活性氧可导致肿瘤抑制基因如 P_{53} 的失活,从而导致肿瘤的发生。最近研究还发现,DNA 损害后诱导一类蛋白激酶的活化,这类激酶在识别 DNA 损害,转导 DNA 损害信号以及通过改变细胞代谢来促进 DNA 修复方面都起着必不可少的作用。

7. 细胞内钙稳态失调

在细胞功能的调节中,Ca^{2+} 可作为第二信使起着信号传导的关键作用,同时 Ca^{2+} 也是多种参与蛋白质、磷脂和核酸分解的酶的激活分子之一。正常情况下,细胞内钙稳态是由质膜 Ca^{2+} 转位酶和细胞内钙池系统共同操纵控制的。细胞损害时,这一操纵过程紊乱可导致 Ca^{2+} 内流增加,Ca^{2+} 从细胞内储存部位释放与/或通过质膜逐出抑制,从而导致细胞内 Ca^{2+} 浓度不可控制的持续增加,细胞内 Ca^{2+} 浓度持续高于生理水平以上必然导致维持细胞结构和功能的重要大分子难以控制的破坏。而且这种持续增加将会完全破坏正常生命活动所必需的由激素和生长因子刺激而产生的短暂的 Ca^{2+} 浓度瞬变,危及线粒体功能和细胞骨架结构,最终激活不可逆的细胞内成分的分解代谢过程。

毒物可在不同水平上干扰细胞信号的传递,导致细胞内 Ca^{2+} 对激素及生长因子的正常反应的丧失。另外,钙信号系统的异常活化也是毒物引起细胞死亡的一个重要机制。

当前,细胞内钙稳态失调是细胞损害与机制研究方面最为热门的话题,大量证据表明,细胞钙的持续增高可能活化各种不同组织和细胞的毒性机理,因而曾被称为"细胞死亡的最终共同途径"。

8. 选择性细胞死亡

在一个器官或组织中,选择性细胞死亡也是一种毒性作用。与其他一些疾病过程非常相似,这种毒性作用是相当特异的。例如,高剂量锰可引起脑部基底神经节多巴胺能细胞损伤,产生的神经症状几乎与帕金森氏病难以区分。发育中的胚胎对许多毒物也相当敏感,因为在胚胎生长早期阶段,许多细胞可能具有多能性,稍许丢失这些细胞,就可能导致胚胎死亡或出生缺陷。众所周知,在胎儿发育的某一阶段给孕妇服用止吐药物"反应停",由于胚胎细胞毒性,使早期肢芽生成细胞丢失,而造成出生时婴儿缺肢畸形。

9. 体细胞非致死性遗传改变

毒物和 DNA 的共价结合能直接导致细胞死亡,也可以通过引发一系列变化而致癌。能使体细胞突变而致癌的化合物称之为遗传毒性致癌物。如果突变发生在体细胞,那么遗传损伤不会传给后代,但能作为癌前细胞最终发展成为恶性肿瘤。现在认为遗传毒性化合物能通过激活细胞的原癌基因而致癌,而致癌是一个多阶段的过程,作用机制有:直接作为生长因子起作用或是和被修饰后的生长因子受体相互作用;刺激内源性生长因子的产生和释放;驱使分化细胞由静止期进入细胞分裂周期;抑制正常细胞的分化,这对确保成熟细胞停止分裂是必要的;干扰正常的细胞间通讯等。

10. 诱发凋亡

凋亡是在细胞内外因素作用下激活细胞固有的 DNA 编码的自杀程序来完成的,又称为程序性死亡。细胞凋亡具有独特的形态学和生物化学特点。凋亡细胞的具体形态特征的改变包括细胞表面的变化,如微绒毛的丢失,细胞-细胞粘连等;质膜呈囊状突起但仍可以保持完整,使细胞内成分不会渗透到细胞外;细胞皱缩,细胞质成分密集;细胞器保持完整,而内质网的潴泡却有膨胀;细胞核浓缩,染色体在核包被周围密集地堆积形成新月形小体,核碎裂成膜包裹的凋亡小体。DNA 电泳显示 DNA 结构断裂,表现为梯状带型,DNA 片段一般为 $180 \sim 200$ bp 左右。此后,凋亡小体被其邻近的细胞吞噬并在溶酶体内降解,这种死亡过程不发生溶酶体、线粒体及细胞膜的破裂,无细胞内含物的外泄,故不引起炎症反应和周围组织的次级损伤。细胞凋亡是基因表达的结果,受细胞内外因素的调节,如果这一调控失衡,就会引起细胞增殖及死亡平衡障碍。因此,细胞凋亡在多种疾病的发生中具有重要意义。例如,肿瘤的发生,病毒感染和艾滋病关系,组织的衰老和退行性病变以及免疫性疾病,病毒感染性疾病的发病机理都与凋亡有密切关系。

近年的研究结果表明,如果受损伤的细胞不能正确启动凋亡机制,就有可能导致肿瘤。人们将细胞凋亡形象地称为细胞自杀。研究中人们发现并克隆了一些执行细胞"自杀"程序的基因,如白细胞介素- 1β(IL - 1β),转化酶(ICE)基因等;也发现了一些阻止细胞"自杀"的基因,如原癌基因 Bcl-2,科学家们通过人为地加强细胞凋亡这一过程,达到使肿瘤细胞也走上"自杀",从而达到拯救人类的目的。随着对细胞自杀机制研究的深入,人们发现,一些来自病毒或细菌的基因具有一些特殊的功能,其表达产物可将原先对哺乳动物细胞无毒的或极低毒性的药物转换成毒性产物,导致这些细胞的死亡,这类基因即称为"自杀基因"。由于"自杀基因"表达的产物多是能将无毒性前体药物代谢为毒性产物的酶,故又称为"前药转换酶基因"。常见的"自杀基因"有 ICE、HSV-tK、CD 等。将肿瘤细胞特异的调控元件或转录元件与"自杀基因"相结合的策略,巧妙地使"自杀基因"定向地在肿瘤细胞中表达。Huber 等将 tK 基因置于肝癌特异的甲胎蛋白(AFP)或肝脏相关白蛋白(LAA)转录调控序列的控制之下进行表达,不表达 AFP 或 LAA 的细胞也就不会表达 tK 基因,从而使前体药物的代谢产物能选择性地杀伤肝癌细胞。

四、毒性作用的影响因素

毒物的毒性作用强弱受多种因素的影响,其中主要包括:毒物作用对象自身的因素、环境因素和毒物之间相互作用等因素的影响。

(一)毒作用对象自身因素的影响

毒性效应的出现是外源化学物与机体相互作用的结果,因此毒作用对象自身的许多因素都可影响化学物的毒性。

1. 种属与品系

不同种属、不同品系对毒性的易感性可以有质与量的差异。如苯可以引起兔白细胞减少,对狗则引起白细胞升高;β-萘胺能引起狗和人膀胱癌,但对大鼠、兔和豚鼠则不能;反应停对人和兔有致畸作用,对其他哺乳动物则基本不能。可见种属不同其反应的毒作用性质和毒性大小存在明显差异。同一种属的不同品系之间也可表现出对某些毒物易感性的量和质的差异。尤其要指出的是,不同品系的动物肿瘤自发率不同,而且对致癌物的敏感性也不同。

不同种属和品系的动物对同一毒物存在易感性的差异,其原因很多,大多数情况可用代谢差异来解释,即机体对毒物的活化能力或解毒能力的差异。如小鼠、大鼠和猴经口给予氯仿后分别有 80%、60% 和 20% 转化成 CO_2 排出,但人则主要经呼吸道排出原型氯仿。又如苯胺在猫、狗体内形成毒性较强的邻位氨基苯酚,而在兔体内则形成毒性较低的对位氨基苯酚。

由于种属间生物转运能力存在某些方面的差异,因此也可能成为种属易感性差异的原因。如皮肤对有机磷的最大吸收速度($ug/cm^2 \cdot min$)依次是:兔与大鼠 9.3,豚鼠 6.0,猫与山羊 4.4,猴 4.2,狗 2.7,猪 0.3。铅从血浆排至胆汁的速度:兔为大鼠的 1/2,而狗只有大鼠的 1/50。

此外,生物结合能力和容量差异、解剖结构与形态、生理功能、食性等也可造成种属的易感性差异。

2. 遗传因素

遗传因素是指遗传决定或影响机体构成、功能和寿命等因素。遗传因素决定了参与机体构成和具有一定功能的核酸、蛋白质、酶、生化产物以及它们所调节的核酸转录、翻译、代谢、过敏、组织相容性等差异，在很大程度上影响了外源和内源性毒物的活化、转化与降解、排泄的过程，以及体内危害产物的掩蔽、拮抗和损伤修复，因此，在维持机体健康或引起病理生理变化上起重要作用。其中最主要的是酶的多态性会导致代谢的多态性；而遗传因素决定的缺陷是导致致癌易感性和某些疾病的机体内在因素。

在毒理学试验中常常观察到，同一受试物在同一剂量下，同一种属和品系的动物所表现的毒作用效应有性质或程度上的个体差异。同样，在人群中许多肿瘤和慢性疾病有家族聚集倾向，肿瘤只在相同环境中的部分个体发生。同一环境污染所致公害病或中毒效应，在人群中总存在很大差别。造成上述情况的重要原因之一是遗传因素不同，特别是个体间存在酶的多态性差异，使毒物代谢或毒物动力学出现差异，导致中毒、致畸、致突变或致癌等毒性效应的变化。如谷胱甘肽转硫酶是重要的解毒酶系，其多态性较复杂，共有 8 种变异，而其中的 μ 型变异者缺乏掩蔽亲电子性终致癌物的能力。又如肝脏混合功能氧化酶的诱导剂 3-甲基胆蒽(3-MC)类，与 Ah 受体结合后发挥诱导作用，Ah 受体受 Ah 基因所调控，后者位于小鼠的第 17 号染色体。因此，遗传因素是导致种属、品系和个体间毒物易感性差异的主要原因。

3. 年龄和性别

年龄因素大体上可区分为三个阶段，从出生到性成熟之前、成年期和老年期。由于动物在性成熟前，尤其是婴幼期机体各系统与酶系均未发育完全；胃酸低，肠内微生物群也未固定，因此对外源化学物的吸收、代谢转化、排出及毒性反应均有别于成年期。动物成熟的不同阶段，其某些脏器、组织的发育和酶系统等的功能也不相同。

新生动物的某些酶系也有一个发育过程，如人出生后需八周龄肝微粒体混合功能氧化酶系活性才达到成人水平。所以，凡是需要在机体内转化后才能充分发挥毒效应的化合物，对年幼动物的毒性就比成年动物低；反之，凡是经过酶系统代谢失活的外源化学物、在幼年动物所表现的毒性就大。动物进入老年，其代谢功能又逐渐趋于衰退，对外源化学物的毒性反应也减低。老年人免疫功能降低，应激功能低下；幼年肝微粒体酶系的解毒功能弱，生物膜通透性高和肾廓清功能低，因而对某些环境因素危害的敏感性高。如，老年人对高温的耐受性较青年人差。

一般地讲，化学物的母体毒性大于代谢物毒性时，幼年期与老年期的毒性表现就比成年动物敏感；而化学物母体毒性弱，经代谢转化增毒时，对成年的毒性就大，而对婴幼期与老年期毒性就低。

成年动物生理特征的差别最明显的是性别因素。雌雄动物性激素的不同，以及与之密切相关的其他激素，如甲状腺素、肾上腺素、垂体素等水平均有不同，激素水平的差别，将使机体生理活动出现差异。例如，Cyt-P-450 可受"垂体-下丘脑"系统神经内分泌的调节，因此外源化学物在不同性别动物体内的代谢就存在差别。单胺氧化酶(MFO)系在两性动物间被化学物诱导或抑制结局也有所不同。性激素对肝微粒体酶功能有明显影响，从而影响毒物的生物转化及其对机体的毒性反应，如女性对铅、苯等毒物较男性更为敏感。又如给大鼠四氧嘧啶预处理，再给予氨基比林，观察 MFO 酶系分解氨基比林的活性，则雄性大鼠呈现酶活性下降(抑制状)，而雌性大鼠呈酶活性增加(被诱导)，但对于苯胺的分解作用，则两种性别大鼠均表现为酶活性增强——诱导效应。雌性大鼠对巴比妥酸盐类一般较雄性敏感，如将相同剂量的环己烯巴比妥给予大鼠，雌性大鼠睡眠时间就比雄性大鼠长。且试验证明,环己烯巴比妥在体内的 $t_{1/2}$,也是雌性大鼠比雄性大。体外试验也证明肝脏代谢环己烯巴比妥的速度雄性大鼠快于雌性大鼠。

有机磷化合物一般讲也是雌性比雄性动物敏感。如对硫磷在雌性大鼠体内代谢转化速度比雄性快,或许这与毒性大于对硫磷的对硫磷氧化中间产物增加速度有关。但氯仿对小鼠的毒性却是雄性比雌性敏感。当雄性小鼠去睾处理后就失去了性别敏感差别。若去睾雄性小鼠再给以雄性激素,则性别敏感将又显现。此外,有的化学物也存在性别的排泄差异,如丁基羟基甲苯在雄性大鼠主要由尿排出,而雌性主要由粪便排出。可能与大鼠性别不同,其葡萄糖醛酸与硫酸结合反应的速度与性别差异有关。

4. 营养状况

正常的合理营养对维护机体健康具有重要意义。对于身体内正常进行外源化学物的生物转化,合理平衡的营养亦十分重要。合理营养可以促进机体通过非特异性途径对外源性毒物以及内源性有害物质毒性作用的抵抗力,特别是对经过生物转化毒性降低的化学物质尤为显著。当食物中缺乏必需的脂肪酸、磷脂、蛋白质及一些维生素(如 V_A、V_E、V_C、V_{B2})及必需的微量元素,都可使机体对外源化学物的代谢转化发生改变。如蛋白质缺乏将降低 MFO 活性,V_B 是 MFO 系黄素酶的辅基,V_C 参与 Cyt-P-450 功能过程等,摄入高糖饲料 MFO 活性也将降低。机体内代谢改变,尤其是 MFO 系活性改变将使外源化学物毒性发生变化。低蛋白饮食可使动物肝微粒体混合功能氧化酶系统活性降低,从而影响毒物的代谢。在此种情况下,苯并[a]芘、苯胺在体内氧化作用将减弱,四氯化碳毒性下降;而马拉硫磷、六六六、对硫磷、黄曲霉毒素 B_1 等的毒性都增强。高蛋白饮食也可增加某些毒物的毒性,如非那西丁和 DDT 的毒性增强。

5. 机体昼夜节律变化

机体在白天活动中体内肾上腺应急功能较强,而夜间睡眠时,特别是午夜后,肾上腺素分泌处在较低水平,也会影响毒物的吸收和代谢。

人和动物机体内的各种酶也有昼夜节律的变化,如胆碱酯酶活性存在以 24 h 为周期的波动过程,其中活性峰值约在 6:00 时,而谷值在 18:00 左右。有实验表明,胆碱酯酶活性与有机磷染毒后的死亡率节律在位相上恰呈倒置关系,即在活性的峰值期,染毒死亡率较低,而在活性的谷值期,死亡率较高。

蒽环类抗生素阿霉素、哌喃阿霉素等在早晨给药毒性较低而疗效更高;铂类化合物顺铂、卡铂及草酸铂在下午及傍晚给药最为安全有效;对抗代谢药 5-Fu、FUDR、Ara-C、6-MP 及 MTX 的耐受性是在傍晚或夜间睡眠期最佳。三尖杉酯碱的染毒死亡率在黑暗期较高,药代动力学的研究显示,甲氨蝶呤对小鼠及大鼠的毒性在光照期较强,血药浓度曲线下面积大且清除率较低,而黑暗期则相反。这显示毒性的昼夜差异与环境周期和体内代谢转运的昼夜变化有关。

(二)环境影响因素

1. 化学物的接触途径

由于接触途径不同,机体对毒物的吸收速度、吸收量和代谢过程亦不相同,故对毒性有较大影响。实验动物接触外源化学物的途径不同,化学物吸收入血液的速度和吸收的量或生物利用率不同。这与机体的血液循环有关。经呼吸道吸收的化学物,入血后先经肺循环进入体循环,在体循环过程中经过肝脏代谢。经口染毒,胃肠道吸收后先经肝代谢,进入体循环。经皮肤吸收及经呼吸道吸收,还有肝外代谢机制。例如青霉素(penicillin)给人静注瞬间血浆中即达到峰值,其 $t_{1/2}$ 为 0.1 h,肌肉注射相同剂量峰值为 0.75 h,且仅能吸收 80%;而口服只能吸收 3%,达到峰值时间为 3.0 h,$t_{1/2}$ 则长达 7.5 h。一般认为,同种动物接触外源化学物的吸收速度和毒性大小顺序是:静脉注射>腹腔注射>皮下注射>肌肉注射>经口>经皮,吸入染毒近似于静注。例如吸入己烷饱和蒸汽 1~3 min 即可丧失意识,而口服几十毫升并无任何明显影响。这是因为经胃肠道吸收时,毒物经门静脉系统首先到达肝脏而解毒。经呼吸道吸收则可首先分布于全身并进入中枢神经系统产生麻醉作用。经皮毒性一般较经口毒性小,如敌百虫对小鼠的经口 LD_{50} 为 400~600 mg/kg,而经皮 LD_{50} 为 1 700~1 900 mg/kg。

2. 给药容积和浓度

在毒性试验时,通常经口给药容积不超过体重的 2%~3%。容积过大,可对毒性产生影响,此时溶剂的毒性也应受到注意。例如小鼠,静脉注射蒸馏水的 LD_{50} 是 44 mL/kg,生理盐水是 68 mL/kg,而低渗溶液 1 mL 即可使小鼠死亡。在慢性试验时,常将受试物混入饲料中,如受试物毒性较低,则饲料中受试物所占百分比增高,可妨碍食欲影响营养的吸收,使动物生长迟缓等,有时将其误认为毒物所致。相同剂量的毒物,由于稀释度不同也可造成毒性的差异。一般认为浓溶液较稀溶液吸收快,毒作用强。

3. 溶剂

固体与气体态化学物需事先将之溶解,液体化学物往往需稀释,就需要选择溶剂及助溶剂,最常使用的溶剂有水(蒸馏水)和植物油(橄榄油、玉米油、葵花籽油)。有的化学物在溶剂环境中可改变化学物理性质与生物活性,所以,溶剂选择不当,有可能加速或延缓毒物的吸收、排泄而影响其毒性。如 DDT 的油溶液对大鼠的 LD_{50} 为 150 mg/kg,而水溶液为 500 mg/kg,这是由于油能促进该毒物的吸收所致。

4. 气温

毒物及其代谢物在受体上的浓度吸收、转化、排泄等代谢过程的影响,这些过程又与环境温度有关。在正常生理状况下,高温环境下机体排汗增加,盐分损失增多,胃液分泌减少,且胃酸降低,将影响化学物经消化道吸收的速度和量。低温环境下,一般讲化学物对机体毒性反应减弱,这与化学物的吸收速度较慢、代谢速度较慢有关。但是,化学物经肾排泄速度减慢,化学物或代谢物存留体内时间将延长。高温环境下经皮肤吸收化学物的速度增大,另外,有些毒物本身可直接影响体温调节过程,从而改变机体对环境气温的反应性。有人比较了 58 种化合物在 8℃、26℃ 和 36℃ 不同温度下对大鼠 LD_{50} 的影响,结果表明,55 种化学物在 36℃ 时毒性最大,26℃ 时毒性最小。引起毒性增高的毒物,如五氯酚、2,4-二硝基酚及4,6-硝基酚等,在 8℃ 下毒性最低,而引起毒性下降的毒物如氯丙嗪在 8℃ 毒性最大。人和动物在高温环境下,皮肤毛细血管扩张,血液循环和呼吸加快,可加速毒物经皮吸收和经呼吸道的吸收。高温时尿量减少也延长了化学物或其代谢产物在体内存留的时间。

5. 湿度

在高湿环境下,某些毒物如 HCl、HF、NO 和 H_2S 的刺激作用增大,某些毒物可在高湿条件下改变其形态,如 SO^{2-} 与水反应可生成 H_2SO_3 和 H_2SO_4,从而使毒性增加。在高湿情况下,冬季易散热,夏季反而不易散热,所以会增加机体的体温调节负荷。高温高湿时汗液蒸发困难,呼吸更加快。所以,在高温环境下外源化学物呈气体、蒸气、气溶胶时经呼吸道吸入的机会增加。且高湿环境下还因表皮角质层水合作用增高,化学物更易吸收,多汗时化学物也易于黏附于皮肤表面,增加对毒物的吸收。

6. 气流

气象气流条件对外来化学物尤其以气态或气溶胶形态存在毒剂的毒作用效果影响很大。不利的气象条件,如无风、风速过小(<1 m/s)、风向不利或不定时,使用气态毒剂就会受到很大限制;风速过大(如超过 6 m/s)毒剂云团很快吹散,不易造成中毒浓度,甚至无法使用。炎热季节,毒剂蒸发快,有效时间随之缩短;严寒季节,凝固点较高的毒剂则冻结失效。雨、雪可以起到冲刷、水解或暂时覆盖毒剂的作用。

7. 季节和昼夜节律

机体对化学物的反应,也受到季节和昼夜节律的影响,这要是与日光周期有关的昼间性作用,生理能发生相应的变化之故。

8. 噪声、振动和紫外线

噪声、振动与紫外线等物理因素与化学物共同作用于机体,可影响化学物对机体的毒性。如发现噪声与二甲替甲酰胺(DMF)同时存在时可有协同作用。紫外线与某些致敏化学物联合作用,可引起严重的光感性皮炎。

9. 物理和生物有害因素的接触途径与部位

物理和生物有害因素的接触途径不同,也会影响机体的损伤后果和效应的程度。物理因素如辐射,照射部位不同,对机体影响也有很大差别,因为辐射效应与距离的平方呈反比。生物有害因素接触的途径不同,对机体产生的毒性反应也有很大差异。

第四节　环境污染物的毒性评价

一、环境污染物的致突变性及其评价

1. 基本概念

生物的个体和各代之间存在着种种差异,通常称之为变异。基于染色体和基因的变异才能够遗传,而遗传变异称为突变。突变的发生及其过程就是致突变作用。化学或物理、生物因素都有致突变作用。突变可分为自发突变和诱发突变。各物种的自发突变频率较低,而诱发突变比较常见,诱发突变指由于物理、化学、生物等环境因素引起的突变。至今,已发现相当数量的外源化学物能损伤遗传物质,从而诱发突变,这些物质称为致突变物或诱变剂,也称为遗传毒物。

按作用后果或遗传物质损伤的性质等可将诱发突变分类。一般根据遗传物质的损伤能否在显微镜下直接观察到分为染色体畸变和基因突变两类:染色体损伤大于或等于 $0.2~\mu m$ 时,可在光学显微镜下观察到,称为染色体畸变;若小于这一下限,不能在镜下直接观察到,要依靠对其后代的生理、生化、结构等表型变化判断突变的发生,称为基因突变,亦称点突变。

2. 突变的后果

致突变物对机体的作用是通过靶细胞实现的。当靶细胞是体细胞而不是生殖细胞时,其影响仅能在直接接触该物质的亲代身上表现出来,而不可能遗传到子代;只有靶细胞为生殖细胞时,其影响才有可能遗传到子代。

体细胞突变的后果中最受注意的是致癌问题,将在下一节叙述。其次,胚胎体细胞突变可能导致畸胎,当然,畸胎的发生还与亲代的生殖细胞突变有关。据报道人类妊娠最初 3 个月流产中有 60% 有染色体畸变,在一定程度上这是致突变物透过胎盘作用于胚胎体细胞所致,而不完全是亲代生殖细胞突变的后果。

体细胞突变也可能与动脉粥样硬化症有关。因为对于正常动脉壁细胞中的葡糖-6-磷酸脱氢酶有两种变异体,而从动脉粥样硬化症同一斑块取下的细胞在电泳中只表现为同一种变异体,故认为动脉粥样硬化斑块是单克隆来源。

如果突变发生在生殖细胞,无论其发生在任何阶段,都存在对后代影响的可能性,其影响后果可分为致死性和非致死性两种。致死性影响可能是显性致死和隐性致死。显性致死即突变配子与正常配子结合后,在着床前或着床后的早期胚胎死亡。隐性致死要纯合子或半合子才能出现死亡效应。

如果生殖细胞突变为非致死性,则可能出现显性或隐性遗传病,包括先天性畸形。在遗传性疾病频率与种类增多时,突变基因及染色体损伤,将使基因库负荷增加。基因库是指一种物种的群体中生殖细胞内具有的、并能传给后代的基因总和。遗传负荷系一种物种群体中每一个体携带的可遗传给后代的有害基因的水平。

3. 致突变性评价方法

检测外来化学物的致突变性一般通过致突变试验来进行。其目的主要有两点:① 检测外源化学物的致突变性,预测其对哺乳动物和人的致癌性;② 检测外源化学物对哺乳动物生殖细胞的遗传毒性,预测其对人体的遗传危害性。试验方法的研究很快,原有方法日益完善,新方法也不断建立,对每个试验所反映的事件的认识不断深化。目前,已有致突变试验 200 余种,但常用的较重要的仅 10 余种。常见的致突变试验包括细菌回复突变试验、哺乳动物细胞正向突变试验、果蝇伴性隐性致死试验、小鼠特异基因座试验、染色体分析、微核试验、姐妹染色单体交换(SCE)试验、显性致死试验、小鼠可遗传易位试验、细菌 DNA 修复试验、程序外 DNA 合成试验、精子畸形试验等。

对化学物进行遗传危害评价时,应在常规致突变性测试中任一试验出现阳性结果后,再进行标准试验,以评价是否真正具有遗传危害。我国目前常用显性致死试验、精母细胞 MI 期或精原细胞染色体分析、果蝇伴性隐性致死试验和精子畸形试验。近年来,人们注意到人类有些遗传性疾病与染色体非整倍性有关,因此,专门检出染色体非整倍性的新方法或原有方法的改进纷纷出现,但其可靠性有待验证。

二、环境污染物的致癌作用及其评价

环境有害因素特别是化学致癌问题是当今社会备受关注的热点之一,因为:① 近年来肿瘤发病率和死亡率不断增高,发癌年龄年轻化;② 查明了遗传因素和病毒的生物学因素虽与肿瘤发生有关,但并非是导致肿瘤发病率增高的主要原因;③ 发现环境化学污染和某些物理有害因素(如紫外线)与肿瘤发病率密切相关。WHO 指出,人类癌症 90% 与环境因素有关,其中主要是化学因素。

1. 基本概念

致癌作用是指环境有害因素引起或增进正常细胞发生恶性转化并发展成为肿瘤的过程。化学致癌是指化学物质引起或增进正常细胞发生恶性转化并发展成为肿瘤的过程。具有这类作用的化学物质称为化学致癌物。在毒理学中,"癌"的概念广泛,包括上皮的恶性变(癌),也包括间质的恶性变(肉瘤)及良性肿瘤。这是因为迄今为止尚未发现只诱发良性肿瘤的致癌物,而且良性肿瘤有恶变的可能。

随着体细胞突变致癌研究深入,提出了癌基因致癌的概念,即携带致癌遗传信息的基因就是癌基因。在最早提出这个中文名词时,许多人认为并不准确,称"癌相关基因"更合适。不过现在这个概念已被大家接受,因此,本教材亦称作"癌基因"。正常细胞中也存在着在核酸水平及蛋白质产物水平与病毒癌基因高度相似的 DNA 序列,称为原癌基因(c-onc)。在正常细胞中 c-onc 的表达并不引起恶性变,其表达受到严密控制,并似乎对机体的生长和发育具有作用。随着相关研究报告的增多,"癌基因"和"原癌基因"这两个名词区分并不严格。

随着对癌基因研究的深入,发现肿瘤细胞的遗传学改变除涉及癌基因外,还涉及另一类基因,即肿瘤抑制基因,或称抗癌基因,肿瘤抑制基因可抑制肿瘤细胞的肿瘤性状的表达,只有当它自己不能表达或其基因产物去活化才容许肿瘤性状的表达。也就是说正常细胞转化为肿瘤细胞最早涉及两类基因的遗传学改变,即癌基因和肿瘤抑制基因的改变。第一个被发现的肿瘤抑制基因是人类视网膜神经胶质瘤基因(Rb-1)。还有一些基因,如 P53(现在文献中也写作"P53")也可能是肿瘤抑制基因。值得注意的是 P53 如发生突变,则成为癌基因并具有使细胞获得无限生长的能力,与 src 有互补作用。

2. 致癌物的分类

化学致癌物种类繁多,因此分类方法也各异。根据致癌物在体内发挥作用的方式可分为直接致癌物和间接致癌物。有些致癌物可以不经过代谢活化即具有活性,称为直接致癌物;而大多数致癌物必须经代谢活化才具有致癌活性,称为间接致癌物,在其活化前称为前致癌物,经过代谢活化后的产物称为终致癌物,在活化过程中接近终致癌物的中间产物称为近似致癌物。国际癌症研究所(IARC)对已进行致癌研究的化学物分为四类:1 类,对人致癌性证据充分;2 类,A 组对人致癌性证据有限,但对动物致癌性证据充分,B 组对人致癌性证据有限,对动物致癌性证据也不充分;3 类,现有证据未能对人类致癌性进行分级评价;4 类,对人可能是非致癌物。

自 1981 年起,Weisburger 和 Williams 等主要按照致癌物的作用特点提出致癌物的分类表,以后又多次修改该表。现在认为致癌物可分为三大类。

(1) 遗传毒性致癌物 大部分"经典"的有机致癌物基本上属于这一大类。

(2) 非遗传毒性致癌物 指根据目前的试验证明不能与 DNA 发生反应的致癌物。

(3) 暂未确定遗传毒性的致癌物 前已述及某些卤代烃类为遗传毒性致癌剂,另一些为促癌剂。还有一些则致癌方式尚未完全阐明,例如四氯化碳、氯仿、某些多氯烷烃和烯烃等。这些物质在致突变试验中为阴性或可疑,体内和体外研究又未显示出能转化为活性亲电子性代谢产物。硫脲、硫乙酰胺、硫脲嘧啶和相似的硫酰胺类都有致癌性。靶器官是甲状腺,有时可为肝脏。噻吡二胺这种抗组织胺药物曾在美国广泛用作催眠药,后来发现能诱发大鼠肝癌。

此外,有些学者和研究机构还将致癌物分为确认致癌物、可疑致癌物、潜在致癌物。此外,还有按化学结构分类,如烷化类、多环芳烃类、亚硝胺类、植物毒素类和金属类等。

3. 致癌性的评价方法

化学物质致癌危险的全面评价包括两个方面:一是定性的,即该化学物质能否致癌,二是定量的,即进行剂量-反应关系分析,以推算可接受的剂量,确定人体实际可能接触剂量下的危险度。

致癌物的检测方法包括构效关系分析、短期致癌物筛选试验、恶性转化试验、哺乳动物长期致癌试验、哺乳动物短期致癌试验、促癌剂的检测等,由于不少促癌剂可能存在器官特异性,所以有时难以在三种试验中做出正确的选择。从这个角度看,体外试验也许更好,因为此时受试物直接与细胞接触,而不会表现出亲器官的特性。有两个试验稍加更改即可被应用,即恶性转化试验和哺乳动物细胞正向突变试验。

对于外源化学物化学结构的分析或致突变性测试,仅能达到确定何种受试物应优先进行动物致癌试验,其结果并不能作为受试物是否具有致癌作用的依据。

对于动物致癌物的确定,各国认识不甚一致,甚至一个国家中的不同机构也有不同的认识。国际抗癌联盟(IARC)对动物致癌物的概念较为严格,要求:① 在多种或多品系动物试验中,或在几个不同实验中,特别是不同剂量或不同染毒途径的实验中见到恶性肿瘤发生率增高;② 在肿瘤发生率、出现肿瘤的部位、肿瘤类型或出现肿瘤的年龄提前等各方面极为明显突出,才能确定为动物致癌物。

对致癌危险的定量评价方面,目前认为,一般毒性肯定有阈值,但致癌物特别是遗传毒性致癌物是否有阈值,至今尚未统一认识。

三、环境污染物的致畸性及其评价

1. 基本概念

生殖发育是哺乳动物繁衍种族的正常生理过程,其中包括生殖细胞(即精子和卵细胞)发生、卵细胞受精、着床、胚胎形成、胚胎发育、器官发生、分娩和哺乳过程。生殖发育也可称为繁殖过程。外源化学物或其他环境因素与机体接触后,可干扰生殖发育任何环节,并造成损害作用。外源化学物对生殖发育的影响:① 生殖发育过程较为敏感;② 对生殖发育过程影响的范围广泛和深远。近年来随着毒理学和生命科学的深入发展,外源化学物对生殖发育损害作用的研究又进一步分为两个方面:① 对生殖过程的影响,即生殖毒性的探讨;② 对发育过程的影响,即发育毒性研究。两个方面都逐渐发展成为毒理学的分支科学,前者称为生殖毒理学;后者称为发育毒理学。生殖毒理学主要涉及外源化学物对生殖细胞发生、卵细胞受精、胚胎形成、妊娠、分娩和哺乳过程的损害作用及其评定,评定方法即为生殖毒性试验。发育毒理学主要研究环境有害因素对胚胎发育以及出生幼仔发育的影响及其评定,评定方法称为发育毒性试验。其中主要为致畸试验。文献中也有人将生殖毒性以及生殖毒理学和发育毒性以及发育毒理学统称为繁殖毒性和繁殖毒理学。

2. 发育毒性的评定

致畸是发育毒性中最重要的一种表现。所以发育毒性的评定,主要是通过致畸试验。传统常规致畸试验是评定致畸作用的标准方法,近年来随着毒理学和生命科学的进展,也有一些新的方法出现。

常规致畸试验是指应用试验动物鉴定外来化合物致畸性的标准试验。通过致畸试验可检测受试物导致胚胎死亡、结构畸形及生长迟缓等毒作用。常用大鼠或小鼠,性成熟的试验动物进行交配,以雌鼠阴道发现阴栓或涂片发现精子为受孕 0 天,将孕鼠随机分组。通常设 3 个剂量组和 1 个对照组,每组 20 只孕鼠。高剂量组应使母鼠产生明显的毒性反应,但母体死亡率不应超过 10%;低剂量组应无明显的毒性反应。于胚胎发育的器官形成期(大鼠为受孕第 6~15 日,小鼠为受孕第 5~14 日)给以受试物。于自然分娩前 1~2 日,剖腹取出子宫内胎仔,记录活胎、死胎及吸收数,检查活胎仔的外观、骨骼及内脏畸形。对处理组以母体数为单位计算母体畸胎发生率,以胎仔数为单位计算胎仔畸形率和单项畸形率,并与对照组进行比较。

近年来随着客观形势的需要和细胞组织和器官培养技术的进步。建立了全胚胎培养、胚胎的某一器官(例如肺、牙齿、肾等)培养和细胞培养的体外试验法。发育过程本身包括细胞增殖分化等极为复杂的各种过程,致畸作用的机理也尚未充分阐明,所以选择适当观察指标极为重要。

20 世纪 60 年代后期美国食品药物管理局(FDA)首先提出了一种生殖毒性和发育毒性三阶段一代试验法。其中包括三个试验阶段,各有一定的试验目的,可以分别单独进行。一般称为三阶段一代繁殖试验:第一阶段和第二阶段分别与生殖毒性试验和传统常规致畸试验相似。但其第三阶段试验系观察外源化学物对胚胎后期和出生后发育的影响。在生殖毒性与发育毒性三阶段一代试验法中,第一阶段和第二阶段虽然试验方法一般生殖试验和传统常规致畸试验基本相似,但生殖试验只进行一代,仅适用于药物等接触时间较短的外源化学物。至于人体长期接触的外源化学物,还应进行两代生殖试验,才较为可靠。

此外,对于关于对外源化学物生殖毒性和发育毒性作用评定,除进行动物试验外,还应利用流行病学调查方法,在接触外源化学物的人群中进行调查。调查中的观察指标可参照有关的临床诊断检验指标,例如:① 男性精液检查;② 女性月经、妊娠情况;③ 男女双方性腺功能和性生活情况;④ 子代有无先天缺陷、新生儿体重不足。还可进行染色体畸变检查。具体进行方法可参照流行病学的人群调查方法。

参考文献

[1] 李永峰,王兵,应杉.环境毒理学研究技术与方法[M].哈尔滨:哈尔滨工业大学出版社,2011.

[2] 李建政.环境毒理学[M].北京:化学工业出版社,2010.

[3] 孔志明.环境毒理学[M].南京:南京大学出版社,2004.